"博学而笃志，切问而近思。"
　　　　　　(《论语》)

博晓古今，可立一家之说；
学贯中西，或成经国之才。

复旦博学·复旦博学·复旦博学·复旦博学·复旦博学·复旦博学

作者简介

李常品，上海大学数学系教授、博士生导师．主要研究方向为分数阶偏微分方程数值解、分岔混沌的应用理论和计算．主持或参与国家自然科学基金项目等多项．主持上海市教委本科重点课程建设项目、上海大学校级重点课程建设项目和上海大学研究生创新培养项目各1项．2010年和2017年两次获上海市自然科学奖，2016年获上海市优秀博士学位论文指导教师称号，2012年获黎曼-刘维尔理论文章奖，2011年获宝钢优秀教师奖．

杨建生，上海大学数学系教授，曾任副系主任．主要研究方向为代数编码．主持或参与国家自然科学基金项目等多项．长期从事一线教学，主持或参加省部级及以上教改项目多项，先后在高等教育出版社、上海大学出版社出版教材或教辅8部．曾获宝钢优秀教师奖，以及上海市高等教育教学成果奖一等奖3项（主要参与人），参与出版的2部教材被评为上海市优秀教材．

复旦博学·数学系列

复变函数与积分变换

主　编　李常品　杨建生
编写成员　毛雪峰　刘见礼
　　　　　李新祥　曾晓艳
　　　　　蔡　敏

Complex Variables
and Integral Transform

复旦大学出版社

内容提要

"复变函数与积分变换"是一般高等院校工科专业硕士研究生一年级的必修课程,本书为高等院校和科研院所非数学专业研究生教学而编写.全书共8章,具体包括复变函数与解析函数、复变函数的积分、解析函数的级数表示、共形映射、解析函数在平面场中的应用、傅里叶变换、拉普拉斯变换、梅林变换,以及附录的实数序列的上下极限、快速傅里叶变换等内容.每章附有习题和习题答案.本书旨在培养工科专业硕士研究生能够熟练地运用数学基础知识解决实际问题的能力,能够满足企业对工科专业人才的实际培养需求.

前 言

随着硕士研究生尤其是专业型硕士研究生规模的扩大,我们要认真对待并更加重视研究生的培养,以适应国家发展的需要.上海大学研究生院组织相关教师到大型企业调研,通过深入了解企业需要具有什么样的基础知识储备和专业技能的研究生,发现掌握复变函数与积分变换的知识是不可或缺的.于是研究生院邀请我编写适用于专业型硕士研究生的相关教材.教材要适应学校3个学期的特点,并在一学期40学时内讲完.由于我能力有限且深感责任重大,便邀请杨建生共同担任主编.经过商议,我们邀请5位从事一线教学工作的教师编写教材.全书共分8章,第1章"复变函数与解析函数"、第2章"复变函数的积分"由李新祥编写,第3章"解析函数的级数表示"、附录A"实数序列的上、下极限"、附录B"快速傅里叶变换"由曾晓艳编写,第4章"共形映射"、第5章"解析函数在平面场中的应用"由刘见礼编写,第6章"傅里叶变换"、第7章"拉普拉斯变换"、第8章"梅林变换"由毛雪峰编写,其中第7章、第8章中的"分数阶微积分"部分内容由蔡敏补充.最后由我和杨建生负责统稿.本书各章习题答案由毛雪峰、刘见礼、李新祥、曾晓艳、蔡敏完成.

上海师范大学田红炯教授和华中科技大学李东方教授仔细阅读了手稿,并提出了宝贵的修改意见,在此深表感谢.复旦大学出版社梁玲编审做了大量细致的工作,在此表示感谢.

本书的出版得到了上海大学研究生院的资助.

书中不足之处在所难免,恳请读者批评指正.

李常品

2021 年 12 月 31 日于上海大学

目　录

前言 ·· 001

第 1 章　复变函数与解析函数 ··· 001
　§1.1　复数与复平面 ··· 001
　　1.1.1　复数的表示及计算 ··· 001
　　1.1.2　扩充复平面与复球面 ··· 005
　§1.2　复变函数 ··· 008
　　1.2.1　复变函数的概念 ·· 008
　　1.2.2　复变函数的极限与连续性 ·· 009
　§1.3　解析函数 ··· 011
　　1.3.1　复变函数的导数与柯西-黎曼方程 ·· 011
　　1.3.2　调和函数 ··· 014
　§1.4　初等函数 ··· 015
　　1.4.1　指数函数 ··· 015
　　1.4.2　对数函数 ··· 016
　　1.4.3　幂函数 ·· 018
　　1.4.4　三角函数 ··· 019
　习题 1 ··· 020

第 2 章　复变函数的积分 ·· 022
　§2.1　复积分的概念与性质 ·· 022
　　2.1.1　复积分的定义与计算 ··· 022
　　2.1.2　复积分的基本性质 ·· 023
　§2.2　柯西积分定理 ··· 024
　§2.3　柯西积分公式与高阶导数公式 ··· 027
　　2.3.1　形如 $\oint_C \frac{f(z)}{z-z_0}\mathrm{d}z$ 的复积分的计算方法 ············· 027
　　2.3.2　柯西积分公式的推论 ··· 027
　　2.3.3　高阶导数公式 ·· 028
　§2.4　本章例题选讲 ··· 029

习题 2 ⋯⋯ 032

第 3 章　解析函数的级数表示 ⋯⋯ 034

§3.1　复数项级数 ⋯⋯ 034
3.1.1　复数序列 ⋯⋯ 034
3.1.2　复数项级数 ⋯⋯ 036
3.1.3　复变函数项级数 ⋯⋯ 041

§3.2　幂级数与泰勒级数 ⋯⋯ 046
3.2.1　幂级数 ⋯⋯ 046
3.2.2　解析函数的泰勒级数展开式 ⋯⋯ 050

§3.3　洛朗级数 ⋯⋯ 055
3.3.1　洛朗级数 ⋯⋯ 055
3.3.2　z 变换 ⋯⋯ 061

§3.4　留数 ⋯⋯ 063
3.4.1　孤立奇点 ⋯⋯ 063
3.4.2　留数 ⋯⋯ 069
3.4.3　留数在定积分中的应用 ⋯⋯ 073

习题 3 ⋯⋯ 077

第 4 章　共形映射 ⋯⋯ 081

§4.1　共形映射 ⋯⋯ 081
4.1.1　保角性 ⋯⋯ 081
4.1.2　伸缩率不变性 ⋯⋯ 082
4.1.3　临界点和逆映射 ⋯⋯ 083
4.1.4　几类初等函数的共形映射 ⋯⋯ 084

§4.2　共形映射的基本问题和定理 ⋯⋯ 085
4.2.1　施瓦茨-克里斯托费尔公式 ⋯⋯ 087
4.2.2　共形映射的例题 ⋯⋯ 088

§4.3　分式线性映射 ⋯⋯ 089
4.3.1　分式线性映射的定义 ⋯⋯ 089
4.3.2　分式线性映射的保圆性 ⋯⋯ 090
4.3.3　分式线性映射的保对称点 ⋯⋯ 091

习题 4 ⋯⋯ 093

第 5 章　解析函数在平面场中的应用 ⋯⋯ 094

§5.1　解析函数的应用 ⋯⋯ 094
§5.2　共形映射的物理应用 ⋯⋯ 097

习题 5 ⋯⋯ 105

目　录

第6章　傅里叶变换 ······················· 108
§6.1　傅里叶变换的概念 ···················· 108
- 6.1.1　傅里叶级数 ······················ 108
- 6.1.2　傅里叶积分与傅里叶变换 ············ 111

§6.2　单位冲激函数 ························ 115
- 6.2.1　δ函数的概念及其性质 ············· 116
- 6.2.2　δ函数的傅里叶变换 ··············· 118

§6.3　傅里叶变换的性质 ···················· 120
- 6.3.1　傅里叶变换的基本性质 ············· 120
- 6.3.2　卷积与卷积定理 ··················· 124
- 6.3.3　综合举例 ························ 129

习题6 ···································· 131

第7章　拉普拉斯变换 ······················· 134
§7.1　拉普拉斯变换简介 ···················· 134
- 7.1.1　拉普拉斯变换的定义 ··············· 135
- 7.1.2　拉普拉斯变换存在定理 ············· 136

§7.2　拉普拉斯变换的性质 ·················· 137
- 7.2.1　线性与相似性质 ··················· 137
- 7.2.2　微分性质 ························ 138
- 7.2.3　积分性质 ························ 140
- 7.2.4　延迟与位移性质 ··················· 142
- 7.2.5　周期函数的像函数 ················· 144
- 7.2.6　卷积与卷积定理 ··················· 144
- 7.2.7　拉普拉斯逆变换 ··················· 145

§7.3　拉普拉斯变换的应用 ·················· 148
- 7.3.1　求解常微分方程（组） ············· 148
- 7.3.2　综合举例 ························ 150

§7.4　分数阶微积分及其拉普拉斯变换 ········ 153
- 7.4.1　分数阶微积分 ····················· 153
- 7.4.2　拉普拉斯变换 ····················· 154

习题7 ···································· 155

第8章　梅林变换 ··························· 159
§8.1　梅林变换的定义 ······················ 159
§8.2　分数阶微积分的梅林变换 ·············· 161
- 8.2.1　黎曼-刘维尔分数阶微积分的梅林变换 ·· 161
- 8.2.2　广义分数阶微积分的梅林变换 ······· 162

习题8 ···································· 165

| 附录 A | 实数序列的上、下极限 | 166 |

附录 B 快速傅里叶变换 ... 168
§ B.1 傅里叶变换的几种形式 ... 168
§ B.2 离散傅里叶变换 ... 169
§ B.3 离散傅里叶变换的循环卷积和循环相关 ... 174
§ B.4 快速傅里叶算法 ... 175
  B.4.1 基-2 的快速傅里叶算法 ... 175
  B.4.2 基-3 的快速傅里叶算法 ... 181
  B.4.3 N 为合数的快速傅里叶算法 ... 184
§ B.5 多维离散傅里叶变换 ... 185
  B.5.1 二维离散傅里叶变换 ... 186
  B.5.2 二维快速傅里叶变换 ... 189
  B.5.3 三维及多维离散傅里叶变换 ... 191
§ B.6 MATLAB 软件中的快速傅里叶变换 ... 192
  B.6.1 模拟信号采样的频谱图 ... 192
  B.6.2 序列卷积及相关 ... 193
  B.6.3 二维图像的处理 ... 196

参考文献 ... 201

索引 ... 202

第 1 章 复变函数与解析函数

> 复变函数是自变量为复数的函数. 本章中首先引入复平面以及复平面上的点集、区域、若尔当曲线、复球面与无穷远点、复变函数的极限与连续性等概念,其次介绍判断函数可微和解析的条件——柯西-黎曼方程,最后将实数域上的初等函数推广到复数域上并研究其性质. 考虑到本章介绍的内容比较容易,故定理的证明从略.

§1.1 复数与复平面

1.1.1 复数的表示及计算

定义 1.1.1 形如 $z=x+\mathrm{i}y$ 的数称为复数,其中 $\mathrm{i}=\sqrt{-1}$ 为虚数单位. x,y 为实数,分别称为复数 z 的实部和虚部,记为 $\mathrm{Re}\,z=x$,$\mathrm{Im}\,z=y$. 实数 $|z|=\sqrt{x^2+y^2}$ 称为复数 z 的模. $\bar{z}=x-\mathrm{i}y$ 称为复数 z 的共轭. z 的实部与虚部又可表示如下:

$$x=\mathrm{Re}\,z=\frac{1}{2}(z+\bar{z}),\quad y=\mathrm{Im}\,z=\frac{1}{2\mathrm{i}}(z-\bar{z}).$$

1. 复数的代数运算及运算律

(1) 复数相等.

若两个复数的实部与虚部分别相等,则称这两个复数相等.

(2) 复数的四则运算及运算律.

假设 $z_1=x_1+\mathrm{i}y_1$,$z_2=x_2+\mathrm{i}y_2$,则有下面的运算律.

- 加法:$z_1+z_2=(x_1+x_2)+\mathrm{i}(y_1+y_2)$.
- 减法:$z_1-z_2=(x_1-x_2)+\mathrm{i}(y_1-y_2)$.
- 乘法:$z_1z_2=(x_1x_2-y_1y_2)+\mathrm{i}(x_1y_2+x_2y_1)$.
- 除法:$\dfrac{z_1}{z_2}=\dfrac{x_1+\mathrm{i}y_1}{x_2+\mathrm{i}y_2}=\dfrac{x_1x_2+y_1y_2}{x_2^2+y_2^2}+\mathrm{i}\dfrac{x_2y_1-x_1y_2}{x_2^2+y_2^2}$,$z_2\neq 0$.

(3) 共轭运算与四则运算的可交换性.

- $\overline{z_1\pm z_2}=\bar{z}_1\pm\bar{z}_2$.
- $\overline{z_1z_2}=\bar{z}_1\cdot\bar{z}_2$.

- $\overline{\left(\dfrac{z_1}{z_2}\right)} = \dfrac{\overline{z_1}}{\overline{z_2}},\ z_2 \neq 0.$

定义 1.1.2 复数 $z = x + \mathrm{i}y$ 唯一地对应一个有序实数对 (x, y)，有序实数对与坐标平面上的点一一对应，所以复数 z 的全体与坐标平面上的点的全体形成一一对应. 若将坐标平面上的点写成 $x + \mathrm{i}y$，那么，横轴上的点表示实数，纵轴上的点（除原点外）表示纯虚数，整个坐标平面称为**复平面**. 后面将复数与复平面上的点不加区分. 在点、数等同的观点下，一个复数集合即是一个平面点集. 因此，平面上某些特殊的点集就可以用复数所满足的某种关系式来表示.

例如，
$$\{z:\operatorname{Im} z \geqslant 0\} \text{ 与 } \{z:0 \leqslant \operatorname{Re} z \leqslant 1,\ 0 \leqslant \operatorname{Im} z \leqslant 1\}$$
分别表示闭上半平面与以 $0, 1, 1+\mathrm{i}, \mathrm{i}$ 为顶点的闭正方形.

2. 复数的三角表示

在复平面上，复数与复平面上的点一一对应. 当 $z \neq 0$ 时，原点到该复数点的连线与 x 正半轴的夹角为该复数的辐角，记为 $\operatorname{Arg} z$. 显然，辐角是不唯一的，落在 $(-\pi, \pi]$ 内的辐角称为该复数的辐角主值，记为 $\arg z$，辐角主值是唯一的. 另外，复数 0 没有辐角.

用模与辐角可将复数表示为 $z = r(\cos\theta + \mathrm{i}\sin\theta)$ 的形式，其中 r 为模，θ 为辐角，这种形式称为复数的三角表示. $\operatorname{Arg} z = \arg z + 2k\pi$，其中 k 为任意整数，$\arg z \in (-\pi, \pi]$ 表示 z 的辐角主值，则

$$\arg z = \begin{cases} \arctan \dfrac{y}{x}, & x > 0,\ y \text{ 为任意实数}, \\ \dfrac{\pi}{2}, & x = 0,\ y > 0, \\ \arctan \dfrac{y}{x} + \pi, & x < 0,\ y \geqslant 0, \\ \arctan \dfrac{y}{x} - \pi, & x < 0,\ y < 0, \\ -\dfrac{\pi}{2}, & x = 0,\ y < 0. \end{cases}$$

注 1.1.1 复数的三角表示是不唯一的，主要是因为其辐角是不唯一的. 若
$$r_1(\cos\theta_1 + \mathrm{i}\sin\theta_1) = r_2(\cos\theta_2 + \mathrm{i}\sin\theta_2),$$
则
$$r_1 = r_2,\ \theta_1 = \theta_2 + 2k\pi,$$
其中 k 为整数.

例 1.1.1 写出复数 $z = -1 - 3\mathrm{i}$ 的三角表示.

解 由三角表示的定义，有

$$|-1-3\mathrm{i}|=\sqrt{10},$$
$$\arg(-1-3\mathrm{i})=\arctan 3-\pi,$$

故所求的三角表示形式为

$$z=-1-3\mathrm{i}=\sqrt{10}\left[\cos(\arctan 3-\pi)+\mathrm{i}\sin(\arctan 3-\pi)\right].$$

例 1.1.2 设 $z=r(\cos\theta+\mathrm{i}\sin\theta)$. 求 $\dfrac{1}{z}$ 的三角表示.

解 因为

$$\frac{1}{z}=\frac{\bar{z}}{|z|^2},\ |z|=r,\ \bar{z}=r(\cos\theta-\mathrm{i}\sin\theta),$$

故

$$\frac{1}{z}=\frac{1}{r}(\cos\theta-\mathrm{i}\sin\theta)=\frac{1}{r}\left[\cos(-\theta)+\mathrm{i}\sin(-\theta)\right].$$

最后的式子即为 $\dfrac{1}{z}$ 的三角表示.

下面给出复数的三角不等式以及基于三角表示的复数运算.

(1) 复数的三角不等式.

$$||z_1|-|z_2||\leqslant|z_1-z_2|\leqslant|z_1|+|z_2|.$$

(2) 三角表示的乘除法运算.

设 $z_j=r_j(\cos\theta_j+\mathrm{i}\sin\theta_j)$,其中 $r_j=|z_j|$, θ_j 是 z_j 的某一个辐角 ($j=1,2$),则

$$z_1 z_2=r_1 r_2[\cos(\theta_1+\theta_2)+\mathrm{i}\sin(\theta_1+\theta_2)].$$

因此模与辐角的运算法则为

$$|z_1 z_2|=r_1 r_2=|z_1||z_2|,$$
$$\mathrm{Arg}(z_1 z_2)=\theta_1+\theta_2+2k\pi=\mathrm{Arg}\,z_1+\mathrm{Arg}\,z_2,$$

其中 k 可取任意整数. 从几何上看,乘积 $z_1 z_2$ 所表示的向量可以通过将 z_1 所表示的向量旋转角度 $\mathrm{Arg}\,z_2$ 并伸长 $|z_2|$ 倍得到.

当 $z_2\neq 0$ 时,有

$$\frac{z_1}{z_2}=\frac{r_1}{r_2}[\cos(\theta_1-\theta_2)+\mathrm{i}\sin(\theta_1-\theta_2)],$$

或者写成

$$\left|\frac{z_1}{z_2}\right|=\frac{|z_1|}{|z_2|},\ \mathrm{Arg}\,\frac{z_1}{z_2}=\mathrm{Arg}\,z_1-\mathrm{Arg}\,z_2.$$

例 1.1.3 用三角表示式计算 $\dfrac{2+\mathrm{i}}{1-2\mathrm{i}}$.

解 因为

$$2+\mathrm{i}=\sqrt{5}\left(\cos\arctan\frac{1}{2}+\mathrm{i}\sin\arctan\frac{1}{2}\right),$$

$$1-2\mathrm{i}=\sqrt{5}\left[\cos\arctan(-2)+\mathrm{i}\sin\arctan(-2)\right],$$

所以

$$\frac{2+\mathrm{i}}{1-2\mathrm{i}}=\cos\left[\arctan\frac{1}{2}-\arctan(-2)\right]+\mathrm{i}\sin\left[\arctan\frac{1}{2}-\arctan(-2)\right]$$

$$=\cos\frac{\pi}{2}+\mathrm{i}\sin\frac{\pi}{2}=\mathrm{i}.$$

(3) 开方运算.

对于任意一个复数 z 以及任意一个正整数 n，所谓 z 的 n 次方根，记作 $z^{\frac{1}{n}}$，是指这样的复数 w，它满足

$$w^n=z.$$

如果 $z=0$，显然有 $w=0$.

假定 $z\neq 0$，

$$z=r(\cos\theta+\mathrm{i}\sin\theta),\ w=\rho(\cos\varphi+\mathrm{i}\sin\varphi).$$

有

$$[\rho(\cos\varphi+\mathrm{i}\sin\varphi)]^n=r(\cos\theta+\mathrm{i}\sin\theta).$$

所以

$$\rho^n=r,\ n\varphi=\theta+2k\pi,\ k\ \text{为任意整数}.$$

解得

$$\rho=\sqrt[n]{r},\ \varphi=\frac{1}{n}(\theta+2k\pi),\ k\ \text{为任意整数}.$$

此处 $\sqrt[n]{r}$ 是在通常意义下(即实数意义下)的 n 次根，即算术根.

$$w=\sqrt[n]{r}\left[\cos\left(\frac{1}{n}(\theta+2k\pi)\right)+\mathrm{i}\sin\left(\frac{1}{n}(\theta+2k\pi)\right)\right],$$

其中 k 取任意整数.

事实上，w 仅有 n 个不同的值，

$$w=\sqrt[n]{|z|}\left[\cos\left(\frac{1}{n}(\arg z+2k\pi)\right)+\mathrm{i}\sin\left(\frac{1}{n}(\arg z+2k\pi)\right)\right],\ k=0,1,\cdots,n-1.$$

即任意一个不为 0 的复数开 n 次方有 n 个根.

例 1.1.4 求解方程 $z^3-2=0$.

解 方程 $z^3-2=0$ 即 $z^3=2$. 由开方运算公式计算得

$$z=[2(\cos 0+\mathrm{i}\sin 0)]^{\frac{1}{3}}=\sqrt[3]{2}\left(\cos\frac{2k\pi}{3}+\mathrm{i}\sin\frac{2k\pi}{3}\right),\ k=0,1,2.$$

所以方程 $z^3-2=0$ 有 3 个根，它们是

$$\sqrt[3]{2},\ \sqrt[3]{2}\left(-\frac{1}{2}+\frac{\sqrt{3}}{2}\mathrm{i}\right),\ \sqrt[3]{2}\left(-\frac{1}{2}-\frac{\sqrt{3}}{2}\mathrm{i}\right).$$

3. 复数的指数表示

定义 1.1.3　借助欧拉公式 $\mathrm{e}^{\mathrm{i}\theta}=\cos\theta+\mathrm{i}\sin\theta$，可将复数表示为 $z=|z|\mathrm{e}^{\mathrm{i}\arg z}$ 的形式，称为复数的指数表示.

指数表示下的乘除法运算及乘方、开方运算.

设 $z=r\mathrm{e}^{\mathrm{i}\theta}$，$z_1=r_1\mathrm{e}^{\mathrm{i}\theta_1}$，$z_2=r_2\mathrm{e}^{\mathrm{i}\theta_2}$，则有下面的运算律.

- 乘法：$z_1z_2=r_1r_2\mathrm{e}^{\mathrm{i}(\theta_1+\theta_2)}$.
- 乘方：$z^n=r^n\mathrm{e}^{\mathrm{i}n\theta}$.
- 除法：$\dfrac{z_1}{z_2}=\dfrac{r_1}{r_2}\mathrm{e}^{\mathrm{i}(\theta_1-\theta_2)}$，$z_2\neq 0$.
- 开方：$z^{\frac{1}{n}}=r^{\frac{1}{n}}\mathrm{e}^{\mathrm{i}\frac{\theta+2k\pi}{n}}$，$k=0,1,\cdots,n-1$.

1.1.2　扩充复平面与复球面

1. 平面点集的基本概念

(1) 邻域.

平面上以 z_0 为中心、δ（任意的正数）为半径的开圆表示为

$$|z-z_0|<\delta,$$

也称为 z_0 的邻域. 称由不等式

$$0<|z-z_0|<\delta$$

所确定的点集为 z_0 的**去心邻域**.

(2) 开集.

设 $\mathbb{E}$ 为一平面点集，z_0 为 $\mathbb{E}$ 中任意一点. 如果存在 z_0 的一个邻域，该邻域内的所有点都属于 $\mathbb{E}$，那么称 z_0 为 $\mathbb{E}$ 的**内点**. 如果 $\mathbb{E}$ 内的每个点都是它的内点，那么称 $\mathbb{E}$ 为开集.

(3) 闭集.

平面上不属于 $\mathbb{E}$ 的点的全体称为 $\mathbb{E}$ 的**余集**，记作 $\mathbb{E}^c$. 开集的余集称为闭集.

(4) 边界.

若在 z_0 的任一邻域内既有 $\mathbb{E}$ 的点又有 $\mathbb{E}^c$ 的点，则称 z_0 是 $\mathbb{E}$ 的一个**边界点**；$\mathbb{E}$ 的边界点全体称为 $\mathbb{E}$ 的边界，记为 $\partial\mathbb{E}$. 设 $z_0\in\mathbb{E}$，若在 z_0 的某一邻域内除 z_0 外不含 $\mathbb{E}$ 中的点，则称 z_0 是 $\mathbb{E}$ 的一个**孤立点**. $\mathbb{E}$ 的孤立点一定是 $\mathbb{E}$ 的边界点，反之不成立. 若存在一个以点 $z=0$ 为中心的圆盘包含 $\mathbb{E}$，则称 $\mathbb{E}$ 为**有界集**. 若任意圆盘都不包含 $\mathbb{E}$，则称 $\mathbb{E}$ 为**无界集**.

(5) 区域.

平面上满足下列两个条件的非空点集 $\mathbb{D}$ 称为一个区域.

- $\mathbb{D}$ 是一个开集；

- D 是 连通 的,就是说 D 中任何两点都可以用完全属于 D 的一条折线连接起来.

区域就是连通的开集. 区域 D 与它的边界一起构成 闭区域 或 闭域,记作 $\bar{D}$.

注 1.1.2 区域是开集,闭区域是闭集,除了全平面既是区域又是闭区域这一例外,区域与闭区域是两种不同的点集,闭区域并非区域.

注 1.1.3 设 D 为复平面上的区域. 若在 D 内无论怎样画简单闭曲线,其内部仍全含于 D,则称 D 为 单连通区域. 非单连通的区域称为 多(复)连通区域.

若区域 D 的边界是互不相交的两个、三个……n 个连续点集,则分别称 D 为 二连通、三连通……n 连通的区域。

(6) **平面曲线**.

平面曲线可以用一对连续函数

$$x=x(t), y=y(t), a \leqslant t \leqslant b$$

来表示(称为曲线的参数方程表示). 在复平面上,用实变量的复值函数 $z(t)$ 来表示,即

$$z(t)=x(t)+\mathrm{i}y(t), a \leqslant t \leqslant b.$$

例如,以坐标原点为中心、a 为半径的圆周,其参数方程可表示为

$$x=a\cos t, y=a\sin t, 0 \leqslant t \leqslant 2\pi.$$

写成复数的形式即为

$$z=a(\cos t+\mathrm{i}\sin t), 0 \leqslant t \leqslant 2\pi.$$

又如,平面上连接点(x_1, y_1)与(x_2, y_2)的直线段,其参数方程可表示为

$$x=x_1+(x_2-x_1)t, y=y_1+(y_2-y_1)t, 0 \leqslant t \leqslant 1.$$

从复平面来看,这就是连接点 $z_1=x_1+\mathrm{i}y_1$ 与点 $z_2=x_2+\mathrm{i}y_2$ 的直线段. 故其复数形式的参数方程可表示为

$$z=z_1+(z_2-z_1)t, 0 \leqslant t \leqslant 1.$$

除了参数表示外,通常还可以用动点 z 所满足的关系式来表示曲线. 例如,把以 $z=0$ 为中心、a 为半径的圆周表示为 $|z|=a$.

如果在区间 $a \leqslant t \leqslant b$ 上 $x'(t)$ 和 $y'(t)$ 都是连续的,且对于 t 的每一个值,有

$$[x'(t)]^2+[y'(t)]^2 \neq 0,$$

那么称该曲线为 光滑的. 由几段依次相接的光滑曲线所组成的曲线称为 分段光滑曲线.

设 $C: z=z(t)(a \leqslant t \leqslant b)$ 为一条连续曲线,$z(a)$ 与 $z(b)$ 分别称为 C 的起点与终点. 对于满足 $a<t_1<b, a \leqslant t_2 \leqslant b$ 的 t_1 与 t_2,当 $t_1 \neq t_2$ 而有 $z(t_1)=z(t_2)$ 时,点 $z(t_1)$ 称为曲线 C 的 重点. 没有重点的连续曲线 C 称为 简单曲线 或 若尔当曲线. 如果简单曲线 C 的起点与终点重合,即 $z(a)=z(b)$,那么曲线 C 称为 简单闭曲线,或简称 围道.

定理 1.1.1 (若尔当曲线定理) 平面上任意简单闭曲线将平面分成两个区域,它们都以该曲线为边界. 其中一个为有界区域,称为该简单闭曲线的 内部;另一个为无界区域,称为该简单闭曲线的 外部.

根据上述定理,可以给出单连通区域的一个等价定义,即:设 $\mathbb{D}$ 是一区域,如果对 $\mathbb{D}$ 内的任一简单闭曲线,曲线的内部总属于 $\mathbb{D}$,则称 $\mathbb{D}$ 是单连通区域.

单连通区域 $\mathbb{D}$ 具有这样的特征:属于 $\mathbb{D}$ 的任何一条简单闭曲线,在 $\mathbb{D}$ 内可以经过连续的变形而缩成一点.而多连通区域就不具有这个特征.

(7) **平面曲线的两种表示方法**.
- 参数表示法.连接 z_1, z_2 的一条直线段可以表示为 $z(t) = z_1 + (1-t)z_2$, $t \in [0, 1]$. 以 z_0 为中心、r 为半径的圆周可以表示为 $z - z_0 = re^{i\theta}$, $\theta \in (0, 2\pi]$.
- 用点集所满足的关系式表示. $|z| = 1$ 表示以原点为中心、$r = 1$ 为半径的圆周.

2. 无穷大复数与复球面

为了计算方便,可以扩充复数的定义.引入一个特殊的"复数"——无穷大,记为 ∞,它是由

$$\infty = \frac{1}{0}$$

来定义的.它和有限数的四则运算定义如下.
- 加法: $z + \infty = \infty + z = \infty$, $z \neq \infty$.
- 减法: $\infty - z = \infty$, $z - \infty = \infty$, $z \neq \infty$.
- 乘法: $z \cdot \infty = \infty \cdot z = \infty$, $z \neq 0$.
- 除法: $\dfrac{z}{\infty} = 0$, $\dfrac{\infty}{z} = \infty$, $z \neq \infty$.

在上述定义下,一向不能以 0 为除数的除法得以扩展.

注 1.1.4 扩充复数域中只有一个 ∞,没有所谓的 $\pm\infty$. 运算 $\infty \pm \infty$, $0 \cdot \infty$, $\dfrac{\infty}{\infty}$ 不规定其意义,而 $\dfrac{0}{0}$ 与实变函数中相同,仍然不确定.

对于复数 ∞ 而言,其模规定为 $+\infty$,而实部、虚部和辐角均没有意义.对于其他的每一个复数 z,都有 $|z| < +\infty$,称 z 为有限复数.

在复平面上没有一点与 ∞ 相对应,但可以设想复平面上有一理想点与它对应,该点称为**无穷远点**.复平面加上无穷远点称为**扩充(或扩展)复平面**.此时,定义 1.1.2 中一一对应的关系不再存在.

扩充复平面上的每一条直线都通过无穷远点.

包括无穷远点自身在内且满足 $|z| > M$ 的所有点的集合,其中实数 $M > 0$,称为**无穷远点的邻域**.换言之,无穷远点的邻域是包括无穷远点自身在内的圆周 $|z| = M$ 的外部.不包括无穷远点自身在内仅满足 $|z| > M$ 的所有点的集合,称为**无穷远点的去心邻域**,它可表示为

$$M < |z| < +\infty.$$

利用球面投影的方法可以将球面上的点与扩张复平面上的点一一对应.如图 1.1.1 所示,球的最低点 O' 与复平面上的原点 O 重合,球面上的最高点为 H. 对球面除 O' 和 H 外的任一点 P,连接 HP 并延长,交复平面于 P',则 P 与 P' 一一对应.依此方式,球面的最高点 H 与扩充复平面的无穷远点对应.

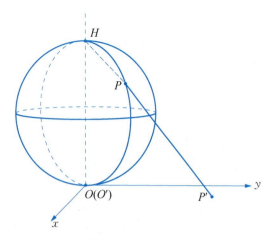

图 1.1.1 球面上点与扩充复平面上点一一对应

§1.2 复变函数

1.2.1 复变函数的概念

定义 1.2.1 设 $\mathbb{D}$ 为复平面上的一个点集,若对 $\mathbb{D}$ 中任意一点 z,都有确定的一个(或多个)复数 w 与之对应,则称在 $\mathbb{D}$ 上确定了一个**复变函数**,记作 $w=f(z)$.

如果对每一个 $z\in\mathbb{D}$,有唯一的 w 与其对应,则称 $w=f(z)$ 为**单值函数**. 不是单值函数的函数称为**多值函数**. 在一般情形下,说到"函数"都是指单值函数. 如果 $\mathbb{D}$ 是实轴上的一个区间,则 $w=f(z)$ 就是实变量的复值函数. 曲线的参数方程 $z=z(t)(a\leqslant t\leqslant b)$ 就是这种函数的一个例子.

设 $z=x+\mathrm{i}y$,则 $w=f(z)$ 可以写成下列形式:
$$w=f(z)=u+\mathrm{i}v=u(x,y)+\mathrm{i}v(x,y),$$
其中 $u(x,y)$ 与 $v(x,y)$ 为实值函数. 此时一个复变函数 $w=f(z)$ 就相当于一对二元实变函数. $w=f(z)$ 的性质就取决于 $u=u(x,y)$ 与 $v=v(x,y)$ 的性质.

例 1.2.1 将定义在全平面上的复变函数 $w=z^2+1$ 化为一对二元实变函数.

解 记 $z=x+\mathrm{i}y$,$w=u+\mathrm{i}v$,代入 $w=z^2+1$,得
$$u+\mathrm{i}v=(x+\mathrm{i}y)^2+1=x^2-y^2+1+2\mathrm{i}xy.$$
分开实部与虚部,即得
$$u=x^2-y^2+1,\ v=2xy.$$

例 1.2.2 将定义在全平面除去坐标原点的区域 $x^2+y^2\neq 0$ 上的一对二元实函数
$$u=\frac{2x}{x^2+y^2},\ v=\frac{y}{x^2+y^2}$$

化为一个复变函数.

解 记 $x+\mathrm{i}y=z$, $u+\mathrm{i}v=w$, 则

$$w=u+\mathrm{i}v=\frac{2x+\mathrm{i}y}{x^2+y^2},$$

将 $x=\dfrac{1}{2}(z+\bar{z})$, $y=\dfrac{1}{2\mathrm{i}}(z-\bar{z})$ 以及 $x^2+y^2=z\bar{z}$ 代入上式,经整理后得

$$w=\frac{3}{2\bar{z}}+\frac{1}{2z},\ z\neq 0.$$

一个复变函数也可看作一个映射(或变换). 设 $f(z)$ 的定义域为 $\mathbb{D}$, $f(z)$ 的值的集合(即**值域**)为 $\mathbb{G}$, 则 $f(z)$ 将点集 $\mathbb{D}$ 中的点映射为点集 $\mathbb{G}$ 中的点. 设 $f(z)$ 将 $\mathbb{D}$ 中的点 z 映射为 $\mathbb{G}$ 中的点 w, 集 $\mathbb{D}$ 映射为集 $\mathbb{G}$, 则称点 w 为点 z 的**像**, 点 z 为点 w 的**原像**. 同样地, $\mathbb{G}$ 称为 $\mathbb{D}$ 的像, $\mathbb{D}$ 为 $\mathbb{G}$ 的原像. 因 x,y,u 和 v 均为变量, 为避免采用四维空间的困难, 可以用两个平面: 一个是 z 平面, 将 $\mathbb{D}$ 的点描在 z 平面上; 另一个是 w 平面, 将 $\mathbb{D}$ 的像描在 w 平面上.

1.2.2　复变函数的极限与连续性

1. 复变函数的极限

定义 1.2.2　函数 $w=f(z)$ 在点 z_0 的去心邻域 $0<|z-z_0|<\rho$ 内有定义, 若存在确定的有限复数 $A\neq\infty$, 对任意给定的 $\varepsilon>0$, 总存在一个正数 δ, 使得对满足 $0<|z-z_0|<\delta$ 的一切 z, 都有 $|f(z)-A|<\varepsilon$, 则称 A 为 $f(z)$ 在 z 趋向于 z_0 时的**极限**, 记作 $\lim\limits_{z\to z_0}f(z)=A$.

注 1.2.1　显然只有单值函数才有极限. 若是对多值函数求极限, 一定要指明是在哪个单值分支上求极限.

几何意义　当点 z 在 z_0 的一个充分小的 δ 邻域时, 它们的像点就在 A 的一个给定的 ε 邻域.

由于 z_0 是复平面上的点, 因此 z 可以任意方式趋近于 z_0, 但不论怎样趋近, $f(z)$ 的值总是趋近于 A.

极限与四则运算之间的交换律　若 $\lim\limits_{z\to z_0}f(z)=A$, $\lim\limits_{z\to z_0}g(z)=B$, 则

$$\begin{cases}\lim\limits_{z\to z_0}[f(z)\pm g(z)]=A\pm B;\\ \lim\limits_{z\to z_0}f(z)g(z)=AB;\\ \lim\limits_{z\to z_0}\dfrac{f(z)}{g(z)}=\dfrac{A}{B}(B\neq 0).\end{cases}$$

定理 1.2.1　设 $f(z)=u(x,y)+\mathrm{i}v(x,y)$, $A=u_0+\mathrm{i}v_0$, $z_0=x_0+\mathrm{i}y_0$, 则有 $\lim\limits_{z\to z_0}f(z)=A$ 的充分必要条件为

$$\lim_{\substack{x \to x_0 \\ y \to y_0}} u(x, y) = u_0, \lim_{\substack{x \to x_0 \\ y \to y_0}} v(x, y) = v_0.$$

即:复变函数的极限等价于两个二元实函数(复变函数的实部与虚部)的极限.

例 1.2.3 判别函数 $f(z) = \dfrac{\bar{z}}{z}$ 在 $z = 0$ 有无极限.

解 $f(z)$ 的定义域是全平面除去 $z = 0$ 的区域. 当 $z \neq 0$ 时,设 $z = r(\cos\theta + i\sin\theta)$,则

$$f(z) = \cos(-2\theta) + i\sin(-2\theta).$$

考虑从 $z = 0$ 出发、方向角为 θ_0 的射线 l_{θ_0},则

$$\lim_{\substack{z \to 0 \\ z \in l_{\theta_0}}} f(z) = \cos(-2\theta_0) + i\sin(-2\theta_0).$$

显然,对于不同的 θ_0,上述极限不同. 所以在 $z = 0$ 处 $f(z)$ 不存在极限.

关于含 ∞ 的极限可作如下定义:

$$\lim_{z \to 0} f\left(\frac{1}{z}\right) = a \iff \lim_{z \to \infty} f(z) = a, \ a \text{ 为有限复数};$$

$$\lim_{z \to z_0} \frac{1}{f(z)} = 0 \iff \lim_{z \to z_0} f(z) = \infty;$$

$$\lim_{z \to 0} \frac{1}{f\left(\frac{1}{z}\right)} = 0 \iff \lim_{z \to \infty} f(z) = \infty.$$

2. 连续性

定义 1.2.3 若 $\lim\limits_{z \to z_0} f(z) = f(z_0)$,则称函数 $f(z)$ 在 z_0 处连续. 若 $f(z)$ 在点集 $\mathbb{D}$ 中处处连续,则称函数 $f(z)$ 在 $\mathbb{D}$ 内连续.

例 1.2.4 求证: $f(z) = \arg z (z \neq 0)$ 在全平面除去原点和负实轴的区域上连续,在负实轴上不连续.

证明 设 z_0 为全平面除去原点和负实轴的区域上任意一点. 考虑充分小的正数 ε,使得角形区域 $\arg z_0 - \varepsilon < \theta < \arg z_0 + \varepsilon$ 与负实轴不相交,则以 z_0 为中心、z_0 到射线 $\theta = \arg z_0 \pm \varepsilon$ 的距离为半径所作的圆盘,一定落在上述角形区域内. 这就是说,只要取 δ 满足 $0 < \delta \leqslant |z_0| \sin\varepsilon$,那么当 $|z - z_0| < \delta$ 时就有 $|\arg z - \arg z_0| < \varepsilon$. 因此 $\arg z$ 在 z_0 处连续. 再由 z_0 的任意性,可知 $f(z) = \arg z$ 在所述区域内连续.

设 x_1 是负实轴上任意一点,则

$$\lim_{\substack{z \to x_1 \\ \text{Im} z \geqslant 0}} \arg z = \pi \text{ 及 } \lim_{\substack{z \to x_1 \\ \text{Im} z < 0}} \arg z = -\pi.$$

故 $f(z) = \arg z$ 在负实轴上不连续. 证毕.

定理 1.2.2 函数 $f(z) = u(x, y) + iv(x, y)$ 在 $z_0 = x_0 + iy_0$ 处连续的充分必要条件是 $u(x, y)$,$v(x, y)$ 在 (x_0, y_0) 处连续.

上面引进的复变函数极限和连续性的定义与实函数极限和连续性的定义在形式上完全相

同,所以关于连续函数的和、差、积、商(分母不为0)及复合函数仍连续的定理依然成立. 例如,幂函数 $w=z^n$ (n 为正整数)与更一般的多项式

$$P(z)=a_0z^n+a_1z^{n-1}+\cdots+a_n$$

是复平面上的连续函数,而有理函数

$$R(z)=\frac{a_0z^n+a_1z^{n-1}+\cdots+a_n}{b_0z^m+b_1z^{m-1}+\cdots+b_m}$$

在分母为0的点外处处连续.

与实变量实值函数类似,在有界闭区域上连续的复变函数,具有下列3个性质:

(1) 有界闭区域 $\overline{\mathbb{D}}$ 上的连续函数 $f(z)$ 是有界的.

(2) 有界闭区域 $\overline{\mathbb{D}}$ 上的连续函数 $f(z)$ 在 $\overline{\mathbb{D}}$ 上的模 $|f(z)|$ 能取到最大值与最小值.

(3) 有界闭区域 $\overline{\mathbb{D}}$ 上的连续函数 $f(z)$ 在 $\overline{\mathbb{D}}$ 上是一致连续的,即:对任意 $\varepsilon>0$,存在 $\delta>0$,对任何满足 $|z-z'|<\delta$ 的 $z,z'\in\overline{\mathbb{D}}$,有 $|f(z)-f(z')|<\varepsilon$.

§1.3 解析函数

1.3.1 复变函数的导数与柯西-黎曼方程

1. 导数与解析的概念

定义 1.3.1 设函数 $w=f(z)$ 在点 z_0 的某邻域内有定义,$z_0+\Delta z$ 是该邻域内任一点,$\Delta w=f(z_0+\Delta z)-f(z_0)$,如果

$$\lim_{\Delta z\to 0}\frac{\Delta w}{\Delta z}=\lim_{\Delta z\to 0}\frac{f(z_0+\Delta z)-f(z_0)}{\Delta z}=A,$$

A 为有限复数,则称 $f(z)$ 在 z_0 处**可导**,记作 $f'(z_0)$ 或 $\dfrac{\mathrm{d}w}{\mathrm{d}z}\bigg|_{z=z_0}$,即

$$f'(z_0)=\lim_{\Delta z\to 0}\frac{f(z_0+\Delta z)-f(z_0)}{\Delta z}.$$

显然有

$$\Delta w=f'(z_0)\Delta z+o(|\Delta z|),\ \Delta z\to 0.$$

也称 $\mathrm{d}f(z_0)=f'(z_0)\mathrm{d}z$ 或 $f'(z_0)\mathrm{d}z$ 为 $f(z)$ 在 z_0 处的**微分**,故 $f(z)$ 在 z_0 处可导也称 $f(z)$ 在 z_0 处**可微**.

如果 $f(z)$ 在 z_0 处可导(或可微),则 $f(z)$ 在 z_0 处连续.

例 1.3.1 设 $f(z)=\mathrm{Re}\,z$. 证明:$f(z)$ 在全平面处处不可导.

证明 因为对任意一点 z_0,

$$\frac{f(z)-f(z_0)}{z-z_0}=\frac{\mathrm{Re}\,z-\mathrm{Re}\,z_0}{z-z_0}=\frac{\mathrm{Re}(z-z_0)}{z-z_0}.$$

考虑直线 $\mathrm{Re}\,z = \mathrm{Re}\,z_0$ 及直线 $\mathrm{Im}\,z = \mathrm{Im}\,z_0$. 在前一直线上,上式恒等于 0;在后一直线上,上式恒等于 1. 故当 $z \to z_0$ 时上式没有极限,即 $f(z)$ 在 z_0 处不可导. 由于 z_0 的任意性,$f(z)$ 在全平面处处不可导. 证毕. ∎

> **定义 1.3.2** 如果 $f(z)$ 在 z_0 的某一邻域内**处处可导**,则称 $f(z)$ 在 z_0 处**解析**. 如果 $f(z)$ 在区域 $\mathbb{D}$ 内每一点都解析,则称 $f(z)$ 在 $\mathbb{D}$ 内解析,或者说 $f(z)$ 是 $\mathbb{D}$ 内的**解析函数**. 如果 $f(z)$ 在 z_0 处不解析,则称 z_0 为 $f(z)$ 的**奇点**. 有时也说函数在一个闭区域内解析,这是指函数在一个包含该闭区域的更大区域内解析.

2. 复变函数的求导法则

设 $f(z)$ 和 $g(z)$ 都是区域 $\mathbb{D}$ 上的解析函数,则 $f(z) \pm g(z)$, $f(z)g(z)$ 以及 $\dfrac{f(z)}{g(z)}$ ($g(z) \neq 0$) 在 $\mathbb{D}$ 上解析,且有

$$[f(z) \pm g(z)]' = f'(z) \pm g'(z),$$
$$[f(z)g(z)]' = f'(z)g(z) + f(z)g'(z),$$
$$\left[\frac{f(z)}{g(z)}\right]' = \frac{f'(z)g(z) - f(z)g'(z)}{[g(z)]^2}.$$

由导数定义易得,常值函数的导数是 0,以及

$$(z^n)' = nz^{n-1},\ n\ \text{为自然数},$$
$$[kf(z)]' = kf'(z),\ k\ \text{为常数}.$$

(1) 复合函数的求导法则.

设函数 $\xi = f(z)$ 在区域 $\mathbb{D}$ 内为解析函数,函数 $w = g(\xi)$ 在区域 $\mathbb{G}$ 内也解析,又 $f(\mathbb{D}) \subset \mathbb{G}$ ($f(\mathbb{D})$) ($f(\mathbb{D})$ 表示函数 $\xi = f(z)$ 的值域,也就是 $f(z)$ 在区域 $\mathbb{D}$ 上的像),则复合函数 $w = g(f(z)) = h(z)$ 在 $\mathbb{D}$ 内解析,且有 $h'(z) = [g(f(z))]' = g'(f(z))f'(z)$.

(2) 反函数的求导法则.

设函数 $w = f(z)$ 在区域 $\mathbb{D}$ 内解析且 $f'(z) \neq 0$,又反函数 $z = f^{-1}(w) = \varphi(w)$ 存在且连续,则

$$\varphi'(w) = \frac{1}{f'(z)}\bigg|_{z=\varphi(w)} = \frac{1}{f'(\varphi(w))}.$$

例 1.3.2 求函数 $f(z) = \dfrac{2z^5 - z + 3}{4z^2 + 1}$ 的解析区域,并求其导函数.

解 设 $P(z) = 2z^5 - z + 3$,$Q(z) = 4z^2 + 1$,P 和 Q 都是 z 的多项式. 由函数 z^n (n 为任意自然数) 在全平面解析的事实以及乘积与和、差的求导法则可知,P 和 Q 都在全平面解析. 而由商的求导法则可知,当 $Q(z) \neq 0$ 时,$f(z) = \dfrac{P(z)}{Q(z)}$ 为解析函数. 又方程 $Q(z) = 0$,即 $4z^2 + 1 = 0$ 的解是 $z = \sqrt{-\dfrac{1}{4}} = \pm\dfrac{\mathrm{i}}{2}$. 因此在全平面除去点 $\dfrac{\mathrm{i}}{2}$ 与 $-\dfrac{\mathrm{i}}{2}$ 的区域内 $f(z)$ 为解析. 此时,$f(z)$ 的导数可计算如下:

$$f'(z) = \frac{P'(z)Q(z) - P(z)Q'(z)}{[Q(z)]^2}$$
$$= \frac{(4z^2+1)(10z^4-1) - (2z^5-z+3)(8z)}{(4z^2+1)^2}$$
$$= \frac{24z^6 + 10z^4 + 4z^2 - 24z - 1}{(4z^2+1)^2}.$$

3. 复变函数可导与其实部及虚部(二元实函数)可导之间的关系

定理 1.3.1 函数 $f(z) = u(x,y) + iv(x,y)$ 在 $z = x + iy$ 处可导的充分必要条件是 $u(x,y), v(x,y)$ 在点 (x,y) 处可微,且满足柯西-黎曼方程(简称 C-R 方程):

$$\frac{\partial u}{\partial x} = \frac{\partial v}{\partial y}, \quad \frac{\partial u}{\partial y} = -\frac{\partial v}{\partial x}, \tag{1.3.1}$$

或

$$\begin{bmatrix} \dfrac{\partial}{\partial x} & -\dfrac{\partial}{\partial y} \\ \dfrac{\partial}{\partial y} & \dfrac{\partial}{\partial x} \end{bmatrix} \begin{bmatrix} u \\ v \end{bmatrix} = \begin{bmatrix} 0 \\ 0 \end{bmatrix}. \tag{1.3.2}$$

从(1.3.2)式可以看出,算子矩阵 $\begin{bmatrix} \dfrac{\partial}{\partial x} & -\dfrac{\partial}{\partial y} \\ \dfrac{\partial}{\partial y} & \dfrac{\partial}{\partial x} \end{bmatrix}$ 的零特征值对应的特征向量 $\begin{bmatrix} u \\ v \end{bmatrix}$ 满足 (1.3.1)式;反过来,满足(1.3.1)式的 $\begin{bmatrix} u \\ v \end{bmatrix}$ 是该算子矩阵对应于零特征值的特征向量.

当定理 1.3.1 的条件满足时,可按下列公式计算 $f'(z)$:

$$f'(z) = \frac{\partial u}{\partial x} + i\frac{\partial v}{\partial x} = \frac{\partial v}{\partial y} + i\frac{\partial v}{\partial x} = \frac{\partial u}{\partial x} - i\frac{\partial u}{\partial y} = \frac{\partial v}{\partial y} - i\frac{\partial u}{\partial y}.$$

例 1.3.3 讨论下列函数的可导性和解析性:
(1) $w = \operatorname{Re} z$; (2) $w = |z|^2$; (3) $f(z) = e^x(\cos y + i\sin y)$.

解 (1) 因为 $u = x, v = 0$,且

$$\frac{\partial u}{\partial x} - \frac{\partial v}{\partial y} = 1 \neq 0,$$

函数不满足 C-R 方程,所以 $w = \operatorname{Re} z$ 在复平面内处处不可导,从而也处处不解析.

(2) $w = |z|^2 = x^2 + y^2$,所以 $u = x^2 + y^2, v = 0$,且

$$\frac{\partial u}{\partial x} = 2x, \quad \frac{\partial u}{\partial y} = 2y, \quad \frac{\partial v}{\partial x} = 0, \quad \frac{\partial v}{\partial y} = 0,$$

可见 C-R 方程只在点 $(0,0)$ 处成立. 由定理 1.3.1 可知,该函数在 $z=0$ 处可导,且 $f'(0) =$

0. 对于其他 $z\neq 0$ 的点，这个函数不可导，所以这个函数在 $z=0$ 处不解析，从而在复平面处处不解析. 这是一个在一点处可导但不解析的例子.

（3）因为 $u=\mathrm{e}^x\cos y$, $v=\mathrm{e}^x\sin y$,

$$\frac{\partial u}{\partial x}=\mathrm{e}^x\cos y, \frac{\partial u}{\partial y}=-\mathrm{e}^x\sin y, \frac{\partial v}{\partial x}=\mathrm{e}^x\sin y, \frac{\partial v}{\partial y}=\mathrm{e}^x\cos y,$$

从而函数 $f(z)$ 满足 C‑R 方程，并且由于上面 4 个一阶偏导数均连续，因此 $f(z)$ 在复平面内处处可导，故也处处解析，且

$$f'(z)=\frac{\partial u}{\partial x}+\mathrm{i}\frac{\partial v}{\partial x}=\mathrm{e}^x(\cos y+\mathrm{i}\sin y)=f(z).$$

例 1.3.4 证明：若 $f(z)$ 在 $\mathbb{D}$ 内解析且满足下列条件之一，则 $f(z)$ 在 $\mathbb{D}$ 内为常数.
(1) $f'(z)=0$;   (2) $\mathrm{Re} f(z)=$ 常数；   (3) $|f(z)|=$ 常数.

证明 （1）由 $f'(z)=0$ 可得 $\frac{\partial u}{\partial x}=\frac{\partial u}{\partial y}=\frac{\partial v}{\partial x}=\frac{\partial v}{\partial y}=0$，故 u 和 v 为常数，从而 $f(z)$ 为常数.

（2）由 $\mathrm{Re} f(z)=$ 常数可得 $u=$ 常数，故 $f'(z)=u_x-\mathrm{i}u_y=0$，由（1）知 $f(z)$ 为常数.

（3）$|f(z)|=$ 常数，所以 $|f(z)|^2=u^2+v^2=$ 常数. 对 x,y 求偏导得

$$u\frac{\partial u}{\partial x}+v\frac{\partial v}{\partial x}=0, \quad u\frac{\partial u}{\partial y}+v\frac{\partial v}{\partial y}=0.$$

由 C‑R 方程可知

$$u\frac{\partial u}{\partial x}-v\frac{\partial u}{\partial y}=0, \quad v\frac{\partial u}{\partial x}+u\frac{\partial u}{\partial y}=0,$$

所以 $(u^2+v^2)\frac{\partial u}{\partial x}=0$, $(u^2+v^2)\frac{\partial u}{\partial y}=0$.

当 $u^2+v^2=0$ 时，$u=v=0$，故 $f(z)=0$；

当 $u^2+v^2\neq 0$ 时，$\frac{\partial u}{\partial x}=\frac{\partial u}{\partial y}=0$，由（2）可知 $f(z)$ 为常数. 证毕.

1.3.2 调和函数

定义 1.3.3 如果二元实函数 $\varphi(x,y)$ 在区域 $\mathbb{D}$ 内有二阶连续偏导数，且满足二维拉普拉斯方程

$$\frac{\partial^2\varphi}{\partial x^2}+\frac{\partial^2\varphi}{\partial y^2}=0,$$

则称 $\varphi(x,y)$ 为区域 $\mathbb{D}$ 内的调和函数，或称函数 $\varphi(x,y)$ 在区域 $\mathbb{D}$ 内调和.

定理 1.3.2 设函数 $f(z)=u(x,y)+\mathrm{i}v(x,y)$ 在区域 $\mathbb{D}$ 内解析，则 $u(x,y)$ 和 $v(x,y)$ 都是区域 $\mathbb{D}$ 内的调和函数.

> **定义 1.3.4** 设函数 $\varphi(x,y)$ 及 $\psi(x,y)$ 均为区域 $\mathbb{D}$ 内的调和函数,且满足 C-R 方程
> $$\frac{\partial \varphi}{\partial x}=\frac{\partial \psi}{\partial y},\frac{\partial \varphi}{\partial y}=-\frac{\partial \psi}{\partial x},$$
> 则称 ψ 是 φ 的共轭调和函数.

由定义 1.3.4 可以看出,$-\psi$ 亦是 $-\varphi$ 的共轭调和函数,$\pm\varphi$ 亦是 $\mp\psi$ 的共轭调和函数. 另一方面,解析函数的虚部是实部的共轭调和函数.

定理 1.3.3 复变函数 $f(z)=u(x,y)+\mathrm{i}v(x,y)$ 在区域 $\mathbb{D}$ 内解析的充分必要条件是在区域 $\mathbb{D}$ 内,$v(x,y)$ 是 $u(x,y)$ 的共轭调和函数.

例 1.3.5 设 $v(x,y)=\arctan\dfrac{y}{x}(x>0)$.

(1) 验证 $v(x,y)$ 是调和函数;

(2) 求函数 $u(x,y)$ 使 $f(z)=u+\mathrm{i}v$ 为解析函数.

解 (1) $\dfrac{\partial v}{\partial x}=-\dfrac{y}{x^2+y^2}$,$\dfrac{\partial v}{\partial y}=\dfrac{x}{x^2+y^2}$,$\dfrac{\partial^2 v}{\partial x^2}=\dfrac{2xy}{(x^2+y^2)^2}$,$\dfrac{\partial^2 v}{\partial y^2}=-\dfrac{2xy}{(x^2+y^2)^2}$,从而
$$v_{xx}+v_{yy}=0.$$
所以 v 是调和函数.

(2) 由 C-R 方程可知,$u_x=v_y=\dfrac{x}{x^2+y^2}$. 若令
$$u=\int\frac{x}{x^2+y^2}\mathrm{d}x=\frac{1}{2}\ln(x^2+y^2)+c(y),$$
则
$$u_y=\frac{y}{x^2+y^2}+c'(y)=-v_x=\frac{y}{x^2+y^2},$$
从而
$$c'(y)=0, c(y)=c.$$
所以
$$u=\frac{1}{2}\ln(x^2+y^2)+c,$$
其中 c 为一实常数. 从而 $f(z)=\dfrac{1}{2}\ln(x^2+y^2)+c+\mathrm{i}\arctan\dfrac{y}{x}$,$x>0$.

§1.4 初等函数

1.4.1 指数函数

对于任意的实数 y,有欧拉公式

$$e^{iy} = \cos y + i\sin y.$$

> **定义 1.4.1** 对于复数 $z = x + iy$, 称
> $$w = e^z = \exp z = e^x(\cos y + i\sin y)$$
> 为指数函数.

指数函数 $w = e^z$ 显然在全平面上有定义, 且当 $y = 0$ 时, 有 $e^z = e^x$. 由此可见, 复变量的指数函数 e^z 其实是实变量的指数函数 e^x 在复平面上的拓展, 它有以下 5 个性质.

(1) 由指数函数的定义及欧拉公式可知,
$$e^z = e^{x+iy} = e^x e^{iy},$$
$$|e^z| = e^x, \operatorname{Arg} e^z = y + 2k\pi, k = 0, \pm 1, \pm 2, \cdots.$$

由于 $e^x \neq 0$, 故有 $e^z \neq 0$.

(2) 对任意 z_1, z_2, 有 $e^{z_1} e^{z_2} = e^{z_1+z_2}$.

(3) 对任意整数 k, 有 $e^{z+2k\pi i} = e^z e^{2k\pi i} = e^z$, 即: e^z 是以 $2\pi i$ 为周期的**周期函数**.

(4) 指数函数 e^z 在 z 趋向于 ∞ 时没有极限.

(5) 指数函数在整个复平面解析, 且 $(e^z)' = e^z$.

1.4.2 对数函数

若已知复数 w 满足 $e^w = z (z \neq 0)$, 令 $z = re^{i\theta}$, $w = u + iv$, 则方程 $e^w = z$ 变为
$$e^{u+iv} = re^{i\theta},$$
由此推出
$$e^u = r, v = \theta + 2k\pi, k = 0, \pm 1, \pm 2, \cdots.$$
从而解得
$$u = \ln r, v = \theta + 2k\pi, k = 0, \pm 1, \pm 2, \cdots.$$
其中 u 是单值的, 而 v 可取无穷多个值. 由于 $r = |z|$, θ 是 z 的辐角, 故恰有 $v = \operatorname{Arg} z$. 由此
$$w = \operatorname{Ln} z = \ln|z| + i\operatorname{Arg} z, z \neq 0,$$
其中 $\ln|z|$ 是普通正数 $|z|$ 的自然对数.

> **定义 1.4.2** 满足方程 $e^w = z (z \neq 0)$ 的函数 $w = f(z)$, 称为对数函数, 记作
> $$w = \operatorname{Ln} z = \ln|z| + i\operatorname{Arg} z.$$

注 1.4.1 辐角函数 $w = \operatorname{Arg} z$(本身不是一般意义下的初等函数) 的多值性导致对数函数的多值性, 即: 对数函数 $w = \operatorname{Ln} z$ 为多值函数, 并且每两个值相差 $2\pi i$ 的整数倍. 如果规定 $\operatorname{Arg} z$ 取主值 $\operatorname{arg} z$, 就得到 $\operatorname{Ln} z$ 的一个单值"分支", 记作 $\ln z$, 把它称为 $\operatorname{Ln} z$ 的主值, 即

$$\ln z = \ln |z| + i\arg z.$$

而其余各个值可由

$$\operatorname{Ln} z = \ln z + 2k\pi i, \quad k = \pm 1, \pm 2, \cdots$$

表示. 对于每一个固定的 k, 上式为一个单值函数, 称为 $\operatorname{Ln} z$ 的一个单值分支.

特别地, 当 $z = x > 0$ 时, $\operatorname{Ln} z$ 的主值 $\ln z = \ln x$, 就是微积分中的实变量对数函数.

例 1.4.1 求 $\operatorname{Ln}(-1)$.

解 因为 $|-1| = 1$, $\arg(-1) = \pi$, 故

$$\operatorname{Ln}(-1) = \ln 1 + i(\pi + 2k\pi) = (2k+1)\pi i, \quad k = 0, \pm 1, \pm 2, \cdots.$$

例 1.4.2 求 $\operatorname{Ln}(2 - 3i)$.

解 因为

$$|2 - 3i| = \sqrt{13}, \quad \arg(2 - 3i) = -\arctan \frac{3}{2},$$

所以

$$\operatorname{Ln}(2 - 3i) = \frac{1}{2}\ln 13 - i\left(\arctan \frac{3}{2} + 2k\pi\right), \quad k = 0, \pm 1, \pm 2, \cdots.$$

例 1.4.3 计算 $\ln i$ 及 $\ln(-2 + 3i)$.

解 根据定义

$$\ln i = \ln |i| + i\arg i = \frac{\pi}{2}i,$$

$$\ln(-2 + 3i) = \ln |-2 + 3i| + i\arg(-2 + 3i)$$

$$= \frac{1}{2}\ln 13 + i\left(\pi - \arctan \frac{3}{2}\right).$$

对数函数具有以下两个性质.

(1) 运算性质.

$$\operatorname{Ln}(z_1 z_2) = \operatorname{Ln} z_1 + \operatorname{Ln} z_2,$$

$$\operatorname{Ln} \frac{z_1}{z_2} = \operatorname{Ln} z_1 - \operatorname{Ln} z_2.$$

上述等式的两端均有无穷多个值. 等式的意义是左边取一个值, 右边一定有一个值与之相等. 反之亦然.

(2) 解析性质.

就主值 $w = \ln z$ 而言, 在**除去原点及负实轴**的复平面上是解析的, 且

$$\frac{\mathrm{d}}{\mathrm{d}z}(\ln z) = \frac{1}{z}.$$

1.4.3 幂函数

定义 1.4.3 函数
$$w = z^\alpha = e^{\alpha \mathrm{Ln} z} \quad (\alpha \text{ 为复常数}, z \neq 0),$$
称为复变量 z 的幂函数. 当 α 为正实数且 $z=0$ 时,规定 $z^\alpha = 0$.

由于 $\mathrm{Ln}\, z$ 是多值函数,因此 $e^{\alpha \mathrm{Ln} z}$ 一般也是多值函数.

(1) 当 α 为正整数 n 时,
$$w = z^n = e^{n\mathrm{Ln} z} = e^{n[\ln|z| + \mathrm{i}(\arg z + 2k\pi)]} = |z|^n e^{\mathrm{i} n \arg z}$$
是一个单值函数.

(2) 当 $\alpha = \dfrac{1}{n}$(n 为正整数)时,
$$z^{\frac{1}{n}} = e^{\frac{1}{n}\mathrm{Ln} z} = |z|^{\frac{1}{n}} e^{\mathrm{i}\frac{\arg z + 2k\pi}{n}}, \quad k = 0, 1, \cdots, n-1$$
是 n 值函数.

(3) 当 α 为零时,
$$z^0 = e^{0 \cdot \mathrm{Ln} z} = e^0 = 1.$$

(4) 当 α 为有理数 $\dfrac{p}{q}$(p 与 q 为互质的整数,$q > 0$)时,
$$z^{\frac{p}{q}} = e^{\frac{p}{q}\mathrm{Ln} z} = e^{\frac{p}{q}\ln z + \frac{p}{q}\mathrm{i} 2k\pi}, \quad k \text{ 为整数}.$$

由于 p 与 q 互质,当 k 取 $0, 1, \cdots, q-1$ 时,
$$e^{\mathrm{i} 2k\pi \frac{p}{q}} = (e^{\mathrm{i} 2k\pi p})^{\frac{1}{q}}$$
是 q 个不同的值. 当 k 再取其他整数值时,将重复出现上述 q 个值之一,所以
$$w = z^{\frac{p}{q}}$$
有 q 个不同的分支.

(5) 当 α 是无理数或复数($\mathrm{Im}\,\alpha \neq 0$)时,易知 z^α 是无穷多值函数. 例如,
$$\mathrm{i}^{\mathrm{i}} = e^{\mathrm{i}\mathrm{Ln}\,\mathrm{i}} = e^{\mathrm{i}(\ln|\mathrm{i}| + (\frac{\pi}{2} + 2k\pi)\mathrm{i})} = e^{-(\frac{\pi}{2} + 2k\pi)}, \quad k = 0, \pm 1, \pm 2, \cdots,$$
此时它所有分支的幅角主值为 0.

由于 $\mathrm{Ln}\, z$ 的各个分支在除去原点和负实轴的复平面内是解析的,因而不难知道 $w = z^\alpha$ 的相应分支在除去原点和负实轴的复平面内也是解析的,且 $(z^\alpha)' = \alpha z^{\alpha - 1}$.

1.4.4 三角函数

定义 1.4.4 分别定义

$$\cos z = \frac{1}{2}(e^{iz} + e^{-iz}), \quad \sin z = \frac{1}{2i}(e^{iz} - e^{-iz})$$

为复变量 z 的余弦函数与正弦函数.

余弦函数与正弦函数有以下 6 个性质.
(1) $\cos z$ 及 $\sin z$ 均为单值函数.
(2) $\cos z$ 及 $\sin z$ 均为以 2π 为周期的周期函数.
(3) $\cos z$ 为偶函数，$\sin z$ 为奇函数.
(4) 满足

$$\cos(z_1 \pm z_2) = \cos z_1 \cos z_2 \mp \sin z_1 \sin z_2, \quad \sin(z_1 \pm z_2) = \sin z_1 \cos z_2 \pm \cos z_1 \sin z_2.$$

(5) $\sin^2 z + \cos^2 z = 1$. 在实数域内成立的不等式 $|\sin x| \leqslant 1$ 及 $|\cos x| \leqslant 1$ 在复数域不再成立，而且 $\sin z$ 和 $\cos z$ 都是无界的. $\cos^2 z$，$\sin^2 z$ 的非负性也不再成立，而是可能取任意的复数值.

(6) $\cos z$，$\sin z$ 在复平面上均为解析函数，且

$$(\cos z)' = -\sin z, \quad (\sin z)' = \cos z.$$

其他复变量三角函数的定义如下：

$$\tan z = \frac{\sin z}{\cos z}, \quad \cot z = \frac{\cos z}{\sin z}, \quad \sec z = \frac{1}{\cos z}, \quad \csc z = \frac{1}{\sin z}.$$

定义 1.4.5 如果 $\cos w = z$，则 w 叫作复变量 z 的反余弦函数，记作 $\mathrm{Arccos}\, z$，即 $w = \mathrm{Arccos}\, z$，并且

$$w = -i\mathrm{Ln}(z + \sqrt{z^2 - 1}).$$

由此可见，反余弦函数是多值函数.

类似地，可定义反正弦函数 $\mathrm{Arcsin}\, z$ 及反正切函数 $\mathrm{Arctan}\, z$，并且它们与对数函数有如下关系：

$$\mathrm{Arcsin}\, z = -i\mathrm{Ln}(iz + \sqrt{1 - z^2}),$$
$$\mathrm{Arctan}\, z = \frac{i}{2}\mathrm{Ln}\frac{i+z}{i-z}.$$

它们均为多值的.

定义 1.4.6 $\sinh z = \dfrac{e^z - e^{-z}}{2}$，$\cosh z = \dfrac{e^z + e^{-z}}{2}$，$\tanh z = \dfrac{e^z - e^{-z}}{e^z + e^{-z}}$，$\coth z = \dfrac{e^z + e^{-z}}{e^z - e^{-z}}$

分别称作复变量 z 的双曲正弦函数、双曲余弦函数、双曲正切函数及双曲余切函数.

双曲函数与三角函数之间有如下关系：
$$\sinh z = -\mathrm{i}\sin \mathrm{i}z, \quad \cosh z = \cos \mathrm{i}z,$$
$$\tanh z = -\mathrm{i}\tan \mathrm{i}z, \quad \coth z = \mathrm{i}\cot \mathrm{i}z.$$

由这些关系式可看出双曲函数是单值的且以虚数 $2k\pi\mathrm{i}$ 为周期的周期函数. $\sinh z$ 为奇函数，$\cosh z$ 为偶函数，而且均在复平面内解析，且
$$(\sinh z)' = \cosh z, \quad (\cosh z)' = \sinh z.$$

由于双曲函数的周期性决定了它们的反函数的多值性，因此相应的反双曲函数分别定义如下：

- 反双曲正弦函数：$\mathrm{Arsinh}\, z = \mathrm{Ln}(z + \sqrt{z^2 + 1})$.
- 反双曲余弦函数：$\mathrm{Arcosh}\, z = \mathrm{Ln}(z + \sqrt{z^2 - 1})$.
- 反双曲正切函数：$\mathrm{Artanh}\, z = \dfrac{1}{2}\mathrm{Ln}\dfrac{1+z}{1-z}$.
- 反双曲余切函数：$\mathrm{Arcoth}\, z = \dfrac{1}{2}\mathrm{Ln}\dfrac{z+1}{z-1}$.

习题 1

1. 填空
(1) $(1+\mathrm{i})^n + (1-\mathrm{i})^n = $ _____；
(2) $(-1+\mathrm{i})^7 = $ _____；
(3) $(-1+\sqrt{3}\,\mathrm{i})^3 = $ _____；
(4) $\lim\limits_{z\to \mathrm{i}} \dfrac{z-\mathrm{i}}{z(z^2+1)} = $ _____；
(5) $(1-\mathrm{i})^n = $ _____；
(6) $\dfrac{(\sqrt{3}-\mathrm{i})^5}{(1+\mathrm{i})^6} = $ _____；
(7) $\mathrm{Ln}(3+4\mathrm{i}) = $ _____；
(8) $(-3)^{\sqrt{3}} = $ _____；
(9) $\sin(1-\mathrm{i}) = $ _____；
(10) $(-1)^{\mathrm{i}} = $ _____；
(11) $1^{\mathrm{i}} = $ _____；
(12) $(1-\mathrm{i})^{1+\mathrm{i}} = $ _____；
(13) $\mathrm{Ln}(1+\mathrm{i}) = $ _____；
(14) $\mathrm{i}^{\mathrm{i}} = $ _____．

2. 复函数 $f(z) = \arg z \,(z \neq 0)$ 是连续函数吗？

3. 证明极限 $\lim\limits_{z\to 0} \dfrac{\bar{z}}{z}$ 不存在.

4. 判断复函数 $f(z) = |z|^2$ 是否为解析函数.

5. 设 $u(x, y) = y^2 - x^2 - 2xy$.
(1) 验证 u 是调和函数；
(2) 求函数 v 使得 $f(z) = u + \mathrm{i}v$ 为解析函数.

6. 设 $u = 2(x-1)y$.
(1) 验证 u 是调和函数；
(2) 求函数 v 使得 $f(z) = u + \mathrm{i}v$ 为解析函数，且满足 $f(0) = -\mathrm{i}$.

7. 设 $u = x^2 - y^2 + xy$.

   (1) 验证 u 是调和函数；

   (2) 求函数 v 使得 $f(z) = u + iv$ 为解析函数，且满足 $f(0) = -3i$.

8. 验证 $u(x, y) = y^3 - 3x^2 y$ 为调和函数，并求其共轭调和函数 $v(x, y)$ 以及由它们构成的解析函数.

9. 证明 $u(x, y) = x^2 - y^2 + x$ 在 $\mathbb{C}$ 上为调和函数，并求出它的共轭调和函数 $v(x, y)$，写出相应的解析函数 $f(z) = u(x, y) + iv(x, y)$.

10. 设 $u = e^{2x} \cos 2y$.

    (1) 验证 u 是调和函数；

    (2) 求函数 v 使得 $f(z) = u + iv$ 为解析函数.

11. 设 $u = u(x, y)$ 是调和函数且非常数，证明 u^2 不是调和函数.

习题1答案

第 2 章 复变函数的积分

复变函数的积分是研究解析函数的重要内容之一. 本章主要介绍柯西积分定理和柯西积分公式这两个基本内容及其应用.

§2.1 复积分的概念与性质

2.1.1 复积分的定义与计算

定义 2.1.1 设 C 是平面上一条光滑的简单曲线,其起点为 A,终点为 B. 函数 $f(z)=u(x,y)+iv(x,y)$ 在 C 上有定义. 把曲线 C 任意分成 n 个小弧段. 设分点为 $A=z_0, z_1, \cdots, z_{n-1}, z_n=B$,其中 $z_k=x_k+iy_k (k=0, 1, 2, \cdots, n)$,在每个弧段 $\overparen{z_{k-1}z_k}$ 上任取一点 $\zeta_k=\xi_k+i\eta_k$,作和式

$$\sum_{k=1}^{n} f(\zeta_k)\Delta z_k,$$

其中 $\Delta z_k = z_k - z_{k-1} = \Delta x_k + i\Delta y_k$. 设 $\lambda = \max_{1 \leqslant k \leqslant n}|\Delta z_k|$. 当 $\lambda \to 0$ 时,若和式的极限存在,且此极限值不依赖于 ζ_k 的选择,也不依赖于对 C 的分法,则称此极限值为 $f(z)$ 沿曲线 C 自 A 到 B 的复积分,记作

$$\int_C f(z)\mathrm{d}z = \lim_{\lambda \to 0}\sum_{k=1}^{n} f(\zeta_k)\Delta z_k.$$

沿 C 的逆方向(即由 B 到 A)的积分则记作 $\int_{C^-} f(z)\mathrm{d}z$. 若 C 为闭曲线,则此闭曲线的积分记作 $\oint_C f(z)\mathrm{d}z$ (规定 C 的正方向为逆时针方向).

定理 2.1.1 设 $f(z)=u(x,y)+iv(x,y)(z=x+iy)$ 在光滑曲线 C 上连续,则复积分 $\int_C f(z)\mathrm{d}z$ 存在,且可以表示为

$$\int_C f(z)\mathrm{d}z = \int_C u(x,y)\mathrm{d}x - v(x,y)\mathrm{d}y + i\int_C v(x,y)\mathrm{d}x + u(x,y)\mathrm{d}y.$$

上式说明了以下两个问题：

(1) 当 $f(z)$ 是连续函数且 C 是光滑曲线时，积分 $\int_C f(z)\mathrm{d}z$ 一定存在.

(2) $\int_C f(z)\mathrm{d}z$ 可以通过两个二元实变函数的第二型曲线积分来计算.

利用上式还可把复积分化为普通的定积分. 设曲线 C 的参数方程为

$$z(t)=x(t)+\mathrm{i}y(t)\quad(a\leqslant t\leqslant b),$$

将它代入上式右端得

$$\begin{aligned}\int_C f(z)\mathrm{d}z &= \int_a^b [u(x(t),y(t))x'(t)-v(x(t),y(t))y'(t)]\mathrm{d}t \\ &\quad + \mathrm{i}\int_a^b [v(x(t),y(t))x'(t)+u(x(t),y(t))y'(t)]\mathrm{d}t \\ &= \int_a^b [u(x(t),y(t))+\mathrm{i}v(x(t),y(t))][x'(t)+\mathrm{i}y'(t)]\mathrm{d}t \\ &= \int_a^b f(z(t))z'(t)\mathrm{d}t.\end{aligned}$$

例 2.1.1 计算 $\int_C \bar{z}\mathrm{d}z$，其中 C 分别如下：

(1) 从 1 到 i 的直线段 C_1；

(2) 从 1 到 0 的直线段 C_{21}，再从 0 到 i 的直线段 C_{22} 所连接成的折线段 $C_2=C_{21}+C_{22}$.

解 (1) $C_1: z(t)=1-t+\mathrm{i}t(0\leqslant t\leqslant 1)$，则

$$\int_C \bar{z}\mathrm{d}z = \int_{C_1} \bar{z}\mathrm{d}z = \int_0^1 (1-t-\mathrm{i}t)(-1+\mathrm{i})\mathrm{d}t = \int_0^1 (2t-1)\mathrm{d}t + \mathrm{i}\int_0^1 \mathrm{d}t = \mathrm{i}.$$

(2) $C_{21}: z_1(t)=1-t(0\leqslant t\leqslant 1)$，$C_{22}: z_2(t)=\mathrm{i}t(0\leqslant t\leqslant 1)$，则

$$\int_C \bar{z}\mathrm{d}z = \int_{C_2} \bar{z}\mathrm{d}z = \int_{C_{21}} \bar{z}\mathrm{d}z + \int_{C_{22}} \bar{z}\mathrm{d}z = -\int_0^1 (1-t)\mathrm{d}t + \int_0^1 t\mathrm{d}t = 0.$$

例 2.1.2 计算 $\oint_C \dfrac{\mathrm{d}z}{(z-z_0)^n}$，其中 n 为任意整数，C 为以 z_0 为中心、r 为半径的圆周.

解 C 的参数方程为 $z=z_0+r\mathrm{e}^{\mathrm{i}\theta}$，$0\leqslant\theta\leqslant 2\pi$，因此

$$\begin{aligned}\oint_C \frac{\mathrm{d}z}{(z-z_0)^n} &= \int_0^{2\pi} \frac{\mathrm{i}r\mathrm{e}^{\mathrm{i}\theta}}{r^n \mathrm{e}^{\mathrm{i}n\theta}}\mathrm{d}\theta = \frac{\mathrm{i}}{r^{n-1}}\int_0^{2\pi} \mathrm{e}^{-\mathrm{i}(n-1)\theta}\mathrm{d}\theta \\ &= \frac{\mathrm{i}}{r^{n-1}}\int_0^{2\pi} \cos((n-1)\theta)\mathrm{d}\theta - \frac{1}{r^{n-1}}\int_0^{2\pi} \sin((n-1)\theta)\mathrm{d}\theta \\ &= \begin{cases}2\pi\mathrm{i}, & n=1, \\ 0, & n\neq 1.\end{cases}\end{aligned}$$

2.1.2 复积分的基本性质

复积分的实部和虚部都是曲线积分，因此曲线积分的下列 5 个基本性质对复积分也成立.

(1) $\int_C kf(z)\mathrm{d}z = k\int_C f(z)\mathrm{d}z$,其中 k 为复常数.

(2) $\int_C [f(z) \pm g(z)]\mathrm{d}z = \int_C f(z)\mathrm{d}z \pm \int_C g(z)\mathrm{d}z$.

(3) $\int_C f(z)\mathrm{d}z = -\int_{C^-} f(z)\mathrm{d}z$.

(4) $\int_C f(z)\mathrm{d}z = \int_{C_1} f(z)\mathrm{d}z + \int_{C_2} f(z)\mathrm{d}z$,其中 $C = C_1 + C_2$.

(5) $\left|\int_C f(z)\mathrm{d}z\right| \leqslant \int_C |f(z)||\mathrm{d}z|$.

上式右端是实连续函数 $|f(z)|$ 沿曲线 C 的第一型曲线积分. 特别地,若在 C 上有 $|f(z)| \leqslant M$,C 的长记为 L,则有积分估值如下:

$$\left|\int_C f(z)\mathrm{d}z\right| \leqslant ML.$$

§2.2 柯西积分定理

由定理 2.1.1 可知,复积分的计算等价于第二型曲线积分的计算,而曲线积分的关键在于能够写出曲线的参数表示(从而化为定积分来计算). 但实际上将曲线的参数表示写出来并不是很容易,所以当曲线的参数表示写不出来时就要用其他方法来计算积分了. 其中一个方法就是:若积分与路径无关,就可以用能够写出参数表示的曲线来代替曲线 C.

在微积分中,曲线积分与路径无关的等价条件如下:

(1) 沿任意简单闭曲线的积分值为零,$\oint_C P\mathrm{d}x + Q\mathrm{d}y = 0$;

(2) 被积函数是某一函数的全微分,$P\mathrm{d}x + Q\mathrm{d}y = \mathrm{d}U(x, y)$;

(3) 在定义域内处处有 $P_y = Q_x$(所围区域为单连通区域).

定理 2.2.1 设函数 $f(z)$ 在单连通域 $\mathbb{D}$ 内解析,则 $f(z)$ 在 $\mathbb{D}$ 内沿任意一条可求简单闭曲线 C 的积分为

$$\int_C f(z)\mathrm{d}z = 0.$$

上述定理称为**柯西积分定理**. 由定理 2.1.1 可知,复积分等于线积分的表达式以及 C-R 方程,上述定理显然成立.

注 2.2.1 可以证明,如果 C 是区域 $\mathbb{D}$ 的边界,$f(z)$ 在区域 $\mathbb{D}$ 内解析,在闭区域 $\overline{\mathbb{D}}$ 上连续,那么上述定理依然成立.

定理 2.2.2 设函数 $f(z)$ 在单连通区域 $\mathbb{D}$ 内解析,z_0 与 z_1 为 $\mathbb{D}$ 内任意两点,C_1 与 C_2 为连接 z_0 与 z_1 的积分路径,C_1,C_2 都包含于 $\mathbb{D}$,则

$$\int_{C_1} f(z)\mathrm{d}z = \int_{C_2} f(z)\mathrm{d}z,$$

即:当 f 为 $\mathbb{D}$ 内的解析函数时,积分与路径无关,而仅由积分路径的起点 z_0 与终点 z_1 来确定.

柯西积分定理实际上已经给出积分与路径无关的充分条件. 如果 $f(z)$ 在单连通区域 $\mathbb{D}$ 内解析,则沿区域 $\mathbb{D}$ 内的简单曲线 C 的积分

$$\int_C f(\zeta)\mathrm{d}\zeta$$

只与 C 的起点 z_0 和终点 z 有关,而与 C 的路径无关. 对于这种积分,约定写成

$$\int_{z_0}^{z} f(\zeta)\mathrm{d}\zeta,$$

并把 z_0 和 z 分别称为积分的下限和上限.

当下限 z_0 固定而上限 z 在 $\mathbb{D}$ 内变动时,则由积分 $\int_{z_0}^{z} f(\zeta)\mathrm{d}\zeta$ 定义了一个关于上限 z 的函数,且该函数为 $\mathbb{D}$ 内的单值函数,记为 $F(z)$,即

$$F(z) = \int_{z_0}^{z} f(\zeta)\mathrm{d}\zeta.$$

定理 2.2.3 若 $f(z)$ 是单连通区域 $\mathbb{D}$ 内的解析函数,则由变上限的积分所确定的函数

$$F(z) = \int_{z_0}^{z} f(\zeta)\mathrm{d}\zeta$$

也是 $\mathbb{D}$ 内的解析函数,且 $F'(z) = f(z)$.

下面引入原函数的概念.

定义 2.2.1 若函数 $F(z)$ 在单连通区域 $\mathbb{D}$ 内处处满足条件 $F'(z) = f(z)$,则称 $F(z)$ 是 $f(z)$ 的原函数.

易证,若 $F(z)$ 是 $f(z)$ 的一个原函数,则对任意常数 c,$F(z) + c$ 都是 $f(z)$ 的原函数. 而 $f(z)$ 的任一原函数必可表示为 $F(z) + c$,其中 c 是某一常数. 利用这个关系,可以推出与牛顿-莱布尼茨公式类似的解析函数的积分计算公式.

定理 2.2.4 设 $f(z)$ 在单连通区域 $\mathbb{D}$ 内解析,$F(z)$ 为 $f(z)$ 的一个原函数,则

$$\int_{z_0}^{z_1} f(z)\mathrm{d}z = F(z_1) - F(z_0),$$

其中 z_0, z_1 为 $\mathbb{D}$ 内的点.

注 2.2.2 上述牛顿-莱布尼茨公式是计算复积分的又一有力工具,由此及乘积函数求导公式、复合函数求导公式即可将微积分中的一整套方法(分部积分、换元积分法等)运用到复积分中来.

注 2.2.3 牛顿-莱布尼茨公式的成立与所考虑区域有很大关系,区域必须是单连通的. 另外,原函数也与考虑区域有关,也就是 $F'(z) = f(z)$ 在整个区域内处处成立,才称 $F(z)$ 为 $f(z)$ 的原函数,否则不能称为原函数. 例如,$(\ln z)' = \dfrac{1}{z}$ 只在除去原点和负实轴的情形下才

成立,所以在包含原点或负实轴上的点的区域内,$\ln z$ 不是 $\dfrac{1}{z}$ 的原函数.

例 2.2.1 设 z_0, z_1 为有限复数,计算 $\int_{z_0}^{z_1} z^n \mathrm{d}z$, $n = 0, 1, 2, \cdots$.

解 由定理 2.2.4 得
$$\int_{z_0}^{z_1} z^n \mathrm{d}z = \frac{1}{n+1}(z_1^{n+1} - z_0^{n+1}).$$

例 2.2.2 计算 $\int_C \ln(1+z)\mathrm{d}z$,其中 C 是从 $-\mathrm{i}$ 到 i 的直线段.

解 因为 $\ln(1+z)$ 在全平面除去负实轴上 $x \leqslant -1$ 的区域 $\mathbb{D}$ 内为(单值)解析函数,又因为所考虑的区域 $\mathbb{D}$ 是单连通的,故定理 2.2.4 适用,所以在 $\mathbb{D}$ 内有

$$\begin{aligned}
\int_C \ln(1+z)\mathrm{d}z &= z\ln(1+z)\Big|_{-\mathrm{i}}^{\mathrm{i}} - \int_{-\mathrm{i}}^{\mathrm{i}} \frac{z}{1+z}\mathrm{d}z \\
&= \mathrm{i}\ln(1+\mathrm{i}) + \mathrm{i}\ln(1-\mathrm{i}) - \int_{-\mathrm{i}}^{\mathrm{i}} \left(1 - \frac{1}{1+z}\right)\mathrm{d}z \\
&= \mathrm{i}\ln(1+\mathrm{i}) + \mathrm{i}\ln(1-\mathrm{i}) - \left[z - \ln(1+z)\right]_{-\mathrm{i}}^{\mathrm{i}} \\
&= \mathrm{i}\ln(1+\mathrm{i}) + \mathrm{i}\ln(1-\mathrm{i}) - 2\mathrm{i} + \ln(1+\mathrm{i}) - \ln(1-\mathrm{i}) \\
&= \left(-2 + \ln 2 + \frac{\pi}{2}\right)\mathrm{i}.
\end{aligned}$$

定理 2.2.5 设 C_1 与 C_2 是两条简单闭曲线,C_2 在 C_1 的内部.$f(z)$ 在 C_1 与 C_2 所围的二连通域 $\mathbb{D}$ 内解析,而在 $\overline{\mathbb{D}} = \mathbb{D} + C_1 + C_2^-$ 上连续,则

$$\oint_{C_1} f(z)\mathrm{d}z = \oint_{C_2} f(z)\mathrm{d}z.$$

上式说明,在区域内的一个解析函数沿闭曲线的积分,不因闭曲线在区域内作连续变形而改变它的值,这一原理称为**闭路变形原理**.

推论 2.2.1 设 C 为多连通域 $\mathbb{D}$ 内的一条简单闭曲线,C_1, C_2, $\cdots$, C_n 是在 C 内部的简单闭曲线,它们互不包含也互不相交,并且以 C, C_1, C_2, $\cdots$, C_n 为边界的区域全含于 $\mathbb{D}$. 如果 $f(z)$ 在 $\mathbb{D}$ 内解析,则有

$$\oint_C f(z)\mathrm{d}z = \sum_{k=1}^{n} \oint_{C_k} f(z)\mathrm{d}z,$$

其中 C 及 C_k 均取正方向.上式也可写为

$$\oint_\Gamma f(z)\mathrm{d}z = 0,$$

这里 Γ 为由 C 及 C_k^- ($k = 1, 2, \cdots, n$) 所组成的复合闭路(其方向是:C 按逆时针进行,C_k^- 按顺时针进行).

以上推论称为**复合闭路定理**.

例 2.2.3 计算 $\oint_C \dfrac{2z-1}{z^2-z}\mathrm{d}z$,其中 C 为包含 0 与 1 的简单曲线.

解 函数 $\dfrac{2z-1}{z^2-z}$ 有 $z=0$ 及 $z=1$ 两个奇点.

设 C_1 与 C_2 是 C 内互不包含的圆周. C_1 只包围 $z=0$, C_2 只包围 $z=1$, 可得

$$\oint_C \frac{2z-1}{z^2-z}\mathrm{d}z = \oint_{C_1} \frac{2z-1}{z^2-z}\mathrm{d}z + \oint_{C_2} \frac{2z-1}{z^2-z}\mathrm{d}z$$

$$= \oint_{C_1} \frac{1}{z}\mathrm{d}z + \oint_{C_1} \frac{1}{z-1}\mathrm{d}z + \oint_{C_2} \frac{1}{z}\mathrm{d}z + \oint_{C_2} \frac{1}{z-1}\mathrm{d}z$$

$$= 2\pi\mathrm{i} + 0 + 0 + 2\pi\mathrm{i} = 4\pi\mathrm{i}.$$

§ 2.3 柯西积分公式与高阶导数公式

2.3.1 形如 $\oint_C \dfrac{f(z)}{z-z_0}\mathrm{d}z$ 的复积分的计算方法

定理 2.3.1 设 $f(z)$ 在简单闭曲线 C 所围成的区域 $\mathbb{D}$ 内解析,在 $\overline{\mathbb{D}} = \mathbb{D} \bigcup C$ 上连续,z_0 是 $\mathbb{D}$ 内任一点,则

$$f(z_0) = \frac{1}{2\pi\mathrm{i}} \oint_C \frac{f(z)}{z-z_0}\mathrm{d}z.$$

上式称为**柯西积分公式**. 这个公式说明:如果一个函数在简单闭曲线 C 的内部解析,在 C 上连续,则函数在 C 内部的值完全可由 C 上的值决定.

另外,该公式也提供了计算某些积分的方法.

2.3.2 柯西积分公式的推论

推论 2.3.1 设 $f(z)$ 在 $|z-z_0|<R$ 内解析,在 $|z-z_0|=R$ 上连续,则

$$f(z_0) = \frac{1}{2\pi} \int_0^{2\pi} f(z_0 + R\mathrm{e}^{\mathrm{i}\theta})\mathrm{d}\theta.$$

上述公式称为**平均值公式**.

推论 2.3.2 设 $f(z)$ 在由简单闭曲线 C_1,C_2 所围成的二连通域 $\mathbb{D}$ 内解析,并在 C_1,C_2 上连续,C_2 在 C_1 的内部,z_0 为 $\mathbb{D}$ 内一点,则

$$f(z_0) = \frac{1}{2\pi\mathrm{i}} \oint_{C_1} \frac{f(z)}{z-z_0}\mathrm{d}z - \frac{1}{2\pi\mathrm{i}} \oint_{C_2} \frac{f(z)}{z-z_0}\mathrm{d}z.$$

在定理 2.3.1 中,把 z_0 看作变量,柯西积分公式写成如下形式:

$$f(z) = \frac{1}{2\pi\mathrm{i}} \oint_C \frac{f(\zeta)}{\zeta-z}\mathrm{d}\zeta,$$

其中 z 在 C 的内部.

定理 2.3.2 设函数 $f(z)$ 在区域 $\mathbb{D}$ 内解析,且 $f(z)$ 不是常数,则 $|f(z)|$ 在区域 $\mathbb{D}$ 内没

有最大值.

此定理称为**最大模原理**.

推论 2.3.3 在区域 D 内解析的函数,若其模在 D 的内点达到最大值,则此函数必恒为常数.

推论 2.3.4 若 $f(z)$ 在有界区域 D 内解析,在 $\overline{D}$ 上连续,则 $|f(z)|$ 必在 D 的边界上且只在边界上达到最大值.

2.3.3 高阶导数公式

复变函数在某区域内可导时,**解析函数的导数仍然是解析的**,即解析函数的任意阶导数都存在.

定理 2.3.3 设函数 $f(z)$ 在简单闭曲线 C 所围成的区域 D 内解析,而在 $\overline{D}=D\cup C$ 上连续,则 $f(z)$ 的各阶导函数均在 D 内解析,且对 D 内任一点 z,有

$$f^{(n)}(z)=\frac{n!}{2\pi i}\oint_C \frac{f(\zeta)}{(\zeta-z)^{n+1}}d\zeta,\ n=1,2,\cdots.$$

上式称为**解析函数的高阶导数公式**. 可从两方面应用这个公式:一方面用求积分来代替求导数;另一方面则是用求导的方法来计算积分,即

$$\oint_C \frac{f(\zeta)}{(\zeta-z)^{n+1}}d\zeta=\frac{2\pi i}{n!}f^{(n)}(z).$$

例 2.3.1 求下列积分的值:

(1) $\oint_{|z-i|=1}\frac{\cos z}{(z-i)^3}dz$; (2) $\oint_{|z|=4}\frac{e^z}{z^2(z-1)^2}dz$.

解 (1) 函数 $\cos z$ 在 $|z-i|\leqslant 1$ 上解析,由解析函数的高阶导数公式得

$$\oint_{|z-i|=1}\frac{\cos z}{(z-i)^3}dz=\frac{2\pi i}{2!}(\cos z)''\Big|_{z=i}=-\pi i\cos i=-\frac{\pi i}{2}(e^{-1}+e).$$

(2) 函数在 $|z|=4$ 内有 $z=0,1$ 两个奇点. 由复合闭路定理有

$$\oint_{|z|=4}\frac{e^z}{z^2(z-1)^2}dz=\oint_{|z|=\frac{1}{2}}\frac{\frac{e^z}{(z-1)^2}}{z^2}dz+\oint_{|z-1|=\frac{1}{2}}\frac{\frac{e^z}{z^2}}{(z-1)^2}dz.$$

再根据解析函数的高阶导数公式得

$$\oint_{|z|=4}\frac{e^z}{z^2(z-1)^2}dz=2\pi i\left[\frac{e^z}{(z-1)^2}\right]'\Big|_{z=0}+2\pi i\left(\frac{e^z}{z^2}\right)'\Big|_{z=1}$$
$$=6\pi i-2\pi ei=2\pi(3-e)i.$$

运用高阶导数公式可以推导出一系列重要结果.

定理 2.3.4 设函数 $f(z)$ 在 $|z-z_0|<R$ 内解析,且 $|f(z)|\leqslant M$,则成立不等式

$$|f^{(n)}(z_0)|\leqslant\frac{n!M}{R^n},\ n=1,2,\cdots.$$

这个不等式称为柯西不等式.

定理 2.3.5　设函数 $f(z)$ 在全平面上解析且有界,则 $f(z)$ 为一常数.

该定理称为刘维尔定理.

§ 2.4　本章例题选讲

本节给出更多的例题以巩固前面所介绍的内容.

例 2.4.1　设正向圆周 $C:|z|=r$,计算 $\oint_C (|z| - \mathrm{e}^z \sin z)\mathrm{d}z$.

解　由于 $C:|z|=r$,因此
$$f(z) = |z| - \mathrm{e}^z \sin z = r - \mathrm{e}^z \sin z$$
在整个复平面内都解析,当然,在 C 的内部也解析.所以由柯西积分定理,
$$\oint_C (|z| - \mathrm{e}^z \sin z)\mathrm{d}z = 0.$$

例 2.4.2　设正向圆周 $C:|z|=r$,计算积分 $\oint_C \bar{z}\mathrm{d}z$.

解　$\bar{z}$ 在复平面处处不解析,可以用变量代换求积分 $\oint_C \bar{z}\mathrm{d}z$.

令 $z = r\mathrm{e}^{\mathrm{i}\theta}$,$\theta \in [0, 2\pi]$,则
$$\bar{z} = r\mathrm{e}^{-\mathrm{i}\theta},\quad \mathrm{d}z = r\mathrm{i}\mathrm{e}^{\mathrm{i}\theta}\mathrm{d}\theta.$$

因此
$$\oint_C \bar{z}\mathrm{d}z = \int_0^{2\pi} r\mathrm{e}^{-\mathrm{i}\theta} \cdot r\mathrm{i}\mathrm{e}^{\mathrm{i}\theta}\mathrm{d}\theta = r^2\mathrm{i}\int_0^{2\pi} \mathrm{d}\theta = 2\pi r^2\mathrm{i}.$$

例 2.4.3　设正向圆周 $C:|z|=1$,求积分 $\oint_C \dfrac{\mathrm{e}^z}{z}\mathrm{d}z$.从而证明
$$\int_0^{\pi} \mathrm{e}^{\cos\theta}\cos(\sin\theta)\mathrm{d}\theta = \pi.$$

解　由柯西积分公式
$$\oint_C \frac{\mathrm{e}^z}{z}\mathrm{d}z = 2\pi\mathrm{i}\mathrm{e}^z\bigg|_{z=0} = 2\pi\mathrm{i}.$$

令
$$z = \mathrm{e}^{\mathrm{i}\theta} = \cos\theta + \mathrm{i}\sin\theta,\quad \theta \in [-\pi, \pi],$$
则
$$\oint_C \frac{\mathrm{e}^z}{z}\mathrm{d}z = \int_{-\pi}^{\pi} \frac{\mathrm{e}^{\cos\theta+\mathrm{i}\sin\theta}}{\cos\theta+\mathrm{i}\sin\theta}(-\sin\theta+\mathrm{i}\cos\theta)\mathrm{d}\theta = \mathrm{i}\int_{-\pi}^{\pi} \mathrm{e}^{\cos\theta}[\cos(\sin\theta)+\mathrm{i}\sin(\sin\theta)]\mathrm{d}\theta$$
$$= \mathrm{i}\int_{-\pi}^{\pi} \mathrm{e}^{\cos\theta}\cos(\sin\theta)\mathrm{d}\theta - \int_{-\pi}^{\pi} \mathrm{e}^{\cos\theta}\sin(\sin\theta)\mathrm{d}\theta = 2\mathrm{i}\int_0^{\pi} \mathrm{e}^{\cos\theta}\cos(\sin\theta)\mathrm{d}\theta = 2\pi\mathrm{i}.$$

所以
$$\int_0^\pi e^{\cos\theta}\cos(\sin\theta)d\theta = \pi.$$

例 2.4.4 设积分路径 C 为由点 0 到 $1+i$ 的直线段，计算积分 $\int_C \operatorname{Re} z\, dz$.

解 C 为由点 0 到 $1+i$ 的直线段，则 C 的参数方程为
$$z = 0 + (1+i-0)t = t+ti,\ t\in[0,1].$$
所以
$$\int_C \operatorname{Re} z\, dz = \int_0^1 t(1+i)dt = (1+i)\frac{1}{2}t^2\Big|_{t=0}^{t=1} = \frac{1}{2}(1+i).$$

例 2.4.5 求积分 $\oint_C \left(\dfrac{1}{z}+\bar z\right)dz$，其中 C 为正方向圆周 $|z|=2$.

解 令 $z = 2e^{i\theta}$，$\theta\in[0,2\pi]$，则
$$\oint_C\left(\frac{1}{z}+\bar z\right)dz = \oint_C \frac{1}{z}dz + \oint_C \bar z\, dz = 2\pi i + \int_0^{2\pi} 2e^{-i\theta}\cdot 2ie^{i\theta}d\theta$$
$$= 2\pi i + 4i\int_0^{2\pi}d\theta = 2\pi i + 8\pi i = 10\pi i.$$

例 2.4.6 求积分 $\displaystyle\oint_{|z|=1}\frac{dz}{z^2+2z+4}$（曲线为正方向）.

解 $\dfrac{1}{z^2+2z+4}$ 的奇点为 $z^2+2z+4=0$ 的零点，$z_1 = -1+\sqrt{3}i$ 和 $z_2 = -1-\sqrt{3}i$，它们都不在圆周 $|z|=1$ 的内部，所以由柯西积分定理，
$$\oint_{|z|=1}\frac{dz}{z^2+2z+4} = 0.$$

例 2.4.7 求积分 $\displaystyle\oint_{|z|=2}\frac{ze^z}{(z-1)^2}dz$（曲线为正方向）.

解 由解析函数的高阶导数公式，
$$\oint_{|z|=2}\frac{ze^z}{(z-1)^2}dz = \frac{2\pi i}{1!}(ze^z)'\Big|_{z=1} = 2\pi i(ze^z+e^z)\Big|_{z=1} = 4e\pi i.$$

例 2.4.8 计算积分 $\int_C \bar z\, dz$，其中积分路径 C 是从 $1-i$ 到 $3+2i$ 的直线段.

解 从 $1-i$ 到 $3+2i$ 的直线段的参数方程为
$$z = (1-i) + [(3+2i)-(1-i)]t = (2t+1) + (3t-1)i,\ t\in[0,1].$$
因此
$$\int_{1-i}^{3+2i}\bar z\, dz = \int_0^1 [(2t+1) - (3t-1)i](2+3i)dt$$

$$= (2+3\mathrm{i})\left[(t^2+t) - \left(\frac{3}{2}t^2 - t\right)\mathrm{i}\right]\Big|_{t=0}^{t=1}$$

$$= (2+3\mathrm{i})\left(2 - \frac{1}{2}\mathrm{i}\right) = \frac{11}{2} + 5\mathrm{i}.$$

例 2.4.9 计算积分 $\int_C |z|\,\mathrm{d}z$，路径 C 分别如下：

(1) 半圆周 $|z|=1$，$0 \leqslant \arg z \leqslant \pi$（始点为 $z=1$）；
(2) 正方向圆周 $|z|=R$，$R>0$.

解 (1) 令 $z=\mathrm{e}^{\mathrm{i}\theta}$，$\theta \in [0, \pi]$，则

$$\int_C |z|\,\mathrm{d}z = \int_0^\pi \mathrm{i}\mathrm{e}^{\mathrm{i}\theta}\,\mathrm{d}\theta = \mathrm{e}^{\mathrm{i}\theta}\Big|_{\theta=0}^{\theta=\pi} = -2.$$

(2) $\oint_C |z|\,\mathrm{d}z = \oint_C R\,\mathrm{d}z = 0.$

例 2.4.10 计算积分 $\oint_C \left(\frac{1}{z} + \bar{z} + |z|\right)\mathrm{d}z$，其中 C 为正方向圆周 $|z|=2$.

解
$$\oint_C \left(\frac{1}{z} + \bar{z} + |z|\right)\mathrm{d}z = \oint_C \frac{1}{z}\mathrm{d}z + \oint_C \bar{z}\,\mathrm{d}z + \oint_C |z|\,\mathrm{d}z$$

$$= 2\pi\mathrm{i} + \oint_C \bar{z}\,\mathrm{d}z + \oint_C 2\,\mathrm{d}z = 2\pi\mathrm{i} + \oint_C \bar{z}\,\mathrm{d}z.$$

令 $z = 2\mathrm{e}^{\mathrm{i}\theta}$，$\theta \in [0, 2\pi]$，则

$$\oint_C \bar{z}\,\mathrm{d}z = \int_0^{2\pi} 2\mathrm{e}^{-\mathrm{i}\theta} 2\mathrm{i}\mathrm{e}^{\mathrm{i}\theta}\,\mathrm{d}\theta = 4\mathrm{i}\int_0^{2\pi}\mathrm{d}\theta = 8\pi\mathrm{i}.$$

所以

$$\oint_C \left(\frac{1}{z} + \bar{z} + |z|\right)\mathrm{d}z = 2\pi\mathrm{i} + 8\pi\mathrm{i} = 10\pi\mathrm{i}.$$

例 2.4.11 计算积分 $\oint_C \frac{\bar{z}+z}{|z|}\mathrm{d}z$，其中 C 为正方向圆周 $|z|=1$.

解 $\oint_C \frac{\bar{z}+z}{|z|}\mathrm{d}z = \oint_C (\bar{z}+z)\,\mathrm{d}z = \oint_C \bar{z}\,\mathrm{d}z + \oint_C z\,\mathrm{d}z = \oint_C \bar{z}\,\mathrm{d}z.$

令 $z = \mathrm{e}^{\mathrm{i}\theta}$，$\theta \in [0, 2\pi]$，则

$$\oint_C \bar{z}\,\mathrm{d}z = \int_0^{2\pi}\mathrm{e}^{-\mathrm{i}\theta}\mathrm{i}\mathrm{e}^{\mathrm{i}\theta}\,\mathrm{d}\theta = \mathrm{i}\int_0^{2\pi}\mathrm{d}\theta = 2\pi\mathrm{i}.$$

所以

$$\oint_C \frac{\bar{z}+z}{|z|}\mathrm{d}z = 2\pi\mathrm{i}.$$

习题 2

1. 计算积分 $\int_C (x-y+ix^2)dz$，积分路径 C 是连接 0 与 $1+i$ 的直线段.

2. 计算积分 $\int_{-1}^{1} |z|dz$，积分路径分别如下：

(1) 直线段；

(2) 上半单位圆周；

(3) 下半单位圆周.

3. 利用积分估值，证明：

(1) $\left| \int_C (x^2+iy^2)dz \right| \leqslant 2$，其中 C 是连接 $-i$ 与 i 的直线段；

(2) $\left| \int_C (x^2+iy^2)dz \right| \leqslant \pi$，其中 C 是连接 $-i$ 与 i 的右半圆周.

4. 验证下列积分值为零，其中 C 均为正方向单位圆周 $|z|=1$：

(1) $\int_C \dfrac{dz}{\cos z}$； (2) $\int_C \dfrac{e^z dz}{z^2+5z+6}$.

5. 计算：

(1) $\int_{-2}^{-2+i} (z+2)^2 dz$； (2) $\int_0^{\pi+2i} \cos\dfrac{z}{2} dz$.

6. 求积分 $\int_0^{2\pi a} (2z^2+8z+1)dz$，其中积分路径是连接 0 与 $2\pi a$ 的摆线：

$$x=a(\theta-\sin\theta),\ y=a(1-\cos\theta).$$

7. (分部积分法) 设函数 $f(x), g(x)$ 在单连通区域 D 内解析，α, β 是 D 内两点，试证

$$\int_\alpha^\beta f(z)g'(z)dz = [f(z)g(z)]\Big|_\alpha^\beta - \int_\alpha^\beta g(z)f'(z)dz.$$

8. 计算（正方向圆周 $C: |z|=2$）

$$\oint_C \dfrac{2z^2-z+1}{(z-1)^2} dz.$$

9. 计算

$$\int_{C_j} \dfrac{\sin(\pi z/4)}{z^2-1} dz,\ j=1,2,3,$$

其中 (1) $C_1: |z+1|=\dfrac{1}{2}$；(2) $C_2: |z-1|=\dfrac{1}{2}$；(3) $C_3: |z|=2$. 曲线均为正方向.

10. 分别由下列条件求解析函数 $f(z)=u+iv$：

(1) $u=x^2+xy-y^2,\ f(i)=-1+i$；

(2) $u = e^x(x\cos y - y\sin y)$, $f(0) = 0$;

(3) $v = \dfrac{y}{x^2+y^2}$, $f(2) = 0$.

11. 某流体的复势为 $f(z) = \dfrac{1}{z^2-1}$,试分别求出沿圆周(1) $C_1: |z-1| = \dfrac{1}{2}$;(2) $C_2:$ $|z+1| = \dfrac{1}{2}$;(3) $C_3: |z| = 3$ 的流量及环量.

12. 沿从 1 到 -1 的路径(1)上半单位圆周;(2)下半单位圆周,其中 $\sqrt{z}$ 取主值支. 求 $\displaystyle\int_C \dfrac{1}{\sqrt{z}}\,\mathrm{d}z$.

13. 试计算积分
$$\oint_C (|z| - e^z\sin z)\,\mathrm{d}z$$
之值,其中 C 为正方向圆周 $|z| = a > 0$.

第 3 章 解析函数的级数表示

解析函数的级数表达式是研究解析函数的一个重要工具.本章将从复数序列开始,引入复数项级数以及复函数项级数的定义,并讨论它们的基本性质及判定收敛的方法.然后通过介绍幂级数、洛朗级数,给出圆域和圆环域上解析函数的级数展开方法.最后介绍留数概念,并通过实例介绍留数在定积分中的应用.

§3.1 复数项级数

3.1.1 复数序列

定义 3.1.1 设 $\{z_n\}$ 为一个复数序列,z 为一个确定的复数.若对任意 $\varepsilon > 0$,存在正整数 N,当 $n > N$ 时,有 $|z_n - z| < \varepsilon$ 成立,则称 z 为复数序列 $\{z_n\}$ 在 $n \to +\infty$ 时的极限,或称复数序列 $\{z_n\}$ 收敛于 z,记作 $\lim\limits_{n \to +\infty} z_n = z$ 或 $z_n \to z (n \to +\infty)$.

如图 3.1.1(a)所示,复数序列极限的几何意义是:对充分大的 n(这里 n 的取值一般依赖于 ε),点 z_n 位于 z 的任意小的邻域.换句话说,随着 n 的增加,z_n 可以无限接近于 z.另一点需要指出的是,复平面中一个序列趋于它的极限的方式与一维实数的情况相比要更为复杂.如图 3.1.1 所示,复数序列对应在复平面上的点列分别沿着一条曲线[如图(a)所示]和沿着一条螺线[如图(b)所示]趋近它的极限.

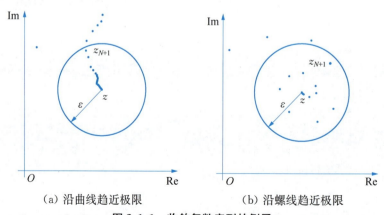

(a) 沿曲线趋近极限　　　　(b) 沿螺线趋近极限

图 3.1.1　收敛复数序列的例子

下面不加证明地给出复数序列收敛的一个充分必要条件.

定理 3.1.1（柯西收敛准则） 复数序列 $\{z_n\}$ 收敛的充分必要条件是：对于任意 $\varepsilon > 0$，存在正整数 N，当 $m, n > N$ 时，有 $|z_m - z_n| < \varepsilon$.

若序列 $\{z_n\}$ 满足柯西收敛准则中的条件，则称该序列为柯西序列. 事实上，柯西收敛准则的必要性可以这样来理解：对于 z 的任意小的邻域，只要 n 和 m 足够大，点 z_n 和 z_m 就能同时属于该邻域，即它们之间的距离不会大于该邻域的直径.

定理 3.1.2 复数序列 $z_n = x_n + \mathrm{i} y_n$ 收敛到 $z = x + \mathrm{i} y$ 的充分必要条件是
$$\lim_{n \to +\infty} x_n = x, \quad \lim_{n \to +\infty} y_n = y.$$

证明 充分性. 若 $\lim\limits_{n \to +\infty} x_n = x$，$\lim\limits_{n \to +\infty} y_n = y$，则对任意 $\varepsilon > 0$，存在正数 N_1，当 $n > N_1$ 时，有 $|x_n - x| < \dfrac{\varepsilon}{2}$；存在正整数 N_2，当 $n > N_2$ 时，$|y_n - y| < \dfrac{\varepsilon}{2}$. 取 $N = \max\{N_1, N_2\}$，有
$$|z_n - z| = |x_n - x + \mathrm{i}(y_n - y)| \leqslant |x_n - x| + |y_n - y| < \varepsilon,$$
即 $\lim\limits_{n \to +\infty} z_n = z$.

必要性. 由 $z_n = x_n + \mathrm{i} y_n$ 收敛到 $z = x + \mathrm{i} y$，对于任意 $\varepsilon > 0$，存在正整数 N，当 $n > N$ 时，有 $|z_n - z| < \varepsilon$. 又
$$|x_n - x| \leqslant \sqrt{(x_n - x)^2 + (y_n - y)^2} = |x_n - x + \mathrm{i}(y_n - y)| = |z_n - z|,$$
所以对于任意 $\varepsilon > 0$，存在正整数 N，当 $n > N$ 时，有 $|x_n - x| < \varepsilon$，即 $\lim\limits_{n \to +\infty} x_n = x$.

同理可证 $\lim\limits_{n \to +\infty} y_n = y$. 证毕.

由上面的定理，有限个实数序列的和、差、积、商所成序列的极限的相应结论不难推广到复数序列.

例 3.1.1 设 z_0 为一给定的复数，讨论当 $n \to +\infty$ 时，复数列 $\{z_0^n\}$ 是否存在极限.

解 利用复数的指数形式得 $z_0 = r_0 \mathrm{e}^{\mathrm{i}\theta_0}$.

当 $r_0 > 1$ 时，对任意正整数 n，皆有
$$|z_0^{n+1} - z_0^n| \geqslant |r_0^{n+1} \mathrm{e}^{\mathrm{i}(n+1)\theta_0}| - |r_0^n \mathrm{e}^{\mathrm{i}n\theta_0}| \geqslant r_0^n(r_0 - 1) > r_0 - 1.$$
若取 $\varepsilon = r_0 - 1$，根据上面推导可知，无法找到一个正整数 N，使得 $n > N$ 时，$|z_0^{n+1} - z_0^n| < \varepsilon$，即：当 $r_0 > 1$ 时，$\{z_0^n\}$ 不是柯西序列. 故 $\{z_0^n\}$ 在 $n \to +\infty$ 时不存在极限.

当 $r_0 = 1$ 时，$z_0^n = \cos n\theta_0 + \mathrm{i}\sin n\theta_0$. 当 $\theta_0 = 2k\pi$（k 为任意整数），即 $z_0 = 1$ 时，z_0^n 在 $n \to +\infty$ 时的极限为 1；若 $\theta_0 \neq 2k\pi$（k 为任意整数），$\cos n\theta_0$ 和 $\sin n\theta_0$ 在 $n \to +\infty$ 时至少有一个不存在极限. 由定理 3.1.2 可知 $\{z_0^n\}$ 在 $n \to +\infty$ 时不存在极限.

当 $r_0 < 1$ 时，$z_0^n = r_0^n \mathrm{e}^{\mathrm{i}n\theta_0}$. 若要求 $|z_0^n| = r_0^n < \varepsilon$，只需取 $n > N = \lceil \log_{r_0} \varepsilon \rceil$ 即可满足. 故当 $n \to +\infty$ 时，复数列 $\{z_0^n\}$ 极限为 0. 这里 $\lceil \cdot \rceil$ 表示向上取整，如 $\lceil 3.5 \rceil = 4$. 另外，$\lfloor \cdot \rfloor$ 表示向下取整，如 $\lfloor 3.5 \rfloor = 3$.

综上所述，当 $n \to +\infty$ 时，复数列 $\{z_0^n\}$ 在 $|z_0| < 1$ 时极限为 0，在 $z_0 = 1$ 时极限为 1，在

$|z_0| \geqslant 1$ 且 $z_0 \neq 1$ 时,极限不存在.

3.1.2 复数项级数

> **定义 3.1.2** 设 $z_1, z_2, \cdots, z_n, \cdots$ 是一个复数序列,称表达式
> $$z_1 + z_2 + \cdots + z_n + \cdots$$
> 为**复数项无穷级数**,简称**复级数**或**级数**,记作 $\sum\limits_{n=1}^{+\infty} z_n$,即
> $$\sum_{n=1}^{+\infty} z_n = z_1 + z_2 + \cdots + z_n + \cdots, \tag{3.1.1}$$
> 其中 z_n 称为复级数的**一般项**或**通项**,简称**项**.记复数序列前 n 项和为 S_n,即
> $$S_n = \sum_{k=1}^{n} z_k = z_1 + z_2 + \cdots + z_n, \quad n = 1, 2, \cdots, \tag{3.1.2}$$
> 称 S_n 为级数(3.1.1)的**部分和**.若 $\lim\limits_{n \to +\infty} S_n = S$,且 S 为有限数,则称级数(3.1.1)是**收敛**的,极限值 S 称为**级数的和**,记作 $\sum\limits_{n=1}^{+\infty} z_n = S$;若复数序列 $\{S_n\}$ 在 n 趋于无穷时极限不存在,则称级数(3.1.1)是**发散**的.

由定义 3.1.2 可知,级数收敛与否可以归结为部分和序列收敛问题.

例 3.1.2 设 z 为一给定的复数,讨论等比(几何)级数
$$1 + z + z^2 + \cdots + z^n + \cdots \tag{3.1.3}$$
的敛散性.

解 当 $z = 1$ 时,$S_n = n$,在 n 趋于无穷时,级数(3.1.3)的部分和极限不存在,故此时级数不收敛.

当 $z \neq 1$ 时,利用等比数列求和公式可知,其部分和为
$$S_n = 1 + z + z^2 + \cdots + z^{n-1} = \frac{1-z^n}{1-z}.$$

由例 3.1.1 可知,在 $n \to +\infty$ 时,若 $|z| < 1$,则 $z^n \to 0$,因此 $S_n \to (1-z)^{-1}$,即级数的和为 $(1-z)^{-1}$. 当 $|z| \geqslant 1$ 且 $z \neq 1$ 时,数列 $\{z^n\}$ 在 n 趋于无穷时,极限不存在,因此级数(3.1.3)是发散的.

综上所述,级数(3.1.3)在 $|z| < 1$ 时是收敛的,在 $|z| \geqslant 1$ 时是发散的.

利用部分和 S_n,可定义级数 n 项后的余项之和 $r_n = S - S_n$. 因为 $|S - S_n| = |r_n|$,所以根据极限的 $\varepsilon - N$ 定义可知,级数收敛当且仅当余项 r_n 的极限为零.

定理 3.1.3 级数 $\sum\limits_{n=1}^{+\infty} z_n$ 收敛的充分必要条件是: $\forall \varepsilon > 0$,存在 $N > 0$,当 $n > N$ 时,

$$\left|\sum_{k=n}^{+\infty} z_k\right| < \varepsilon.$$

由复数序列的柯西收敛准则,可以得到以下定理.

定理 3.1.4 级数 $\sum_{n=1}^{+\infty} z_n$ 收敛的充分必要条件是:$\forall \varepsilon > 0$,存在 $N > 0$,当 $m > n > N$ 时,$\left|\sum_{k=n}^{m} z_k\right| < \varepsilon$.

满足上述定理条件的级数也被称为**柯西级数**.

根据复序列和实序列收敛关系的定理 3.1.2,可以得到下面复数项级数与实数项级数关系的定理.

定理 3.1.5 设复级数通项为 $z_n = x_n + \mathrm{i} y_n, n = 1, 2, \cdots$. 复级数 $\sum_{n=1}^{+\infty} z_n$ 收敛,且级数和为 $X + \mathrm{i} Y$ 的充分必要条件是实级数 $\sum_{n=1}^{+\infty} x_n$ 和 $\sum_{n=1}^{+\infty} y_n$ 皆收敛,且级数和分别是 X 和 Y.

证明 记 $X_n = \sum_{k=1}^{n} x_i, Y_n = \sum_{k=1}^{n} y_i, n = 1, 2, \cdots$.

级数收敛且级数和为 $X + \mathrm{i} Y$,根据级数和定义,则部分和序列

$$S_n = X_n + \mathrm{i} Y_n \to X + \mathrm{i} Y, n \to +\infty.$$

由复数序列收敛的充分必要条件,这等价于

$$X_n \to X, Y_n \to Y, n \to +\infty.$$

命题得证.

由上述定理,复数项级数的收敛问题可转化为实数项级数的收敛问题.

推论 3.1.1 级数 $\sum_{n=1}^{+\infty} z_n$ 收敛的必要条件是 $z_n \to 0, n \to +\infty$.

证明 设 $z_n = x_n + \mathrm{i} y_n, n = 1, 2, \cdots$. 若该级数收敛,由定理 3.1.5 可知,$\sum_{n=1}^{+\infty} x_n$ 和 $\sum_{n=1}^{+\infty} y_n$ 皆收敛. 由实级数收敛的必要条件可得 $x_n \to 0, y_n \to 0, n \to +\infty$,即 $z_n \to 0, n \to +\infty$.

命题得证.

利用定理 3.1.5,还可以证明复级数具有下列性质.

性质 3.1.1 设 λ 为复数,级数 $\sum_{n=1}^{+\infty} z_n$ 收敛且级数和为 Z,级数 $\sum_{n=1}^{+\infty} w_n$ 收敛且级数和为 W,则

(1) 级数 $\sum_{n=1}^{+\infty} \bar{z}_n$ 收敛,级数和为 $\bar{Z}$;

(2) 级数 $\sum_{n=1}^{+\infty} \lambda z_n$ 收敛,级数和为 λZ;

(3) 级数 $\sum_{n=1}^{+\infty} (z_n \pm w_n)$ 收敛,级数和为 $Z \pm W$.

证明 仅证以上结论(3). 设 $z_n = x_n + \mathrm{i} y_n, Z = X + \mathrm{i} Y, w_n = u_n + \mathrm{i} v_n, W = U + \mathrm{i} V$. 根

据定理 3.1.5,因为级数 $\sum\limits_{n=1}^{+\infty} z_n$ 收敛且级数和为 Z,所以 $\sum\limits_{n=1}^{+\infty} x_n$ 和 $\sum\limits_{n=1}^{+\infty} y_n$ 收敛,级数和分别为 X 和 Y.

同理,因为 $\sum\limits_{n=1}^{+\infty} w_n = W$,则有 $\sum\limits_{n=1}^{+\infty} u_n = U$ 和 $\sum\limits_{n=1}^{+\infty} v_n = V$. 由收敛的实数项级数的线性性质可知,

$$\sum_{n=1}^{+\infty}(x_n \pm u_n) = X \pm U, \quad \sum_{n=1}^{+\infty}(y_n \pm v_n) = Y \pm W.$$

因此

$$\sum_{n=1}^{+\infty}(z_n \pm w_n) = \sum_{n=1}^{+\infty}(x_n \pm u_n) + i\sum_{n=1}^{+\infty}(y_n \pm v_n) = Z \pm W.$$

证毕.

利用复数项级数及实数项级数的关系,还可以反过来求实数项级数的和.

例 3.1.3 设 $0 < r < 1$,证明

$$\sum_{n=0}^{+\infty} r^n \cos n\theta = \frac{1 - r\cos\theta}{1 - 2r\cos\theta + r^2}.$$

证明 运用复数的指数表示形式,设 $z = re^{i\theta}$,则

$$z^n = r^n e^{in\theta} = r^n(\cos n\theta + i\sin n\theta).$$

级数

$$\sum_{n=0}^{+\infty} z^n = \sum_{n=0}^{+\infty}(r^n \cos n\theta + ir^n \sin n\theta). \tag{3.1.4}$$

由例 3.1.2 可知,

$$\sum_{n=0}^{+\infty} z^n = \frac{1}{1-z} = \frac{1}{1 - r\cos\theta - ir\sin\theta} = \frac{1 - r\cos\theta + ir\sin\theta}{1 - 2r\cos\theta + r^2}, \tag{3.1.5}$$

根据定理 3.1.5,比较(3.1.4)和(3.1.5)两式的实部,等式得证.

定理 3.1.6 设有复级数 $\sum\limits_{n=1}^{+\infty} z_n$,如果级数 $\sum\limits_{n=1}^{+\infty} |z_n|$ 收敛,则 $\sum\limits_{n=1}^{+\infty} z_n$ 也收敛.

证明 由正项级数 $\sum\limits_{n=1}^{+\infty} |z_n|$ 收敛可知:对于任意 $\varepsilon > 0$,存在 $N > 0$,当 $m > n > N$ 时,

$$\sum_{k=n}^{m} |z_k| < \varepsilon.$$

根据三角不等式,当 $m > n > N$ 时,

$$\left|\sum_{k=n}^{m} z_k\right| \leqslant \sum_{k=n}^{m} |z_k| < \varepsilon.$$

再根据定理 3.1.4 可知 $\sum_{n=1}^{+\infty} z_n$ 收敛. 证毕.

若 $\sum_{n=1}^{+\infty} |z_n|$ 收敛,则称级数 $\sum_{n=1}^{+\infty} z_n$ **绝对收敛**;若 $\sum_{n=1}^{+\infty} |z_n|$ 不收敛,但 $\sum_{n=1}^{+\infty} z_n$ 收敛,则称级数 $\sum_{n=1}^{+\infty} z_n$ **条件收敛**.

定理 3.1.7(比较判别法) 设有正项级数 $\sum_{n=1}^{+\infty} w_n$ 和复级数 $\sum_{n=1}^{+\infty} z_n$. 如果正项级数 $\sum_{n=1}^{+\infty} w_n$ 收敛,且存在正整数 N,当 $n>N$ 时,$|z_n| \leqslant w_n$,则 $\sum_{n=1}^{+\infty} z_n$ 也收敛.

证明 由于正项级数 $\sum_{n=1}^{+\infty} w_n$ 收敛,根据定理 3.1.4 可知:对于任意 $\varepsilon>0$,存在正整数 $M>N$,当 $m>n>M$ 时,

$$\sum_{k=n}^{m} w_k < \varepsilon.$$

于是

$$\left| \sum_{k=n}^{m} z_k \right| \leqslant \sum_{k=n}^{m} |z_k| \leqslant \sum_{k=n}^{m} w_k < \varepsilon.$$

再根据定理 3.1.4 可知 $\sum_{n=1}^{+\infty} z_n$ 收敛. 证毕.

定理 3.1.8(根值判别法 柯西判别法) 设 $\sum_{n=1}^{+\infty} z_n$ 是复数项级数,并令 $q = \varlimsup_{n \to +\infty} \sqrt[n]{|z_n|}$,则

(1) 当 $q<1$ 时,级数 $\sum_{n=1}^{+\infty} z_n$ 绝对收敛;

(2) 当 $q>1$ 时,级数 $\sum_{n=1}^{+\infty} z_n$ 发散.

定理 3.1.8 中的上极限($\varlimsup_{n \to +\infty}$)定义和定理 3.1.9 中的下极限($\varliminf_{n \to +\infty}$)定义参见本书附录 A. 下面给出定理 3.1.8 的证明.

证明 (1) 若 $q<1$,选取 $\varepsilon>0$ 使 ε 满足不等式 $q+\varepsilon<1$. 根据上极限的定义,存在 N,当 $n>N$ 时,

$$\sqrt[n]{|z_n|} < q+\varepsilon.$$

因此

$$|z_n| < (q+\varepsilon)^n.$$

上式右端是一个以 $q+\varepsilon$ 为公比的正项无穷级数. 由于 $q+\varepsilon<1$,该级数收敛. 根据比较判别法,级数 $\sum_{n=1}^{+\infty} z_n$ 绝对收敛.

(2) 由上极限定义可知,对于任意 $\varepsilon > 0$,总能找到无穷子序列 $\{\sqrt[n_k]{|z_{n_k}|}\}$,存在 $K > 0$,当 $k > K$ 时,

$$\sqrt[n_k]{|z_{n_k}|} > q - \varepsilon.$$

因此,若 $q > 1$,选取 $\varepsilon > 0$ 使 ε 满足不等式 $q - \varepsilon > 1$. 从而有

$$|z_{n_k}| > (q - \varepsilon)^{n_k} > 1.$$

所以序列 $\{|z_n|\}$ 存在不以零为极限的子序列,故复序列 $\{z_n\}$ 也不可能以零为极限. 由级数收敛的必要条件可知级数 $\sum_{n=1}^{+\infty} z_n$ 不收敛. 定理得证. ■

定理 3.1.9(比值判别法 达朗贝尔判别法) 设级数 $\sum_{n=1}^{+\infty} z_n (z_n \neq 0, \forall n \in \mathbb{N})$ 的通项满足:

(1) 若

$$\varlimsup_{n \to +\infty} \left|\frac{z_{n+1}}{z_n}\right| = U < 1,$$

则级数绝对收敛;

(2) 若

$$\varliminf_{n \to +\infty} \left|\frac{z_{n+1}}{z_n}\right| = L > 1,$$

则级数发散.

证明 (1) 若 $U < 1$,选取 $\varepsilon > 0$ 使 ε 满足不等式 $U + \varepsilon < 1$. 根据上极限的定义,存在 N,当 $n > N$ 时,

$$\left|\frac{z_{n+1}}{z_n}\right| < U + \varepsilon.$$

因此

$$|z_n| = \left|\frac{z_n}{z_{n-1}}\right|\left|\frac{z_{n-1}}{z_{n-2}}\right|\cdots\left|\frac{z_{N+2}}{z_{N+1}}\right||z_{N+1}| < (U + \varepsilon)^{n-N-1}|z_{N+1}|.$$

上式右端是一个以 $U + \varepsilon$ 为公比的正项无穷级数. 由于 $U + \varepsilon < 1$,该级数收敛. 根据比较判别法,级数 $\sum_{n=1}^{+\infty} z_n$ 绝对收敛.

(2) 若 $L > 1$,选取 $\varepsilon > 0$ 使 ε 满足不等式 $L - \varepsilon > 1$. 根据下极限的定义,存在 N,当 $n > N$ 时,

$$\left|\frac{z_{n+1}}{z_n}\right| > L - \varepsilon.$$

因此

$$|z_n| = \left|\frac{z_n}{z_{n-1}}\right|\left|\frac{z_{n-1}}{z_{n-2}}\right|\cdots\left|\frac{z_{N+2}}{z_{N+1}}\right||z_{N+1}| > (L - \varepsilon)^{n-N-1}|z_{N+1}|.$$

上式右端是一个以 $L-\varepsilon$ 为公比的正项无穷级数. 由于 $L-\varepsilon>1$, 序列 $\{z_n\}$ 不可能以零为极限. 由级数收敛的必要条件可知级数 $\sum\limits_{n=1}^{+\infty} z_n$ 不收敛. 证毕.

例 3.1.4 判断级数

$$\sum_{n=1}^{+\infty} \frac{1+\sqrt{3}\,\mathrm{i}}{(\sqrt{n^2+2n}+\mathrm{i})^n}$$

的敛散性.

解 级数的一般项的模具有以下形式：

$$\left|\frac{1+\sqrt{3}\,\mathrm{i}}{(\mathrm{i}+\sqrt{n^2+2n})^n}\right|=\frac{2}{(n+1)^n}.$$

又

$$\sqrt[n]{\frac{2}{(n+1)^n}}=\frac{\sqrt[n]{2}}{n+1} \to 0, n \to +\infty,$$

由柯西判别法可知, 题设级数收敛.

例 3.1.5 判断级数

$$\sum_{n=1}^{+\infty} \frac{(3+4\mathrm{i})^n}{n!}$$

的敛散性.

解 级数的一般项的模具有以下形式：

$$\left|\frac{(3+4\mathrm{i})^n}{n!}\right|=\frac{5^n}{n!}.$$

又

$$\frac{\frac{5^{n+1}}{(n+1)!}}{\frac{5^n}{n!}}=\frac{5}{n+1} \to 0, n \to +\infty,$$

由达朗贝尔判别法可知, 题设级数收敛.

3.1.3 复变函数项级数

将定义 3.1.2 中复数序列改为复变函数序列, 则得到下面的定义.

> **定义 3.1.3** 设 $f_n(z)(n=1,2,\cdots)$ 是定义在点集 $\mathbb{E}$ 上的一个函数序列, 称它的形式和
>
> $$f_1(z)+f_2(z)+\cdots+f_n(z)+\cdots$$

为**复变函数项无穷级数**,简称**函数项级数**或**级数**,记作 $\sum_{n=1}^{+\infty} f_n(z)$,即

$$\sum_{n=1}^{+\infty} f_n(z) = f_1(z) + f_2(z) + \cdots + f_n(z) + \cdots. \tag{3.1.6}$$

记复变函数项级数前 n 项和为 $S_n(z)$,即

$$S_n(z) = \sum_{k=1}^{n} f_k(z) = f_1(z) + f_2(z) + \cdots + f_n(z), \quad n = 1, 2, \cdots, \tag{3.1.7}$$

并称 $S_n(z)$ 为级数(3.1.6)的**部分和**. 若 $z_0 \in \mathbb{E}$, $\lim_{n \to +\infty} S_n(z_0) = S(z_0)$,则称函数项级数 (3.1.6)在点 z_0 收敛. 若函数项级数在点集 $\mathbb{E}$ 上处处收敛,即存在函数 $S(z)$,使得

$$S(z) = f_1(z) + f_2(z) + \cdots + f_n(z) + \cdots,$$

则这个函数称为函数项级数(3.1.6)在点集 $\mathbb{E}$ 上的**和函数**.

由例 3.1.2 可知,在圆域 $|z| < 1$ 内,等比级数

$$1 + z + z^2 + \cdots + z^n + \cdots \tag{3.1.8}$$

处处收敛,其和函数 $S(z)$ 为 $(1-z)^{-1}$. 可以计算级数的余项和为

$$|S(z) - S_n(z)| = \left| \sum_{k=n}^{+\infty} z^k \right| = \left| z^n \sum_{k=0}^{+\infty} z^k \right| = \frac{|z|^n}{|1-z|}.$$

根据上式容易证明,若 $|z| < 1$,任给 $\varepsilon > 0$,可选取 $N = \lceil \log_{|z|}(|1-z|\varepsilon) \rceil$,则当 $n > N$ 时, $|S(z) - S_n(z)| < \varepsilon$. 这里 N 的取值是与 z 相关的,即 N 的取值是对应于给定的 z,而不是对所有的模小于 1 的 z 同时成立. 可以称这种情况下的级数收敛为**点态收敛**. 我们更感兴趣的情况是:若级数在点集 $\mathbb{E}$ 收敛,对任意给定的 $\varepsilon > 0$,能找到一个 N,对所有属于点集 $\mathbb{E}$ 的 z 都适用,使得级数的余项和的模小于 ε. 下面给出与之相应的定义.

定义 3.1.4 若任给 $\varepsilon > 0$,存在正整数 N,当 $n > N$ 时,不等式

$$|S(z) - S_n(z)| < \varepsilon$$

对任何 $z \in \mathbb{E}$ 成立,则称级数在点集 $\mathbb{E}$ 上一致收敛,也称级数在 $\mathbb{E}$ 上一致收敛于 $S(z)$.

定理 3.1.10(魏尔斯特拉斯判别法 优级数判别法) 设 $\sum_{n=1}^{+\infty} f_n(z)$ 为复函数项级数,如果存在收敛的正项级数 $\sum_{n=1}^{+\infty} w_n$,使得 $\forall z \in \mathbb{E}$,有 $|f_n(z)| \leqslant w_n$,则复函数项级数 $\sum_{n=1}^{+\infty} f_n(z)$ 在点集 $\mathbb{E}$ 上一致收敛.

证明 由比较判别法可知,复函数项级数 $\sum_{n=1}^{+\infty} f_n(z)$ 在点集 $\mathbb{E}$ 中任意给定的点上收敛. 设其和函数为 $S(z)$,部分和函数为 $S_n(z)$. 对任意 $z \in \mathbb{E}$,由三角不等式及条件 $|f_n(z)| \leqslant$

w_n 得

$$|S(z)-S_n(z)| = \Big|\sum_{k=n+1}^{+\infty} f_k(z)\Big| \leqslant \sum_{k=n+1}^{+\infty} |f_k(z)| \leqslant \sum_{k=n+1}^{+\infty} w_n.$$

由于正项级数 $\sum_{n=1}^{+\infty} w_n$ 收敛,因此存在不依赖于 z 的正整数 N,当 $n>N$ 时,有 $|S(z)-S_n(z)|<\varepsilon$. 证毕.

定理 3.1.11(级数和的连续性定理) 设 $f_n(z)(n=1,2,\cdots)$ 是定义在点集 $\mathbb{E}$ 上的连续函数序列,若级数 $\sum_{n=1}^{+\infty} f_n(z)$ 在 $\mathbb{E}$ 上一致收敛到 $S(z)$,那么和函数 $S(z)$ 在 $\mathbb{E}$ 上也是连续的.

证明 设级数的部分和为 $S_n(z)$,余项和为 $r_n(z)$. 因为级数 $\sum_{n=1}^{+\infty} f_n(z)$ 在点集 $\mathbb{E}$ 上一致收敛,所以对于任意 $\varepsilon>0$,存在 N,当 $n>N$ 时,$\forall z, z_0 \in \mathbb{E}$,有

$$|r_n(z)|<\frac{\varepsilon}{3}, \quad |r_n(z_0)|<\frac{\varepsilon}{3}.$$

取定 $n_0>N$,因 $f_1(z), f_2(z), \cdots, f_{n_0}(z)$ 是定义在点集 $\mathbb{E}$ 上的连续函数,故 $S_{n_0}(z)$ 也为连续函数,所以对任意 $\varepsilon>0$,存在 $\delta>0$,当 $z\in\mathbb{E}$ 且 $|z-z_0|<\delta$ 时,

$$|S_{n_0}(z)-S_{n_0}(z_0)|<\frac{\varepsilon}{3}.$$

综上所述,对任意 $\varepsilon>0$,存在 $\delta>0$,对任意 $z, z_0 \in \mathbb{E}$,当 $|z-z_0|<\delta$ 时,

$$|S(z)-S(z_0)| = |r_{n_0}(z)-r_{n_0}(z_0)+S_{n_0}(z)-S_{n_0}(z_0)|$$
$$\leqslant |r_{n_0}(z)|+|r_{n_0}(z_0)|+|S_{n_0}(z)-S_{n_0}(z_0)|<\varepsilon.$$

所以级数的和函数 $S(z)$ 在点集 $\mathbb{E}$ 上是连续的. 证毕.

定理 3.1.12(逐项积分定理) 设 $f_n(z)(n=1,2,\cdots)$ 是定义在可求长曲线 Γ 上的一个连续函数序列,若级数 $\sum_{n=1}^{+\infty} f_n(z)$ 在曲线 Γ 上一致收敛到 $S(z)$,则

$$\int_\Gamma S(z)\mathrm{d}z = \sum_{n=1}^{+\infty} \int_\Gamma f_n(z)\mathrm{d}z.$$

证明 由 $f_n(z)(n=1,2,\cdots)$ 是曲线 Γ 上的一个连续函数序列,级数 $\sum_{n=1}^{+\infty} f_n(z)$ 在曲线 Γ 上一致收敛,根据定理 3.1.11 可知,级数和 $S(z)$ 是连续的,故 $S(z)$ 也是可积的.

因为级数 $\sum_{n=1}^{+\infty} f_n(z)$ 在曲线 Γ 上一致收敛,故对任意 $\varepsilon>0$,存在 N,当 $n>N$ 时,对任意 $z\in\mathbb{E}$,有

$$|S(z)-S_n(z)|<\frac{\varepsilon}{\int_\Gamma \mathrm{d}z}.$$

因此对任意 $\varepsilon > 0$,存在 N,当 $n > N$ 时,对任意 $z \in E$,有

$$\left| \int_\Gamma S(z) \mathrm{d}z - \sum_{m=1}^n \int_\Gamma f_m(z) \mathrm{d}z \right| = \left| \int_\Gamma S(z) \mathrm{d}z - \int_\Gamma S_n(z) \mathrm{d}z \right|$$

$$\leqslant \int_\Gamma |S(z) - S_n(z)| \mathrm{d}z \leqslant \frac{\varepsilon}{\int_\Gamma \mathrm{d}z} \int_\Gamma \mathrm{d}z < \varepsilon.$$

定理得证. ■

> **定义 3.1.5** 若级数 $\sum\limits_{n=1}^{+\infty} f_n(z)$ 在区域 $\mathbb{D}$ 内任一有界闭集上一致收敛,则称级数在 $\mathbb{D}$ 内闭一致收敛.

下面先给出关于圆域内闭一致收敛的充分必要条件的定理.

定理 3.1.13 当 $\mathbb{D}$ 为圆域 $|z - z_0| < R$ 时,级数 $\sum\limits_{n=1}^{+\infty} f_n(z)$ 在区域 $\mathbb{D}$ 内闭一致收敛的充分必要条件是:对任意 $\rho \in (0, 1)$,该级数在 $|z - z_0| \leqslant \rho R$ 上一致收敛.

证明 由内闭一致收敛的定义,必要性显然成立.

下面用反证法来证明充分性. 反设级数 $\sum\limits_{n=1}^{+\infty} f_n(z)$ 在圆域 $\mathbb{D}$ 内某闭集合 G 上不一致收敛. 设 G 的边界与圆周 $|z - z_0| = R$ 的最短距离为 d,则容易知道,G 必含于闭圆域 $|z - z_0| \leqslant \left(1 - \dfrac{d}{R}\right) R$ 内. 而该级数在 $|z - z_0| \leqslant \left(1 - \dfrac{d}{R}\right) R$ 上一致收敛,也必在 G 上一致收敛,矛盾. 故反设不成立,充分性得证. ■

显而易见,若级数 $\sum\limits_{n=1}^{+\infty} f_n(z)$ 在区域 $\mathbb{D}$ 一致收敛,则级数在 $\mathbb{D}$ 内闭一致收敛. 反之则不正确. 我们已在上文讨论过等比级数(3.1.3)在圆域 $|z| < 1$ 内虽然处处收敛,但并非一致收敛,可以证明等比级数在圆域 $|z| < 1$ 内是内闭一致收敛的. 事实上,对任意 $0 < \rho < 1$,级数 $\sum\limits_{n=0}^{+\infty} \rho^n$ 收敛. 由魏尔斯特拉斯判别法,在 $|z| \leqslant \rho$ 上等比级数一致收敛. 根据定理3.1.13,等比级数在圆域 $|z| < 1$ 内闭一致收敛.

下面不加证明地给出函数在区域 $\mathbb{D}$ 中解析的莫雷拉定理.

定理 3.1.14(莫雷拉定理) 设 $f(z)$ 在区域 $\mathbb{D}$ 内连续,且对 $\mathbb{D}$ 内任意可求长简单闭曲线 Γ,有 $\int_\Gamma f(z) \mathrm{d}z = 0$,则 $f(z)$ 在区域 $\mathbb{D}$ 内解析.

定理 3.1.15(魏尔斯特拉斯定理 逐项微分定理) 设 $f_n(z)(n = 1, 2, \cdots)$ 是定义在区域 $\mathbb{D}$ 上的一个解析函数序列,若级数 $\sum\limits_{n=1}^{+\infty} f_n(z)$ 在区域 $\mathbb{D}$ 内闭一致收敛到 $S(z)$,则

(1) $S(z)$ 在 $\mathbb{D}$ 内是解析的;

(2) $S^{(k)}(z) = \sum\limits_{n=1}^{+\infty} f_n^{(k)}(z), z \in \mathbb{D}, k = 1, 2, \cdots$.

证明 设 z_0 是 $\mathbb{D}$ 内任意一点. 存在 $\delta > 0$,闭圆盘域 $\mathbb{E} = \{z \mid |z - z_0| \leqslant \delta\}$ 包含在 $\mathbb{D}$ 内,圆周 $C = \{z \mid |z - z_0| = \delta\}$.

(1) 设 Γ 是圆周 C 内任意可求长简单闭曲线. 因为 $f_n(z)(n = 1, 2, \cdots)$ 是定义在区域 $\mathbb{D}$ 上的一个解析函数序列,根据柯西积分定理,有

$$\int_\Gamma f_n(z) \mathrm{d}z = 0, \quad n = 1, 2, \cdots.$$

由函数序列 $f_n(z)(n=1,2,\cdots)$ 在区域 $\mathbb{D}$ 解析可知,$f_n(z)(n=1,2,\cdots)$ 在 $\mathbb{E}$ 上连续. 由于级数 $\sum_{n=1}^{+\infty} f_n(z)$ 在区域 $\mathbb{D}$ 内闭一致收敛,因此在 $\mathbb{E}$ 上一致收敛,根据定理 3.1.11,$S(z)$ 在闭圆盘 $\mathbb{E}$ 上是连续的,$S(z)$ 在 Γ 上也是连续的. 再由定理 3.1.12 可得

$$\int_\Gamma S(z) \mathrm{d}z = \sum_{n=1}^{+\infty} \int_\Gamma f_n(z) \mathrm{d}z = 0.$$

由莫雷拉定理可知,级数和 $S(z)$ 在 z_0 是解析的. 根据 z_0 的任意性可知,$S(z)$ 在 $\mathbb{D}$ 内是解析的.

(2) 由 $f_n(z)(n=1,2,\cdots)$ 与 $S(z)$ 在区域 $\mathbb{D}$ 内解析可知,$f_n(z)$ 及 $S(z)$ 在 $\mathbb{E}$ 上解析,且有

$$f_n^{(k)}(z_0) = \frac{k!}{2\pi \mathrm{i}} \int_C \frac{f_n(z)}{(z - z_0)^{k+1}} \mathrm{d}z, \tag{3.1.9}$$

$$S^{(k)}(z_0) = \frac{k!}{2\pi \mathrm{i}} \int_C \frac{S(z)}{(z - z_0)^{k+1}} \mathrm{d}z. \tag{3.1.10}$$

对任意 $z \in C$,有

$$\left| \frac{1}{(z - z_0)^{k+1}} \right| = \frac{1}{\delta^{k+1}} < +\infty.$$

一致收敛级数与有界函数的乘积是一致收敛的,故级数

$$\sum_{n=1}^{+\infty} \frac{f_n(z)}{(z - z_0)^{k+1}}$$

在 C 上一致收敛. 根据逐项积分定理,有

$$\frac{k!}{2\pi \mathrm{i}} \int_C \frac{S(z)}{(z - z_0)^{k+1}} \mathrm{d}z = \frac{k!}{2\pi \mathrm{i}} \sum_{n=1}^{+\infty} \int_C \frac{f_n(z)}{(z - z_0)^{k+1}} \mathrm{d}z.$$

再根据 (3.1.9) 和 (3.1.10) 式,得到

$$S^{(k)}(z_0) = \sum_{n=1}^{+\infty} f_n^{(k)}(z_0).$$

证毕.

值得指出的是,上述定理的第二个结论还可以加强为 $\sum_{n=1}^{+\infty} f_n^{(k)}(z)$ 在 $\mathbb{D}$ 内是内闭一致收敛的.

例 3.1.6 证明黎曼 ζ 函数

$$\zeta(z) := \sum_{n=1}^{+\infty} \frac{1}{n^z}$$

在 $\mathrm{Re}\, z > 1$ 上是解析的.

证明 记 $z = x + \mathrm{i}y$,则

$$|n^z| = |\mathrm{e}^{x\mathrm{Ln}\,n + \mathrm{i}y\mathrm{Ln}\,n}| = |\mathrm{e}^{x\mathrm{Ln}\,n} \cdot \mathrm{e}^{\mathrm{i}y\mathrm{Ln}\,n}| = n^x.$$

当 $\mathrm{Re}\, z = x \geqslant x_0 > 1$ 时,$\left|\dfrac{1}{n^z}\right| \leqslant \dfrac{1}{n^{x_0}}$. 易知正项级数 $\sum\limits_{n=1}^{+\infty} \dfrac{1}{n^{x_0}}$ 收敛. 根据优级数判别法可知,级数 $\sum\limits_{n=1}^{+\infty} \dfrac{1}{n^z}$ 在 $\mathrm{Re}\, z \geqslant x_0$ 上一致收敛. 根据本章习题 11,该级数在 $\mathrm{Re}\, z > 1$ 内闭一致收敛. 由魏尔斯特拉斯定理可知,$\zeta(z)$ 在 $\mathrm{Re}\, z > 1$ 上是解析的. 证毕.

§ 3.2 幂级数与泰勒级数

在介绍解析函数的泰勒级数展开之前,先介绍幂级数的相关概念和定理.

3.2.1 幂级数

定义 3.2.1 形如

$$\sum_{n=0}^{+\infty} C_n (z - z_0)^n = C_0 + C_1 (z - z_0) + \cdots + C_n (z - z_0)^n + \cdots \quad (3.2.1)$$

的函数项级数称为**幂级数**,其中 z_0 和系数 C_n,$n = 0, 1, \cdots$ 皆为复常数. 特别地,当 $z_0 = 0$ 时,幂级数成为

$$\sum_{n=0}^{+\infty} C_n z^n = C_0 + C_1 z + C_2 z^2 + \cdots + C_n z^n + \cdots.$$

定理 3.2.1(阿贝尔定理) 若幂级数 (3.2.1) 在点 $z_1 (z_1 \neq z_0)$ 收敛,则该级数在圆域 $|z - z_0| < |z_1 - z_0|$ 内收敛,在闭圆域 $|z - z_0| \leqslant \rho |z_1 - z_0| (0 < \rho < 1)$ 内绝对并一致收敛.

证明 对级数的一般项进行恒等变形,得

$$C_n (z - z_0)^n = C_n (z_1 - z_0)^n \left(\frac{z - z_0}{z_1 - z_0}\right)^n.$$

假设 z 满足 $|z - z_0| \leqslant \rho |z_1 - z_0| (0 < \rho < 1)$,则

$$|C_n (z - z_0)^n| \leqslant |C_n (z_1 - z_0)^n| \rho^n.$$

又由幂级数 (3.2.1) 在点 $z_1 (z_1 \neq z_0)$ 处收敛可知,$C_n (z_1 - z_0)^n \to 0 (n \to +\infty)$,故存在 $M > 0$,使得对于一切非负整数 n,$|C_n (z_1 - z_0)^n| < M$.

因此
$$|C_n(z-z_0)^n| < M\rho^n.$$

由于 $0 < \rho < 1$，级数
$$\sum_{n=0}^{+\infty} M\rho^n$$

收敛，由优级数判别法可知，幂级数(3.2.1)在闭圆域 $|z-z_0| \leqslant \rho|z_1-z_0|$ $(0 < \rho < 1)$ 内绝对并一致收敛.

有了上面的结论，可以用反证法证明幂级数(3.2.1)在圆域 $|z-z_0| < |z_1-z_0|$ 内收敛.

反设存在 z' 满足不等式 $|z'-z_0| < |z_1-z_0|$，但幂级数(3.2.1)在 z' 处不收敛. 令
$$\kappa = \frac{|z'-z_0|}{|z_1-z_0|},$$

易知 $\kappa < 1$. 令 $\rho = \frac{1+\kappa}{2}$，此时 $\kappa < \rho < 1$. 故
$$|z'-z_0| = \kappa|z_1-z_0| < \rho|z_1-z_0|.$$

已证幂级数(3.2.1)在 $|z-z_0| \leqslant \rho|z_1-z_0|$ 内一致收敛，在 z' 也应收敛，这与反设条件矛盾. 所以幂级数(3.2.1) 在圆域 $|z-z_0| < |z_1-z_0|$ 内收敛. 证毕. ∎

运用阿贝尔定理和反证法，还可以得到以下推论.

推论 3.2.1 若幂级数(3.2.1)在点 z_2 发散，则幂级数(3.2.1)在满足 $|z-z_0| > |z_2-z_0|$ 的点 z 上都发散.

根据阿贝尔定理，可以得出幂级数的收敛域是以 z_0 为圆心的一个开圆(有可能退化成一个点，也可能扩展为整个复平面). 在圆周上，幂级数的收敛情况较为复杂，有可能在某些点上收敛，也有可能不收敛. 可以称这个圆为**收敛圆**，收敛圆的半径称为**收敛半径**. 很自然地，这个收敛半径又该如何确定呢? 下面这个定理将给出答案.

定理 3.2.2（柯西-阿达马定理） 若
$$\varlimsup_{n \to +\infty} \sqrt[n]{|C_n|} = \lambda \neq 0,$$

则幂级数(3.2.1)的收敛半径为
$$R = \frac{1}{\lambda}.$$

特别地，当 $\lambda = 0$ 时，$R = +\infty$；当 $\lambda = +\infty$ 时，$R = 0$.

证明 先只考虑 $\lambda \in (0, +\infty)$ 的情况. 要证幂级数(3.2.1)的收敛半径为 $R = \frac{1}{\lambda}$，只需证明:

(1) 对任意 $\rho \in (0,1)$，幂级数(3.2.1)在 $|z-z_0| \leqslant \rho R$ 内收敛;

(2) 幂级数(3.2.1)在 $|z-z_0| > R$ 发散.

下面先证明(1).

由上极限定义可知,对任意 $\varepsilon > 0$,存在 $N > 0$,当 $n > N$ 时,

$$\sqrt[n]{|C_n|} < \frac{1}{R} + \varepsilon.$$

因为 $0 < \rho < 1$,可选取

$$\varepsilon < \frac{1-\rho}{1+\rho}\frac{1}{R},$$

使得

$$\frac{1}{R} + \varepsilon < \frac{2}{1+\rho}\frac{1}{R}.$$

若 z 满足 $|z - z_0| \leqslant \rho R$,则当 $n > N$ 时,幂级数(3.2.1)的一般项有

$$|C_n(z-z_0)^n| < \left(\frac{2}{1+\rho}\right)^n \frac{1}{R^n}(\rho R)^n = \left(\frac{2\rho}{1+\rho}\right)^n.$$

易知

$$\frac{2\rho}{1+\rho} < 1.$$

由比较判别法可知,幂级数(3.2.1)在 $|z - z_0| \leqslant \rho R (0 < \rho < 1)$ 内收敛.

接下来证明(2).

由上极限定义可知,对任意 $\varepsilon > 0$,总能找到无穷子序列 n_k,使得

$$\sqrt[n_k]{|C_{n_k}|} > \frac{1}{R} - \varepsilon.$$

对任意 $z \in \{z \mid |z - z_0| > R\}$,可选取

$$\varepsilon < \frac{1}{R} - \frac{1}{|z - z_0|},$$

使得

$$\left(\frac{1}{R} - \varepsilon\right)|z - z_0| > 1.$$

故有

$$|C_{n_k}(z-z_0)^{n_k}| > \left(\left(\frac{1}{R} - \varepsilon\right)|z - z_0|\right)^{n_k},$$

即:当 $z \in \{z \mid |z - z_0| > R\}$ 时,在构成幂级数(3.2.1)的一般项序列中,存在趋于无穷的子列,故幂级数在该点发散.

当

$$\varlimsup_{n \to +\infty} \sqrt[n]{|C_n|} = +\infty$$

时,由上极限定义可知,对任意 $M>0$,总能找到无穷子序列 n_k,使得 $\sqrt[n_k]{|C_{n_k}|}>M$. 对任意给定的复数 $z\neq z_0$,取 $M=\dfrac{2}{|z-z_0|}$,则

$$|C_{n_k}(z-z_0)^{n_k}|=(\sqrt[n_k]{|C_{n_k}|}|z-z_0|)^{n_k}>2^{n_k},$$

即:在幂级数(3.2.1)的一般项序列中,存在趋于无穷的子列,故幂级数在 z 处发散. 由 z 的任意性可知,除 z_0 点外,幂级数(3.2.1)在复平面其他点皆不收敛,此时收敛圆退化为一点,收敛半径为 0.

当

$$\varlimsup_{n\to+\infty}\sqrt[n]{|C_n|}=0$$

时,由上极限定义可知,对任意 $\varepsilon>0$,存在 $N>0$,当 $n>N$ 时,

$$\sqrt[n]{|C_n|}<\varepsilon.$$

对任意给定的复数 $z(z\neq z_0)$,可选取

$$\varepsilon<\dfrac{1}{2|z-z_0|},$$

则存在 $N_1>0$,当 $n>N_1$ 时,幂级数(3.2.1)的一般项有

$$|C_n(z-z_0)^n|<\left(\dfrac{1}{2}\right)^n.$$

由比较判别法可知,幂级数(3.2.1)在 z 点收敛. 幂级数(3.2.1)在 z_0 点显然收敛,故该幂级数在整个复平面收敛. 证毕.

例 3.2.1   求级数

$$\sum_{n=0}^{+\infty}2^n z^{2n}$$

的收敛半径.

解   由题设级数可知各项的系数为

$$C_n=\begin{cases}0, & n\text{ 为奇数},\\ 2^{n/2}, & n\text{ 为偶数}.\end{cases}$$

容易求得

$$\varlimsup_{n\to+\infty}\sqrt[n]{|C_n|}=\sqrt{2}.$$

根据柯西-阿达马定理,可得题设级数的收敛半径为 $\sqrt{2}/2$.

柯西-阿达马定理中确定收敛半径的方法又被称为**根值法**. 当实数序列的极限存在或为 $+\infty$ 时,实数序列的上极限和极限是相等的,故此时求收敛半径只需求序列 $\{\sqrt[n]{|C_n|}\}$ 的极限的倒数即可.

性质 3.2.1 设幂级数(3.2.1)的收敛半径为 R、和函数为 $f(z)$,则

(1) 幂级数的和函数 $f(z)$ 在收敛圆 $|z-z_0|<R$ 内部是解析函数;

(2) 在收敛圆 $|z-z_0|<R$ 内,

$$f'(z)=\sum_{n=1}^{+\infty}nC_n(z-z_0)^{n-1};$$

(3) 设 Γ 是收敛圆 $|z-z_0|<R$ 内的任意一条有向光滑曲线,则

$$\int_\Gamma f(z)\mathrm{d}z=\sum_{n=0}^{+\infty}C_n\int_\Gamma(z-z_0)^n\mathrm{d}z.$$

证明 由阿贝尔定理可知,幂级数在收敛圆 $|z-z_0|<R$ 内闭一致收敛,根据魏尔斯特拉斯定理可知(1)和(2)成立,由定理 3.1.12 可知(3)成立. 证毕.

3.2.2 解析函数的泰勒级数展开式

已知幂级数的和函数在其收敛圆内是解析函数,那么若 $f(z)$ 是圆 $|z-z_0|<R$ 内的解析函数,$f(z)$ 是否能表示为幂级数的形式呢? 以下定理给出答案.

定理 3.2.3(泰勒定理) 若 $f(z)$ 在区域 $\mathbb{D}$ 内解析,z_0 为 $\mathbb{D}$ 内一点,R 为 z_0 到 $\mathbb{D}$ 的边界各点的最短距离,则

$$f(z)=\sum_{n=0}^{+\infty}C_n(z-z_0)^n,\ |z-z_0|<R,$$

其中

$$C_n=\frac{f^{(n)}(z_0)}{n!}.$$

证明 设 z 是圆盘 $|z-z_0|<R$ 内任意一点. 我们总能找到一个以 z_0 为圆心、半径为 $R_1(R_1<R)$ 的圆,使 z 包含在圆内. 设

$$C: |z-z_0|=R_1$$

为该圆的圆周,如图 3.2.1 所示.

根据柯西积分公式,得

$$f(z)=\frac{1}{2\pi\mathrm{i}}\oint_C\frac{f(\zeta)}{\zeta-z}\mathrm{d}\zeta. \qquad (3.2.2)$$

因为 $\zeta\in C$,z 在以 C 为圆周的圆盘内,所以

$$\frac{|z-z_0|}{|\zeta-z_0|}<1.$$

由例 3.1.2,有

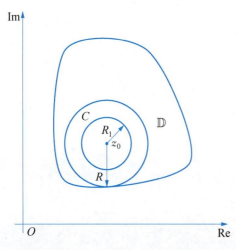

图 3.2.1 公式(3.2.2)的积分圆周

$$\frac{1}{\zeta-z} = \frac{1}{(\zeta-z_0)-(z-z_0)} = \frac{1}{\zeta-z_0}\frac{1}{1-\dfrac{z-z_0}{\zeta-z_0}}$$

$$= \frac{1}{\zeta-z_0}\sum_{n=0}^{+\infty}\left(\frac{z-z_0}{\zeta-z_0}\right)^n = \sum_{n=0}^{+\infty}\frac{1}{(\zeta-z_0)^{n+1}}(z-z_0)^n.$$

将上式结果直接代入(3.2.2)式,得

$$f(z) = \frac{1}{2\pi\mathrm{i}}\sum_{n=0}^{+\infty}\left[\oint_C\frac{f(\zeta)}{(\zeta-z_0)^{n+1}}\mathrm{d}\zeta\right](z-z_0)^n.$$

下面证幂级数

$$\frac{1}{2\pi\mathrm{i}}\sum_{n=0}^{+\infty}\left[\oint_C\frac{f(\zeta)}{(\zeta-z_0)^{n+1}}\mathrm{d}\zeta\right](z-z_0)^n \tag{3.2.3}$$

收敛. 由于 $f(z)$ 在 $\mathbb{D}$ 内解析, $C\subset\mathbb{D}$, 故 $f(z)$ 在 C 上连续. 对任意 $\zeta\in C$, 存在 M, 使得 $|f(\zeta)|<M$. 令 $q=\dfrac{|z-z_0|}{|\zeta-z_0|}$, 余项的模

$$|r_n| = \left|\frac{1}{2\pi\mathrm{i}}\sum_{k=n}^{+\infty}\left[\oint_C\frac{f(\zeta)}{(\zeta-z_0)^{k+1}}\mathrm{d}\zeta\right](z-z_0)^k\right|$$

$$< \frac{1}{2\pi}\sum_{k=n}^{+\infty}\oint_C\frac{|f(\zeta)|}{|\zeta-z_0|^{k+1}}|\mathrm{d}\zeta||z-z_0|^k$$

$$< \frac{1}{2\pi}\sum_{k=n}^{+\infty}\oint_C\frac{|f(\zeta)|}{R_1}\frac{|z-z_0|^k}{|\zeta-z_0|^k}\mathrm{d}s$$

$$< \frac{1}{2\pi}\sum_{k=n}^{+\infty}\frac{M}{R_1}q^k\cdot 2\pi R_1 = \frac{Mq^n}{1-q}.$$

由 $q<1$, $\lim\limits_{n\to+\infty}r_n=0$ 在以 C 为圆周的圆内成立, 幂级数(3.2.3)收敛, 再根据性质3.2.1(3)以及高阶导数公式,

$$f(z) = f(z_0) + f'(z_0)(z-z_0) + \cdots + \frac{f^{(n)}(z_0)}{n!}(z-z_0)^n + \cdots. \tag{3.2.4}$$

定理得证. ∎

可以称(3.2.4)式为函数 $f(x)$ 在以 z_0 为中心的圆盘域 $\mathbb{D}:|z-z_0|<R$ 内的**泰勒展开式**, 其右端级数称为 $f(x)$ 在圆盘域内的**泰勒级数**. 当(3.2.4)式中 $z_0=0$ 时, 又被称为**麦克劳林级数**.

以函数 $f(z)=\dfrac{1}{1-z}$ 为例, 将其在 $z=0$ 处展开成泰勒级数的形式. 函数的 n 阶导数为 $f^{(n)}(z)=\dfrac{n!}{(1-z)^{n+1}}$, 在 $z=0$ 处 n 阶导数值为 $f^{(n)}(0)=n!$, 故有

$$\frac{1}{1-z} = \sum_{n=0}^{+\infty}z^n.$$

在 z_0 点解析的复变函数在 z_0 点展开的泰勒级数的收敛半径为 z_0 与距离其最近的函数的不解析点之间的距离. 就这个具体的例子来说,$f(z)$ 在 $z=1$ 处不解析,原点到 1 的距离为 1,故该泰勒级数收敛的圆域为 $|z|<1$.

函数 $\dfrac{1}{1-z}$ 的泰勒展开式正是在之前例 3.1.2 中介绍过的等比级数,而等比级数的和函数也正是 $\dfrac{1}{1-z}$. 那么是不是所有幂级数在收敛圆内与其和函数的泰勒展开式一致呢? 下面的定理回答了这个问题.

定理 3.2.4 幂级数(3.2.1)在其收敛圆域 $\mathbb{D}:|z-z_0|<R$ 内是其和函数 $S(z)$ 的泰勒展开式.

证明 令

$$g_n(z)=\frac{1}{2\pi\mathrm{i}}\frac{1}{(z-z_0)^{n+1}},\ n=0,1,2,\cdots.$$

设 C 为以 z_0 为圆心、半径不超过 R 的圆周. 不难证明

$$\oint_C g_n(z)(z-z_0)^m \mathrm{d}z=\frac{1}{2\pi\mathrm{i}}\oint_C \frac{1}{(z-z_0)^{n-m+1}}\mathrm{d}z=\begin{cases}1,&n=m,\\0,&n\neq m.\end{cases} \tag{3.2.5}$$

根据幂级数的逐项可积性质,

$$\oint_C g_n(z)S(z)\mathrm{d}z=C_0\oint_C g_n(z)\mathrm{d}z+C_1\oint_C g_n(z)(z-z_0)\mathrm{d}z$$
$$+\cdots+C_n\oint_C g_n(z)(z-z_0)^n\mathrm{d}z+\cdots.$$

由高阶导数公式和(3.2.5)式,得

$$\frac{S^{(n)}(z_0)}{n!}=C_n.$$

定理得证.

下面给出一些常用解析函数展开成麦克劳林级数的例子.

考虑指数函数 e^z. 函数 e^z 的 n 阶导数为

$$\frac{\mathrm{d}^n \mathrm{e}^z}{\mathrm{d}z^n}=\mathrm{e}^z,$$

因此指数函数 e^z 在 $z=0$ 处的 n 阶导数值为 1. 根据泰勒定理,得

$$\mathrm{e}^z=\sum_{n=0}^{+\infty}\frac{z^n}{n!}=1+z+\frac{z^2}{2!}+\cdots+\frac{z^n}{n!}+\cdots.$$

利用函数 e^z 的麦克劳林级数展开式,以及

$$\sin z=\frac{\mathrm{e}^{\mathrm{i}z}-\mathrm{e}^{-\mathrm{i}z}}{2\mathrm{i}},\ \cos z=\frac{\mathrm{e}^{\mathrm{i}z}+\mathrm{e}^{-\mathrm{i}z}}{2},\ \sinh z=-\mathrm{i}\sin(\mathrm{i}z),\ \cosh z=\cos(\mathrm{i}z),$$

可得

$$\sin z = \sum_{n=0}^{+\infty} (-1)^n \frac{z^{2n+1}}{(2n+1)!} = z - \frac{z^3}{3!} + \frac{z^5}{5!} + \cdots + (-1)^n \frac{z^{2n+1}}{(2n+1)!} + \cdots,$$

$$\cos z = \sum_{n=0}^{+\infty} (-1)^n \frac{z^{2n}}{(2n)!} = 1 - \frac{z^2}{2!} + \frac{z^4}{4!} + \cdots + (-1)^n \frac{z^{2n}}{(2n)!} + \cdots,$$

$$\sinh z = \sum_{n=0}^{+\infty} \frac{z^{2n+1}}{(2n+1)!} = z + \frac{z^3}{3!} + \frac{z^5}{5!} + \cdots + \frac{z^{2n+1}}{(2n+1)!} + \cdots,$$

$$\cosh z = \sum_{n=0}^{+\infty} \frac{z^{2n}}{(2n)!} = 1 + \frac{z^2}{2!} + \frac{z^4}{4!} + \cdots + \frac{z^{2n}}{(2n)!} + \cdots.$$

例 3.2.2 设 α 不为整数. 求函数 $(1+z)^\alpha$ 在主值支 $e^{\alpha \ln(1+z)}$ 的麦克劳林级数.

解 首先

$$\frac{d^n (1+z)^\alpha}{dz^n} = \alpha(\alpha-1)\cdots(\alpha-n+1)(1+z)^{\alpha-n}.$$

在题设的解析分支上,

$$\left.\frac{d^n (1+z)^\alpha}{dz^n}\right|_{z=0} = \alpha(\alpha-1)\cdots(\alpha-n+1)e^{(\alpha-n)\times 0}$$
$$= \alpha(\alpha-1)\cdots(\alpha-n+1).$$

由泰勒定理可得, 函数 $(1+z)^\alpha$ 在主值支的麦克劳林级数的展开式为

$$(1+z)^\alpha = \sum_{n=0}^{+\infty} \binom{\alpha}{n} z^n, \quad |z| < 1,$$

其中

$$\binom{\alpha}{n} = \frac{\alpha(\alpha-1)\cdots(\alpha-n+1)}{n!}.$$

例 3.2.3 求函数

$$f(z) = \frac{1}{(1+z)^2}$$

的麦克劳林级数.

解 首先,

$$\frac{1}{(1+z)^2} = -\left(\frac{1}{1+z}\right)'.$$

利用等比级数, 可得

$$\frac{1}{1+z} = \frac{1}{1-(-z)} = \sum_{n=0}^{+\infty} (-z)^n = \sum_{n=0}^{+\infty} (-1)^n z^n, |z| < 1.$$

综合上面两式, 由幂级数逐项微分性质, 可得

$$\frac{1}{(1+z)^2} = -\sum_{n=0}^{+\infty} [(-1)^n (z^n)]' = \sum_{n=0}^{+\infty} (-1)^{n-1} n z^{n-1}, |z| < 1.$$

由泰勒定理和幂级数的性质,可以得到下述定理.

定理 3.2.5 函数 $f(z)$ 在 z_0 解析的充分必要条件是:$f(z)$ 在 z_0 的邻域内可以展开为幂级数.

利用解析函数的泰勒展开,还可以得到解析函数的一些重要性质.

定义 3.2.2 若 $f(z)$ 在 z_0 解析,且在 z_0 的前 $m-1$ 阶导数都为零,但 $f^{(m)}(z_0) \neq 0$,则称 z_0 为函数 $f(z)$ 的 *m 阶零点*.

定理 3.2.6 设 $f(z)$ 在 z_0 解析. z_0 为函数 $f(z)$ 的 m 阶零点的充分必要条件是:函数 $f(z)=(z-z_0)^m h(z)$,其中 $h(z)$ 在 z_0 解析,且 $h(z_0) \neq 0$.

证明 必要性. 根据 m 阶零点的定义,$f'(z_0)=0$,$f''(z_0)=0$,$\cdots$,$f^{(m-1)}(z_0)=0$,$f^{(n)}(z_0) \neq 0$,$f(z)$ 在 z_0 的一个邻域内的幂级数展开式为

$$f(z) = C_m(z-z_0)^m + C_{m+1}(z-z_0)^{m+1} + C_{m+2}(z-z_0)^{m+2} + \cdots,$$

上式右端提取公因子 $(z-z_0)^m$,得

$$f(z) = (z-z_0)^m [C_m + C_{m+1}(z-z_0) + C_{m+2}(z-z_0)^2 + \cdots].$$

容易证明,上式右端括号里的幂级数必在相应邻域收敛到一个在 z_0 不等于零的解析函数,必要性得证.

充分性. 若 $f(z)=(z-z_0)^m h(z)$,易知 $f(z)$ 的小于 m 阶的导数均含有因子 $z-z_0$,故 $f(z)$ 在 z_0 前 $m-1$ 阶导数都为零.

下面用反证法证明 $f^{(m)}(z_0) \neq 0$. 若 $f^{(m)}(z_0)=0$,根据泰勒展开,

$$f(z) = (z-z_0)^{m+1}[C_{m+1} + C_{m+2}(z-z_0) + \cdots],$$

此时 $h(z)=(z-z_0)[C_{m+1}+C_{m+2}(z-z_0)+\cdots]$,$h(z_0)=0$,与已知条件 $h(z_0) \neq 0$ 矛盾. 故 $f^{(m)}(z_0) \neq 0$. 因此 z_0 是函数 $f(z)$ 的 m 阶零点. 证毕.

由于函数 $f(z)=(z-z_0)^m h(z)$,其中 $h(z_0) \neq 0$,故 $h(z)$ 在 z_0 的一个去心邻域内不为零,因此函数 $f(z)$ 在 z_0 的一个去心邻域内也不能为零,仅仅在 z_0 处等于零. 于是有以下定理.

定理 3.2.7 设函数 $f(z)$ 在区域 $\mathbb{D}$ 内解析. 若 $f(z)$ 在 $\mathbb{D}$ 内不恒为零,则 $f(z)$ 在 $\mathbb{D}$ 中的零点是孤立的,即若 z_0 为 $f(z)$ 的零点,则存在 z_0 的一个邻域,在此邻域内只有 z_0 一个零点.

利用这一定理可以得到下面的唯一性定理.

定理 3.2.8(唯一性定理) 设函数 $f(z)$,$g(z)$ 在区域 $\mathbb{D}$ 内解析. 如果存在 $\mathbb{D}$ 中的一个点列 $\{z_n\}$,使得 $f(z_n)=g(z_n)$,$n=1,2,\cdots$,且 $\lim\limits_{n \to +\infty} z_n = z_0 \in \mathbb{D}$,则在 $\mathbb{D}$ 中 $f(z)=g(z)$.

这个定理说明解析函数可由一列极限在域中的点列上的值完全确定. 不恒为零的解析函数在任意收敛于域中的点列上不能恒取值为零.

§3.3 洛朗级数

3.2 节介绍了幂级数和泰勒级数. 在介绍洛朗级数之前, 先看一个幂级数展开的例子. 下面我们试着把函数 $f(z)=\dfrac{1}{z-2}$ 在区域 $|z-1|<1$ 内展开成为 $z-1$ 的幂级数. 通过恒等变形, 得

$$\frac{1}{z-2}=\frac{-1}{1-(z-1)}.$$

然后利用等比级数, 得

$$\frac{1}{z-2}=-\sum_{n=0}^{+\infty}(z-1)^n,\ |z-1|<1. \tag{3.3.1}$$

再考虑函数 $f(z)=\dfrac{1}{(z-1)(z-2)}$. 因为 $f(z)$ 在 $z=1$ 处不解析, 所以无法展开成 $z-1$ 的幂级数形式. 易知 $f(z)$ 在圆环域 $0<|z-1|<1$ 内解析, 那么在此圆环域内有没有关于 $z-1$ 稍微弱一点的展开形式呢？事实上, 通过裂项处理, 再利用(3.3.1)式, 可得

$$\frac{1}{(z-1)(z-2)}=-\frac{1}{z-1}+\frac{1}{z-2}=-(z-1)^{-1}+\sum_{n=0}^{+\infty}(z-1)^n,\ 0<|z-1|<1.$$

3.3.1 洛朗级数

在复平面展开的级数中, 既包含正整数幂项, 又包含负整数幂项, 形如

$$\sum_{n=-\infty}^{+\infty}C_n(z-z_0)^n=\sum_{n=0}^{+\infty}C_n(z-z_0)^n+\sum_{n=1}^{+\infty}C_{-n}(z-z_0)^{-n} \tag{3.3.2}$$

的函数项级数, 称为**洛朗级数**. 如果该级数的非负整数幂项级数 (幂级数) 部分与负整数幂项级数都收敛, 则称级数(3.3.2)收敛. 洛朗级数的幂级数部分称为该级数的**解析部分**, 负整数幂项级数部分称为该级数的**主要部分**.

已知幂级数的收敛域是一个圆域, 那么洛朗级数(3.3.2)的收敛域是否也为圆域呢？

例 3.3.1 求 $\sum\limits_{n=-\infty}^{+\infty}2^{-|n|}(z+1)^n$ 的收敛域.

解 对于解析部分

$$\sum_{n=0}^{+\infty}2^{-n}(z+1)^n,$$

依据柯西-阿达马定理有 $\sqrt[n]{|2^{-n}|}=\dfrac{1}{2}$, 可知解析部分的收敛域为

$$|z+1|<2.$$

对于主要部分
$$\sum_{n=1}^{+\infty}\frac{1}{2^n(z+1)^n},$$

根据例 3.1.2 的结论可知,该负幂部分收敛要求
$$\frac{1}{2|z+1|}<1 \Longrightarrow |z+1|>\frac{1}{2}.$$

综上所述,级数 $\sum_{n=-\infty}^{+\infty} 2^{-|n|}(z+1)^n$ 的收敛域为
$$\frac{1}{2}<|z+1|<2.$$

事实上,与例 3.3.1 结果相仿,洛朗级数的收敛域为一个圆环域. 一般地,对级数(3.3.2)的主要部分做变换 $\zeta=\dfrac{1}{z-z_0}$,可得
$$\sum_{n=1}^{+\infty} C_{-n}\zeta^n.$$

这是一个关于 ζ 的幂级数,收敛半径可以利用柯西-阿达马定理求出. 若其收敛半径为 $\dfrac{1}{R_1}$,则负整数幂项级数部分的收敛域为 $|z-z_0|>R_1$. 设洛朗级数的解析部分,即幂级数部分,其收敛半径为 R_2. 若 $R_2<R_1$,则洛朗级数的解析部分和主要部分不能同时收敛;若 $R_2>R_1$,洛朗级数(3.3.2)在圆环域 $\mathbb{D}:R_1<|z-z_0|<R_2$ 内收敛. 由幂级数的阿贝尔定理及魏尔斯特拉斯定理可知下列定理成立.

定理 3.3.1 设洛朗级数(3.3.2)的收敛域为圆环域 $\mathbb{D}:R_1<|z-z_0|<R_2$,则其和函数 $S(z)$ 在 $\mathbb{D}$ 内绝对收敛和内闭一致收敛,且处处解析.

下面给出圆环域内的解析函数的洛朗展开式.

定理 3.3.2(洛朗定理) 设函数 $f(z)$ 在圆环域 $\mathbb{D}:R_1<|z-z_0|<R_2$ 内处处解析,则 $f(z)$ 在此圆环域中的洛朗展开式为
$$f(z)=\sum_{n=-\infty}^{+\infty} C_n(z-z_0)^n, \tag{3.3.3}$$

其中
$$C_n=\frac{1}{2\pi i}\oint_\Gamma \frac{f(\zeta)}{(\zeta-z_0)^{n+1}}d\zeta,$$

Γ 为此圆环域中任意包含 z_0 的可求长简单闭曲线.

证明 设 z 为圆环域 $\mathbb{D}:R_1<|z-z_0|<R_2$ 内任意取定的点. 总可以找到包含于该圆环域的两个圆周:$\Gamma_1:|\zeta-z_0|=\gamma_1$ 和 $\Gamma_2:|\zeta-z_0|=\gamma_2$,其中 $R_1<\gamma_1<\gamma_2<R_2$,使得 z 含在圆环域 $\gamma_1<|z-z_0|<\gamma_2$ 中,如图 3.3.1 所示. 因为 $f(z)$ 在圆环域 $\mathbb{D}:R_1<|z-z_0|<R_2$ 内解析,由柯西积分公式,可得

$$f(z) = \frac{1}{2\pi i}\oint_{\Gamma_2} \frac{f(\zeta)}{\zeta-z}d\zeta - \frac{1}{2\pi i}\oint_{\Gamma_1} \frac{f(\zeta)}{\zeta-z}d\zeta. \quad (3.3.4)$$

先分析(3.3.4)式右端的第一个积分. 因为 $\zeta \in \Gamma_2$, z 在圆周 Γ_2 围成的圆域内,所以 $\left|\dfrac{z-z_0}{\zeta-z_0}\right|<1$. 又 $f(z)$ 在圆环域 $\mathbb{D}$ 内解析,$f(z)$ 在 Γ_2 上连续,所以存在 M,使得 $|f(\zeta)|<M$. 与泰勒定理的证明相类似,有

$$\frac{1}{2\pi i}\oint_{\Gamma_2} \frac{f(\zeta)}{\zeta-z}d\zeta = \frac{1}{2\pi i}\sum_{n=0}^{+\infty}\left(\oint_{\Gamma_2} \frac{f(\zeta)}{(\zeta-z_0)^{n+1}}d\zeta\right)(z-z_0)^n.$$

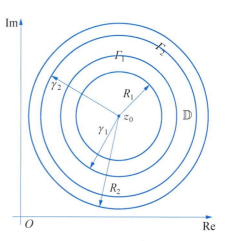

图 3.3.1 (3.3.4)的积分圆周

再讨论(3.3.4)式右端的第二个积分. 因为 $\zeta\in\Gamma_1$, z 在圆周 Γ_1 外,故 $\left|\dfrac{\zeta-z_0}{z-z_0}\right|<1$,所以有

$$\frac{1}{\zeta-z}=\frac{1}{(\zeta-z_0)-(z-z_0)}=-\frac{1}{z-z_0}\frac{1}{1-\dfrac{\zeta-z_0}{z-z_0}}$$

$$=-\frac{1}{z-z_0}\sum_{n=1}^{+\infty}\left(\frac{\zeta-z_0}{z-z_0}\right)^{n-1}=-\sum_{n=1}^{+\infty}\frac{1}{(\zeta-z_0)^{-n+1}}(z-z_0)^{-n}.$$

因此

$$-\frac{1}{2\pi i}\oint_{\Gamma_1}\frac{f(\zeta)}{\zeta-z}d\zeta = \frac{1}{2\pi i}\sum_{n=1}^{+\infty}\left[\oint_{\Gamma_1}\frac{f(\zeta)}{(\zeta-z_0)^{-n+1}}d\zeta\right](z-z_0)^{-n}.$$

下面证级数

$$\frac{1}{2\pi i}\sum_{n=1}^{+\infty}\left[\oint_{\Gamma_1}\frac{f(\zeta)}{(\zeta-z_0)^{-n+1}}d\zeta\right](z-z_0)^{-n}$$

在 Γ_1 外部收敛. 由于 $f(z)$ 在 $\mathbb{D}$ 内解析,$\Gamma_1\subset\mathbb{D}$,故 $f(z)$ 在 Γ_1 上连续,对任意 $\zeta\in\Gamma_1$,存在 M,使得 $|f(\zeta)|<M$. 令 $q=\dfrac{|\zeta-z_0|}{|z-z_0|}$,余项的模

$$|r_n|=\left|\frac{1}{2\pi i}\sum_{k=n}^{+\infty}\left[\oint_{\Gamma_1}\frac{f(\zeta)}{(\zeta-z_0)^{-k+1}}d\zeta\right](z-z_0)^{-k}\right|$$

$$\leqslant \frac{1}{2\pi}\sum_{k=n}^{+\infty}\oint_{\Gamma_1}\frac{|f(\zeta)|}{|\zeta-z_0|^{-k+1}}|d\zeta||z-z_0|^{-k}$$

$$=\frac{1}{2\pi}\sum_{k=n}^{+\infty}\oint_{\Gamma_1}\frac{|f(\zeta)|}{\gamma_1}\frac{|\zeta-z_0|^k}{|z-z_0|^k}d\zeta$$

$$< \frac{1}{2\pi} \sum_{k=n}^{+\infty} \frac{M}{\gamma_1} q^k \cdot 2\pi\gamma_1 = \frac{Mq^n}{1-q}.$$

由于 $q<1$, $\lim\limits_{n\to+\infty} r_n = 0$ 在 Γ_1 外成立,有

$$-\frac{1}{2\pi i}\oint_{\Gamma_1} \frac{f(\zeta)}{\zeta-z}d\zeta = \frac{1}{2\pi i}\sum_{n=1}^{+\infty}\left[\oint_{\Gamma_1}\frac{f(\zeta)}{(\zeta-z_0)^{-n+1}}d\zeta\right](z-z_0)^{-n}.$$

综上所述,

$$f(z) = \sum_{n=-\infty}^{+\infty}\left[\oint_{\Gamma_1}\frac{f(\zeta)}{(\zeta-z_0)^{n+1}}d\zeta\right](z-z_0)^n.$$

定理得证.

定理 3.3.3 设函数 $f(z)$ 在圆环域 $\mathbb{D}:R_1<|z-z_0|<R_2$ 内处处解析,则函数 $f(x)$ 在圆环域 $\mathbb{D}$ 内的洛朗展开式是唯一的.

证明 设 $f(x)$ 在圆环域 $R_1<|z-z_0|<R_2$ 内的洛朗展开式另有

$$f(z) = \sum_{n=-\infty}^{+\infty} B_n(z-z_0)^n \tag{3.3.5}$$

的形式. 令

$$g_n(z) = \frac{1}{2\pi i}\frac{1}{(z-z_0)^{n+1}}, \quad n=0,\pm 1, \pm 2, \cdots.$$

设 C 为以 z_0 为圆心、包含在圆环域 $\mathbb{D}$ 内的圆周. 不难证明

$$\oint_C g_n(z)(z-z_0)^m dz = \frac{1}{2\pi i}\oint_C \frac{1}{(z-z_0)^{n-m+1}}dz = \begin{cases} 1, & n=m, \\ 0, & n\neq m. \end{cases} \tag{3.3.6}$$

由逐项可积性质,有

$$\oint_C g_n(\zeta)f(\zeta)d\zeta = \sum_{m=-\infty}^{+\infty} B_m \oint_C g_n(\zeta)(\zeta-z_0)^m d\zeta.$$

根据(3.3.6)式得

$$\frac{1}{2\pi i}\oint_C \frac{f(\zeta)}{(\zeta-z_0)^{n+1}}d\zeta = B_n.$$

定理得证.

上述定理是洛朗级数展开的唯一性定理. 因此不论用何种方式,只要将一个解析函数展开成在给定圆环域收敛于该函数的包含非负整数幂项与负整数幂项的级数,即为所求的洛朗级数.

例 3.3.2 求函数

$$f(z) = z^4 \cosh\left(\frac{1}{z^2}\right)$$

在圆环域 $0<|z|<+\infty$ 内的洛朗级数.

解 因为 $\cosh z$ 有麦克劳林展开式

$$\cosh z = \sum_{n=0}^{+\infty} \frac{z^{2n}}{(2n)!},$$

在圆环域 $0 < |z| < +\infty$ 内 $\cosh \frac{1}{z}$ 解析，所以

$$z^4 \cosh\left(\frac{1}{z^2}\right) = z^4 \sum_{n=0}^{+\infty} \frac{1}{(2n)! z^{4n}} = \sum_{n=1}^{+\infty} \frac{1}{(2n+2)! z^{4n}} + \frac{1}{2} + z^4.$$

例 3.3.3 求函数 $f(z) = \cot z$ 在圆环域 $0 < |z| < \pi$ 内的洛朗级数（正整数幂到 z^3 项）.

解 因为 $\cot z = \frac{\cos z}{\sin z}$，利用 $\sin z = \sum_{n=0}^{+\infty} \frac{(-1)^n}{(2n+1)!} z^{2n+1}$ 和 $\cos z = \sum_{n=0}^{+\infty} \frac{(-1)^n}{(2n)!} z^{2n}$，可得

$$\cot z = \frac{1}{z} \cdot \frac{1 - \frac{z^2}{2!} + \frac{z^4}{4!} + \cdots + (-1)^n \frac{z^{2n}}{(2n)!} + \cdots}{1 - \frac{z^2}{3!} + \frac{z^4}{5!} + \cdots + (-1)^n \frac{z^{2n}}{(2n+1)!} + \cdots} = \frac{1}{z} g(z).$$

不难证明，$g(z)$ 在 $z = 0$ 处解析，在 $|z| < \pi$ 内可展开为幂级数形式. 故函数 $\cot z$ 在圆环域 $0 < |z| < \pi$ 内的洛朗级数的主要部分只有一项. 又 $\cot z$ 是奇函数，洛朗级数只含奇数次幂项. 故不妨设

$$\cot z = \sum_{l=0}^{+\infty} d_l z^{2l-1}.$$

利用 $\sin z \cot z = \cos z$ 可得

$$\sum_{n=0}^{+\infty} \sum_{l=0}^{+\infty} d_l \frac{(-1)^n}{(2n+1)!} z^{2(n+l)} = \sum_{m=0}^{+\infty} \frac{(-1)^m}{(2m)!} z^{2m}.$$

令 $n + l = m$，则 $n = m - l$. 由 $n \geq 0$ 知 $l \leq m$，故

$$\sum_{m=0}^{+\infty} \sum_{l=0}^{m} d_l \frac{(-1)^{m-l}}{(2m-2l+1)!} z^{2m} = \sum_{m=0}^{+\infty} \frac{(-1)^m}{(2m)!} z^{2m}.$$

上式等号左右两端同次幂的系数应相等，故

$$\sum_{l=0}^{m} d_l \frac{(-1)^l}{(2m-2l+1)!} = \frac{1}{(2m)!}, \quad m = 0, 1, 2, \cdots.$$

将 $m = 0$ 代入上式，得 $d_0 = 1$；将 $m = 1$ 代入上式，利用 $d_0 = 1$，得 $d_1 = -\frac{1}{3}$；依此类推，得 $d_2 = -\frac{1}{45}, d_3 = -\frac{2}{945}, \cdots$. 综上所述，$f(z) = \cot z$ 在圆环域 $0 < |z| < \pi$ 内的洛朗级数展开式为

$$\cot z = \frac{1}{z} - \frac{1}{3} z - \frac{1}{45} z^2 - \frac{2}{945} z^3 + \cdots.$$

最后回到本节开始的例子 $f(z)=\dfrac{1}{(z-1)(z-2)}$，易知该函数在除了 $z=1$ 和 $z=2$ 的点之外处处解析. 下面考虑在不同区域将该函数展开成级数的形式.

例 3.3.4 分别求出函数

$$f(z)=\dfrac{1}{(z-1)(z-2)}$$

在 $\mathbb{D}_1:0<|z|<1$，$\mathbb{D}_2:1<|z|<2$ 和 $\mathbb{D}_3:2<|z|<+\infty$ 内展开成由 z 的整数幂构成的级数形式.

解 将函数写成部分分式的形式

$$f(z)=\dfrac{1}{1-z}-\dfrac{1}{2-z}.$$

显然在 $\mathbb{D}_1$ 内，

$$\dfrac{1}{1-z}=\sum_{n=0}^{+\infty}z^n,\quad \dfrac{1}{2-z}=\dfrac{1}{2}\dfrac{1}{1-\dfrac{z}{2}}=\sum_{n=0}^{+\infty}2^{-n-1}z^n.$$

所以在 $\mathbb{D}_1$ 内，

$$\dfrac{1}{(z-1)(z-2)}=\sum_{n=0}^{+\infty}(1-2^{-n-1})z^n.$$

在 $\mathbb{D}_2$ 内，上面关于 $\dfrac{1}{2-z}$ 的级数展开式仍然成立. 对另一项，则根据 $\dfrac{1}{|z|}<1$ 有

$$\dfrac{1}{1-z}=-\dfrac{1}{z}\dfrac{1}{1-\dfrac{1}{z}}=-\sum_{n=0}^{+\infty}z^{-n-1},$$

因此在 $\mathbb{D}_2$ 内，

$$\dfrac{1}{(z-1)(z-2)}=-\sum_{n=1}^{+\infty}z^{-n}-\sum_{n=0}^{+\infty}2^{-n-1}z^n.$$

在 $\mathbb{D}_3$ 内，因为 $\dfrac{1}{|z|}<\dfrac{1}{2}<1$，$\dfrac{1}{1-z}=-\sum_{n=0}^{+\infty}z^{-n-1}$ 仍成立. 又 $\dfrac{2}{|z|}<1$，

$$\dfrac{1}{z-2}=\dfrac{1}{z}\dfrac{1}{1-\dfrac{2}{z}}=\sum_{n=0}^{+\infty}2^n z^{-n-1}.$$

故在 $\mathbb{D}_3$ 内，

$$\dfrac{1}{(z-1)(z-2)}=\sum_{n=1}^{+\infty}(2^{n-1}-1)z^{-n}.$$

3.3.2 z 变换

在实际应用中,人们常常要处理离散数据,这些离散数据可以由对连续函数的抽样取得,也可以通过对某一现象一段时间的观测所得. z 变换是研究这些离散时间线性系统的有力工具,在数字信号处理、计算机控制系统等领域有着广泛的应用.

> **定义 3.3.1** 设有双边序列 $\{f(n), n=0, \pm 1, \pm 2, \cdots\}$,则对该序列的 z 变换为级数
> $$F(z) = \sum_{n=-\infty}^{+\infty} f(n) z^{-n}, \tag{3.3.7}$$
> 其中 z 的取值范围是使上述级数收敛的所有点的集合.

从 z 变换的定义可知, z 变换把在原点展开的洛朗级数与序列联系在一起. 由柯西-阿达马定理可知,对于级数的解析部分,收敛半径为 $1/\varlimsup_{n\to+\infty}\sqrt[n]{|f(n)|}$,而级数的主要部分在 $|z| > \varlimsup_{n\to+\infty}\sqrt[n]{|f(n)|}$ 时是收敛的,所以可以把 z 变换定义在圆环

$$\varlimsup_{n\to+\infty}\sqrt[n]{|f(n)|} < |z| < \frac{1}{\varlimsup_{n\to-\infty}\sqrt[n]{|f(n)|}}$$

之内.

根据洛朗定理,可得 z 变换的逆变换.

定理 3.3.4 设函数 $F(z)$ 是圆环域 $\mathbb{D}: R_1 < |z| < R_2$ 内序列 $\{f(n), n=0, \pm 1, \pm 2, \cdots\}$ 的 z 变换,则在此圆环域内 z 变换的逆变换为

$$f(n) = \frac{1}{2\pi i} \oint_\Gamma F(\zeta) \zeta^{n-1} d\zeta, \quad n = 0, \pm 1, \pm 2, \cdots,$$

其中 Γ 为此圆环域 $\mathbb{D}$ 内任意包含原点的可求长简单闭曲线.

若 n 为负整数时, $f(n) = 0$,则称序列为 **因果** 的,此时序列的 z 变换为

$$F(z) = \sum_{n=0}^{+\infty} f(n) z^{-n}, \tag{3.3.8}$$

在 $|z| > \varlimsup_{n\to+\infty} f(n)$ 时是收敛的.

(3.3.7)式也称为序列 $\{f(n)\}$ 的双边 z 变换,而(3.3.8)式则称为序列 $\{f(n)\}$ 的单边 z 变换. 易知当序列为因果的时候,序列的双边 z 变换和单边 z 变换是一致的.

定理 3.3.5(双边 z 变换的时移性质) 设 N 为整数,函数 $F(z)$ 是圆环域 $\mathbb{D}: R_1 < |z| < R_2$ 内序列 $\{f(n), n=0, \pm 1, \pm 2, \cdots\}$ 的 z 变换,则序列 $\{f(n)\}$ 的平移序列 $\{g(n) = f(n+N)\}$ 的 z 变换为 $z^N F(z)$.

证明
$$\sum_{n=-\infty}^{+\infty} g(n) z^{-n} = \sum_{n=-\infty}^{+\infty} f(n+N) z^{-n} = z^N \sum_{m=-\infty}^{+\infty} f(n+N) z^{-n-N}$$
$$= z^N \sum_{m=-\infty}^{+\infty} f(m) z^{-m} = z^N F(z).$$

证毕.

定理 3.3.6(单边 z 变换的时移性质) 设 N 为整数,函数 $F(z)$ 是区域 $\mathbf{D}:|z|>R$ 内序列 $\{f(n), n=0,\pm 1,\pm 2,\cdots\}$ 的单边 z 变换,则序列 $\{f(n)\}$ 的平移序列 $\{g(n)=f(n+N)\}$ 的单边 z 变换为

$$G(z)=\begin{cases} z^N\Big(F(z)-\sum_{n=0}^{N-1}f(n)z^{-n}\Big), & N>0, \\ z^N\Big(F(z)+\sum_{n=N}^{-1}f(n)z^{-n}\Big), & N<0. \end{cases}$$

证明 $\sum_{n=0}^{+\infty}g(n)z^{-n}=\sum_{n=0}^{+\infty}f(n+N)z^{-n}=z^N\sum_{n=0}^{+\infty}f(n+N)z^{-N-n}=z^N\sum_{m=N}^{+\infty}f(m)z^{-m}$

$$=\begin{cases} z^N\Big[\sum_{m=0}^{+\infty}f(m)z^{-m}-\sum_{m=0}^{N-1}f(m)z^{-m}\Big]=z^N\Big[F(z)-\sum_{n=0}^{N-1}f(n)z^{-n}\Big], & N>0, \\ z^N\Big[\sum_{m=0}^{+\infty}f(m)z^{-m}+\sum_{m=N}^{-1}f(m)z^{-m}\Big]=z^N\Big[F(z)+\sum_{n=N}^{-1}f(n)z^{-n}\Big], & N<0. \end{cases}$$

证毕.

自回归滑动平均(ARMA)模型是研究时间序列的重要方法,它以自回归(AR)模型与滑动平均(MA)模型为基础组合而成. 一个 ARMA 模型的表示形式如下:

$$y(n)=\sum_{l=1}^{p}\alpha(l)y(n-l)+\sum_{m=0}^{q}\beta(m)x(n-m). \tag{3.3.9}$$

它是以 $x(n)$ 为输入、$y(n)$ 为输出、阶为 (p,q) 的 ARMA 模型,记为 ARMA(p,q). (3.3.9)式右边第一部分是自回归模型,第二部分是滑动平均模型.

例 3.3.5 设 ARMA(p,q) 以 $x(n)$ 为输入信号、$y(n)$ 为输出信号. 若输入信号序列 $\{x(n)\}$ 的 z 变换为 $X(z)$,输出信号序列 $\{y(n)\}$ 的 z 变换为 $Y(z)$,请用 $X(z)$、系数 $\alpha(l)$ ($l=1,2,\cdots,p$) 以及 $\beta(m)$ ($m=0,1,\cdots,q$) 来表示 $Y(z)$.

解 对(3.3.9)式使用 z 变换,可得

$$Y(z)=\sum_{l=1}^{p}z^{-l}\alpha(l)Y(z)+\sum_{m=0}^{q}z^{-m}\beta(m)X(z),$$

解得

$$Y(z)=\frac{\sum_{m=0}^{q}z^{-m}\beta(m)}{1-\sum_{l=1}^{p}\alpha(l)z^{-l}}X(z). \tag{3.3.10}$$

(3.3.10)式中 $X(z)$ 的系数为该模型系统的**系统传递函数**,记为

$$H(z)=\frac{\sum_{m=0}^{q}z^{-m}\beta(m)}{1-\sum_{l=1}^{p}\alpha(l)z^{-l}}. \tag{3.3.11}$$

传递函数是描述线性系统动态特性的基本工具. 经典控制理论中的频率响应法和根轨迹法都是建立在传递函数的基础之上.

例 3.3.6 设有差分方程 $x(n+2)+5x(n+1)+4x(n)=0$, $x(0)=0$, $x(1)=1$, 用单边 z 变换来求出 $x(n)$, $n=0, 1, 2, \cdots$ 的表达式.

解 设序列的单边 z 变换为 $X(z)$. 对方程两边同时取单边 z 变换, 得

$$z^2[X(z)-x(0)-x(1)z^{-1}]+5z[X(z)-x(0)]+4X(z)=0,$$

解得

$$X(z)=\frac{z}{z^2+5z+4}=\frac{z}{3}\left(\frac{1}{z+1}-\frac{1}{z+4}\right).$$

当 $|z|>4$ 时,

$$X(z)=\frac{1}{3}\left(\frac{1}{1+1/z}-\frac{1}{1+4/z}\right)$$

$$=\frac{1}{3}\sum_{n=0}^{+\infty}(-1)^n z^{-n}-\frac{1}{3}\sum_{n=0}^{+\infty}(-4)^n z^{-n}$$

$$=\frac{1}{3}\sum_{n=0}^{+\infty}((-1)^n-(-4)^n)z^{-n}.$$

所以 $x(n)=\frac{1}{3}((-1)^n-(-4)^n)$.

§ 3.4 留数

由柯西积分定理可知, 若函数在简单闭曲线上及其内部解析, 则函数在该闭曲线上的积分为零. 那么如果函数在简单闭曲线所围成的区域内部若干个点上不解析, 函数在该闭曲线上积分又应该如何计算呢? 本节将利用洛朗级数引入留数来研究这个问题.

3.4.1 孤立奇点

定义 3.4.1 函数 $f(z)$ 在 z_0 处不解析, 但在 z_0 的某去心邻域 $0<|z-z_0|<\delta$ 内处处解析, 则称 z_0 是 $f(z)$ 的**孤立奇点**.

例 3.4.1 请找出函数

$$\frac{1}{\sin(1/z)}$$

的所有孤立奇点.

解 函数的奇点存在于使分母 $\sin(1/z)$ 无意义和值为零的下列点中,

$$0, \frac{1}{n\pi}, n = \pm 1, \pm 2, \cdots,$$

其中 $z=0$ 不是孤立奇点,因为对原点的去心邻域 $0<|z|<\delta$,总存在整数 $M>\frac{1}{\pi\delta}$,使得奇点 $\frac{1}{|M|\pi}$ 包含于其中.

对于奇点 $z=\frac{1}{n\pi}$,取 $\delta<\frac{1}{|n|\pi}-\frac{1}{(|n|+1)\pi}$,易知 $\frac{1}{\sin(1/z)}$ 在该点的去心邻域 $0<\left|z-\frac{1}{n\pi}\right|<\delta$ 内处处解析.

根据孤立奇点定义,函数 $\frac{1}{\sin(1/z)}$ 的所有孤立奇点是 $z=\frac{1}{n\pi}$,$n=\pm 1,\pm 2,\cdots$.

对于孤立奇点 z_0,根据函数 $f(z)$ 在其邻域中的特性,可以分为以下 3 种:

(1) 如果 $\lim\limits_{z\to z_0}f(z)$ 存在且为有限值,则称 z_0 为**可去奇点**;

(2) 如果 $\lim\limits_{z\to z_0}f(z)=\infty$,则称 z_0 为**极点**;

(3) 如果 $\lim\limits_{z\to z_0}f(z)$ 不存在,则称 z_0 为**本性奇点**.

例 3.4.2 请找出函数 $f(z)=\dfrac{e^z-1}{z}$ 的所有孤立奇点,并指出其类型.

解 易知 $z=0$ 是函数 $f(z)=\dfrac{e^z-1}{z}$ 的孤立奇点.

利用指数函数 e^z 的麦克劳林级数展开,可知 $\lim\limits_{z\to 0}f(z)=1$,所以 $z=0$ 是函数 $\dfrac{e^z-1}{z}$ 的可去奇点.

例 3.4.3 请找出函数 $f(z)=\cot z$ 的所有孤立奇点,并指出其类型.

解 易知 $z=k\pi$,$k=0,\pm 1,\pm 2,\cdots$ 是函数 $f(z)=\cot z$ 的所有孤立奇点.

因为 $\lim\limits_{z\to k\pi}\tan z=0$,再根据 ∞ 极限和 0 极限的关系,可知 $\lim\limits_{z\to k\pi}\cot z=\infty$,所以 $z=k\pi$,$k=0,\pm 1,\pm 2,\cdots$ 是函数 $\cot z$ 的极点.

例 3.4.4 请找出函数 $f(z)=e^{1/z}$ 的所有孤立奇点,并指出其类型.

解 易知 $z=0$ 是函数 $f(z)=e^{1/z}$ 的孤立奇点.

当选取 $z_n=\dfrac{i}{(2n+1)\pi}$,$n=1,2,\cdots$ 时,$\lim\limits_{n\to +\infty}f(z_n)=-1$;当选取 $z_n=\dfrac{i}{2n\pi}$,$n=1,2,\cdots$ 时,$\lim\limits_{n\to +\infty}f(z_n)=1$. 可知 $\lim\limits_{z\to 0}f(z)$ 不存在,所以 $z=0$ 是函数 $e^{\frac{1}{z}}$ 的本性奇点.

定理 3.4.1 设 z_0 为函数 $f(z)$ 的孤立奇点.

(1) z_0 为函数 $f(z)$ 的可去奇点的充分必要条件是:函数 $f(z)$ 在 z_0 的一个去心邻域内有界.

(2) z_0 为函数 $f(z)$ 的极点的充分必要条件是:

$$\lim_{z\to z_0}\frac{1}{f(z)}=0.$$

(3) z_0 为函数 $f(z)$ 的本性奇点的充分必要条件是:对任意一个复数 c(c 可以为∞),必存在一个趋于 z_0 的序列 $\{z_n\}$,使得 $\lim\limits_{n\to+\infty} f(z_n)=c$.

证明 (1) 必要性. 由 $\lim\limits_{z\to z_0} f(z)$ 存在且为有限值,根据函数极限的定义,函数 $f(z)$ 在 z_0 的一个去心邻域内有界显然成立.

充分性. 函数 $f(z)$ 在 z_0 的去心邻域 $0<|z-z_0|<\delta$ 及圆周 $C:|z-z_0|=\delta$ 上有界,可设 $|f(z)|<M$. $f(z)$ 在 z_0 的去心邻域内洛朗级数的主要部分的系数的模为

$$|C_{-n}|=\left|\frac{1}{2\pi i}\oint_C \frac{f(\zeta)}{(\zeta-z_0)^{-n+1}}d\zeta\right|\leqslant \left|\frac{1}{2\pi i}\right|\frac{M}{\delta^{-n+1}}\cdot 2\pi\delta=M\delta^n,\ n=1,2,\cdots.$$

因为 δ 是任意小的正数,所以洛朗级数的主要部分的系数都为 0. 函数 $f(z)$ 在 z_0 的一个去心邻域内的洛朗级数展开不含主要部分,则函数 $f(z)$ 在 z_0 的这个去心邻域内可以用幂级数来表示,显然 $\lim\limits_{z\to z_0} f(z)$ 存在且为有限值. 充分性得证.

(2) 令 $g(z)=\dfrac{1}{f(z)}$. 因为 z_0 为函数 $f(z)$ 的孤立奇点,所以存在圆环域 $0<|z-z_0|<\delta$,$f(z)$ 在此去心邻域不等于 0,故 $g(z)$ 在此去心邻域解析.

根据极点的定义以及∞极限和 0 极限的关系,结论自明.

(3) 充分性显然. 下面证必要性.

当 $c=\infty$ 时,因为 z_0 为函数 $f(z)$ 的本性奇点,故 $f(z)$ 在 z_0 的去心邻域内无界[否则,由 (1) 可知 z_0 为函数 $f(z)$ 的可去奇点]. 存在序列 $\{z_n\}$,对任意 $M>0$,存在 $N>0$,使得当 $n>N$ 时,有 $|f(z_n)|>M$,即 $\lim\limits_{n\to+\infty} f(z_n)=\infty$.

当 c 为一个有限数时,令 $\varphi(z)=\dfrac{1}{f(z)-c}$. 下面用反证法来证明 $\varphi(z)$ 在 z_0 的去心邻域内无界.

反设 $\varphi(z)$ 在 z_0 的去心邻域内有界,由 (1) 知 z_0 为函数 $\varphi(z)$ 的可去奇点,此时若取 $\varphi(z_0)=\lim\limits_{z\to z_0}\varphi(z)$,$\varphi(z)$ 在 z_0 的一个邻域解析. 如果 $\varphi(z_0)\neq 0$,则在 z_0 的一个邻域有 $f(z)=\dfrac{1}{\varphi(z)}+c$,$f(z)$ 也解析,矛盾,所以 $\varphi(z_0)=0$. 但由 (2) 知 z_0 为函数 $f(z)$ 的极点,矛盾,故 $\varphi(z)$ 在 z_0 的去心邻域内无界. 于是存在 $\{z_n\}$,使得 $n\to+\infty$,$|\varphi(z_n)|\to+\infty$,即 $\lim\limits_{n\to+\infty} f(z_n)=c$. 必要性证毕. ∎

从定理 3.4.1(1) 的证明可知,若 z_0 为函数 $f(z)$ 的可去奇点,则函数 $f(z)$ 在 z_0 的一个去心邻域 $0<|z-z_0|<\delta$ 内可以展开为一个幂级数,即

$$f(z)=\sum_{n=0}^{\infty} C_n(z-z_0)^n.$$

只要令 $f(z_0)=\lim\limits_{z\to z_0} f(z)=C_0$,上式在 $|z-z_0|<\delta$ 内成立,此时函数 $f(z)$ 在 z_0 解析. 换句话说,只要适当定义函数在 z_0 的值就能使函数 $f(z)$ 在 z_0 解析,这也是这一类型的奇点被称为"可去"奇点的原因. 在证明 (2) 和 (3) 的必要性时也正是利用了这一点.

从定理 3.4.1(2) 的证明可知,z_0 为函数 $f(z)$ 的极点的充分必要条件还可以表述为 z_0 是

在点 z_0 解析的函数

$$g(z)=\begin{cases}\dfrac{1}{f(z)}, & z\neq z_0,\\ \lim\limits_{z\to z_0}\dfrac{1}{f(z)}, & z=z_0\end{cases}$$

的零点.

由上面的分析可知函数的极点和该函数的倒数的零点联系非常紧密. 而函数的零点还可以用阶数来区分其程度,也可以据此来定义极点的阶数.

定义 3.4.2 若 z_0 为函数 $\dfrac{1}{f(z)}$ 的 m 阶零点,则 z_0 为函数 $f(z)$ 的 **m 阶极点**,其中一阶极点又被称为**简单极点**.

先来回顾例 3.4.3. 设 k 为整数,则 $\tan k\pi=0$,而 $(\tan z)'|_{z=k\pi}=\sec^2 z|_{z=k\pi}=1$,故 $z=k\pi$,$k=0,\pm 1,\pm 2,\cdots$ 是函数 $\tan z$ 的一阶零点,从而是函数 $\cot z$ 的简单极点.

由孤立奇点的定义,函数 $f(z)$ 在一个去心邻域 $0<|z-z_0|<\delta$ 内解析,故该函数在该邻域内可以展开成洛朗级数的形式,

$$\sum_{n=-\infty}^{+\infty}C_n(z-z_0)^n=\sum_{n=0}^{+\infty}C_n(z-z_0)^n+\sum_{n=1}^{+\infty}C_{-n}(z-z_0)^{-n}.$$

因此可以得到下列关于孤立奇点 3 种类型成立的充分必要条件.

定理 3.4.2 设 z_0 为函数 $f(z)$ 的孤立奇点.

(1) z_0 为函数 $f(z)$ 的可去奇点的充分必要条件是:函数 $f(z)$ 在 z_0 的一个去心邻域内的洛朗级数不含主要部分,即

$$f(z)=C_0+C_1(z-z_0)+\cdots+C_n(z-z_0)^n+\cdots. \tag{3.4.1}$$

(2) z_0 为函数 $f(z)$ 的 m 阶极点的充分必要条件是:函数 $f(z)$ 在 z_0 的一个去心邻域内的洛朗级数的主要部分只含有限项,主要部分的系数 $C_{-m}\neq 0$,而对任意 $n>m$,$C_{-n}=0$,即

$$\begin{aligned}f(z)=&C_{-m}(z-z_0)^{-m}+C_{-m+1}(z-z_0)^{-m+1}+\cdots\\&+C_0+C_1(z-z_0)+\cdots+C_n(z-z_0)^n+\cdots.\end{aligned} \tag{3.4.2}$$

(3) z_0 为函数 $f(z)$ 的本性奇点的充分必要条件是:函数 $f(z)$ 在 z_0 的一个去心邻域内的洛朗级数的主要部分含有无限项.

证明 (1) 充分性. 如果函数 $f(z)$ 在 z_0 的一个去心邻域内的洛朗级数展开不含主要部分,即函数 $f(z)$ 在 z_0 的这个去心邻域内可以用幂级数展开式(3.4.1)来表示,显然 $\lim\limits_{z\to z_0}f(z)=C_0$ 存在且为有限值.

必要性的证明请参见定理 3.4.1(1)的必要性证明.

(2) 充分性. 若函数 $f(z)$ 在 z_0 的一个去心邻域内的洛朗级数如(3.4.2)式所示,其中 $C_{-m}\neq 0$,对(3.4.2)式作恒等变形,可得

$$(z-z_0)^m f(z) = C_{-m} + C_{-m+1}(z-z_0) + \cdots + C_0(z-z_0)^m + C_1(z-z_0)^{m+1} + \cdots.$$

设上式右端的级数和为 $h(z)$. 因为 $h(z)$ 在 z_0 解析,且 $h(z_0) = C_{-m} \neq 0$,所以 $\dfrac{1}{h(z)}$ 在 z_0 也解析. 于是

$$\frac{1}{f(z)} = (z-z_0)^m \frac{1}{h(z)}.$$

由定理 3.2.6 以及 m 阶极点的定义,充分性得证.

必要性. 若 z_0 为函数 $f(z)$ 的 m 阶极点,由定义可知 z_0 为函数 $\dfrac{1}{f(z)}$ 的 m 阶零点,故有在 z_0 点解析的函数 $g(z)$ ($g(z_0) \neq 0$),使得

$$f(z) = \frac{1}{(z-z_0)^m g(z)}.$$

因为 $g(z_0) \neq 0$,$\dfrac{1}{g(z)}$ 在 z_0 也解析,故能展开成泰勒级数

$$\frac{1}{g(z)} = C_{-m} + C_{-m+1}(z-z_0) + \cdots + C_0(z-z_0)^m + C_1(z-z_0)^{m+1} + \cdots.$$

在上式两边乘上 $(z-z_0)^{-m}$,可得 (3.4.2) 式. 又 $\dfrac{1}{g(z_0)} \neq 0$,可知 $C_{-m} \neq 0$. 必要性证毕.

(3) 用反证法,利用 (1) 和 (2) 的结论,结论自明.

再来回顾例 3.4.2. 利用指数函数 e^z 的麦克劳林级数展开,在 $z=0$ 的去心邻域内可得

$$\frac{\mathrm{e}^z - 1}{z} = 1 + \frac{z}{2!} + \cdots + \frac{z^{n-1}}{n!} + \cdots,$$

由定理 3.4.2,也可知 $z=0$ 是函数 $\dfrac{\mathrm{e}^z - 1}{z}$ 的可去奇点.

在例 3.3.3 已经讨论过函数 $\cot z$ 在 $z=0$ 处的洛朗级数,由其主要部分所含项可知,$z=0$ 是例 3.4.3 中函数 $\cot z$ 的简单极点. 同理,也可以类似得到函数 $\cot z$ 在 $z=k\pi$,$k=\pm 1$,± 2,$\cdots$ 的去心邻域内的洛朗级数,它们也是函数 $\cot z$ 的简单极点.

最后来回顾例 3.4.4. 利用指数函数 e^z 的麦克劳林级数展开,在 $z=0$ 的去心邻域内可得

$$\mathrm{e}^{\frac{1}{z}} = 1 + \frac{1}{z} + \frac{1}{2!z^2} + \cdots + \frac{1}{n!z^n} + \cdots,$$

从而 $z=0$ 是函数 $f(z) = \mathrm{e}^{\frac{1}{z}}$ 的本性奇点.

上述所讨论的都是以有限点 z_0 为孤立奇点的情况,现在把这个概念拓展到无穷远点处.

定义 3.4.3 设函数 $f(z)$ 在无穷远点的邻域 $0 \leqslant R < |z| < +\infty$ 内解析,则称无穷远点是函数 $f(z)$ 的**孤立奇点**.

与有限点 z_0 为孤立奇点的分类相类似,如果无穷远点是函数 $f(z)$ 的孤立奇点,根据函数

$f(z)$ 在无穷远点的邻域内的特性,可以分为以下 3 种情形:

(1) 如果 $\lim\limits_{z \to \infty} f(z)$ 存在,且为有限值,则称 $z = \infty$ 为**可去奇点**;

(2) 如果 $\lim\limits_{z \to \infty} f(z) = \infty$,则称 $z = \infty$ 为**极点**;

(3) 如果 $\lim\limits_{z \to \infty} f(z)$ 不存在,且不为 ∞,则称 $z = \infty$ 为**本性奇点**.

设函数 $f(z)$ 在无穷远点的邻域 $R < |z| < +\infty$ 内有洛朗级数展开式

$$f(z) = \sum_{n=-\infty}^{+\infty} C_n z^n, \tag{3.4.3}$$

其中

$$C_n = \frac{1}{2\pi i} \oint_\Gamma \frac{f(\zeta)}{(\zeta - z_0)^{n+1}} d\zeta,$$

上式中 Γ 为 $R < |z| < +\infty$ 内任意圆周 $|\zeta| = \gamma, \gamma > R$.

可以利用变换 $z = \dfrac{1}{w}$,将 $0 < R < |z| < +\infty$ 变换到新区域 $0 < |w| < \dfrac{1}{R}$,或将 $0 < |z| < +\infty$ 变换到新区域 $0 < |w| < +\infty$. 这是一种处理无穷远点问题的常用手段. 经过上述变换可以得到在新区域解析的函数 $\varphi(w) = f\left(\dfrac{1}{w}\right)$. 因为 $\varphi(w)$ 在 $w = 0$ 处无定义,$w = 0$ 是 $\varphi(w)$ 的孤立奇点,在新区域的洛朗级数展开式为

$$\varphi(w) = \sum_{n=-\infty}^{+\infty} \widetilde{C}_n w^n.$$

再用 $w = \dfrac{1}{z}$ 代入上式,得

$$f(z) = \sum_{n=-\infty}^{+\infty} \widetilde{C}_n z^{-n}.$$

将上式与(3.4.3)式对照,由洛朗级数展开的唯一性可知,对任意整数 n,$C_n = \widetilde{C}_{-n}$.

倒数变换可以将无穷远点映射到原点. 不难将原点为函数 $\varphi(w)$ 的孤立奇点分类中与洛朗级数有关的充分必要条件推广到无穷远点的对应分类. 值得一提的是,对于无穷远点的邻域 $R < |z| < +\infty$ 内的洛朗级数展开式,称 $\sum\limits_{n=-\infty}^{0} C_n z^{-n}$ 为此洛朗级数的**解析部分**,而 $\sum\limits_{n=1}^{+\infty} C_n z^n$ 为**主要部分**.

对于无穷远点,有与定理 3.4.2 相类似的下述定理.

定理 3.4.3 (1) $z = \infty$ 为函数 $f(z)$ 的可去奇点的充分必要条件是:函数 $f(z)$ 在 $z = \infty$ 的一个去心邻域内的洛朗级数不含主要部分,即

$$f(z) = \cdots + C_{-n} z^{-n} + \cdots + C_{-2} z^{-2} + C_{-1} z^{-1} + C_0.$$

(2) $z = \infty$ 为函数 $f(z)$ 的 m 阶极点的充分必要条件是:函数 $f(z)$ 在 $z = \infty$ 的一个去心邻域内的洛朗级数的主要部分只含有限项,主要部分的系数 $C_m \neq 0$,而任意 $n > m$,$C_n = 0$,即

$$f(z) = \cdots + C_{-n} z^{-n} + \cdots + C_{-1} z^{-1} + C_0 + C_1 z + \cdots + C_m z^m.$$

(3) $z=\infty$ 为函数 $f(z)$ 的本性奇点的充分必要条件是：函数 $f(z)$ 在 $z=\infty$ 的一个去心邻域内的洛朗级数的主要部分含有无限项.

3.4.2 留数

定义 3.4.4 设 z_0 为函数 $f(z)$ 的孤立奇点，$f(z)$ 在 z_0 的一个去心邻域内展开为洛朗级数

$$f(z)=\sum_{n=-\infty}^{+\infty}C_n(z-z_0)^n,$$

称式中 $\dfrac{1}{z-z_0}$ 的系数 C_{-1} 为 $f(z)$ 在 z_0 处的**留数**，记为 $\text{Res}[f(z),z_0]$.

根据留数的定义，不难得到例 3.4.2 至例 3.4.4 中 3 个函数在 $z=0$ 处的留数分别为

$$\text{Res}\left[\frac{e^z-1}{z},0\right]=0,\ \text{Res}[\cot z,0]=1,\ \text{Res}[e^{1/z},0]=1.$$

定理 3.4.4（柯西留数定理） 设函数 $f(z)$ 在区域 $\mathbb{D}$ 内除有限个孤立奇点 $z_1,z_2,\cdots,z_n$ 外处处解析，Γ 是 $\mathbb{D}$ 内包围各奇点的一条正向可求长简单闭曲线，则

$$\oint_\Gamma f(z)\mathrm{d}z=2\pi\mathrm{i}\sum_{k=1}^n\text{Res}[f(z),z_k].$$

证明 把 Γ 内的孤立奇点 $z_1,z_2,\cdots,z_n$ 分别用正方向圆周 $C_k:|z-z_k|=\delta_k$ 围住，这些圆的半径都取得足够小，以使这些圆既不相交，又不包含，如图 3.4.1 所示.

根据复合闭路定理以及留数的定义，有

$$\frac{1}{2\pi\mathrm{i}}\oint_\Gamma f(z)\mathrm{d}z=\sum_{k=1}^n\frac{1}{2\pi\mathrm{i}}\oint_{C_k}f(z)\mathrm{d}z$$
$$=\sum_{k=1}^n\text{Res}[f(z),z_k].$$

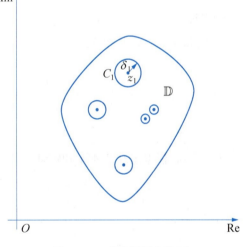

图 3.4.1 积分圆周示意图

证毕.

柯西留数定理可以看成柯西积分定理的推广，它把函数沿一条闭路的积分归结为求闭路所围区域内所有孤立奇点的留数和. 而根据留数的定义，只需要求出函数在以该奇点为中心的去心邻域内展开的洛朗级数的负一次幂的系数 C_{-1} 即可. 特别地，当孤立奇点为可去奇点时，由定理 3.4.2 可知，在该点的留数为零. 当孤立奇点为极点时，可以采取以下相应的方法来处理.

定理 3.4.5 如果 z_0 是函数 $f(z)$ 的 m 阶极点，则

$$\operatorname{Res}[f(z),z_0]=\frac{1}{(m-1)!}\lim_{z\to z_0}\frac{\mathrm{d}^{m-1}}{\mathrm{d}z^{m-1}}[(z-z_0)^m f(z)].$$

特别地，当 z_0 是函数 $f(z)$ 的简单极点时，

$$\operatorname{Res}[f(z),z_0]=\lim_{z\to z_0}[(z-z_0)f(z)].$$

证明 因为 z_0 是函数 $f(z)$ 的 m 阶极点，故在 z_0 的一个去心邻域内有洛朗级数展开式

$$f(z)=C_{-m}(z-z_0)^{-m}+\cdots+C_{-1}(z-z_0)^{-1}+C_0+C_1(z-z_0)+\cdots.$$

对上式作恒等变形，可得

$$(z-z_0)^m f(z)=C_{-m}+C_{-m+1}(z-z_0)+\cdots+C_{-1}(z-z_0)^{m-1}+C_0(z-z_0)^m+\cdots.$$

设上式右端的级数和为 $h(z)$. 易知 $h(z)$ 在 z_0 解析，根据泰勒定理，

$$C_{-1}=\frac{h^{(m-1)}(z_0)}{(m-1)!}.$$

而 $h(z)=(z-z_0)^m f(z)$，因此

$$\operatorname{Res}[f(z),z_0]=\frac{1}{(m-1)!}\lim_{z\to z_0}\frac{\mathrm{d}^{m-1}}{\mathrm{d}z^{m-1}}[(z-z_0)^m f(z)].$$

定理得证.

例 3.4.5 计算积分

$$\oint_{|z|=6}\frac{z}{(z+2)(z+5)}\mathrm{d}z.$$

解 被积函数 $f(z)=\dfrac{z}{(z+2)(z+5)}$ 在圆周 $|z|=6$ 内共有 2 个孤立奇点，分别是 $z=-2$ 和 $z=-5$. 根据定理 3.4.4 和定理 3.4.5，有

$$\oint_{|z|=6}\frac{z}{(z+2)(z+5)}\mathrm{d}z=2\pi\mathrm{i}(\operatorname{Res}[f(z),-2]+\operatorname{Res}[f(z),-5])$$

$$=2\pi\mathrm{i}\left(\lim_{z\to-2}\frac{z}{z+5}+\lim_{z\to-5}\frac{z}{z+2}\right)=2\pi\mathrm{i}\left(\frac{-2}{3}+\frac{-5}{-3}\right)=2\pi\mathrm{i}.$$

定理 3.4.6 设函数 $f(z)=\dfrac{P(z)}{Q(z)}$，$P(z)$ 和 $Q(z)$ 在 z_0 点解析，且 $P(z_0)\neq 0$，$Q(z_0)=0$，$Q'(z_0)\neq 0$，则 z_0 为函数 $f(z)$ 的简单极点，且有

$$\operatorname{Res}[f(z),z_0]=\frac{P(z_0)}{Q'(z_0)}.$$

证明 根据条件 $P(z_0)\neq 0$，$Q(z_0)=0$，$Q'(z_0)\neq 0$，可得

$$\frac{Q(z_0)}{P(z_0)}=0,\ \left(\frac{Q(z)}{P(z)}\right)'\bigg|_{z=z_0}=\frac{Q'(z)P(z)-P'(z)Q(z)}{(P(z))^2}\bigg|_{z=z_0}\neq 0.$$

根据简单极点的定义,可知 z_0 是函数 $f(z)$ 的简单极点.

根据定理 3.4.5,有

$$\text{Res}[f(z), z_0] = \lim_{z \to z_0}[(z - z_0)f(z)] = \lim_{z \to z_0} \frac{P(z)}{Q(z)/(z - z_0)}$$

$$= \frac{P(z_0)}{\lim_{z \to z_0} Q(z)/(z - z_0)} = \frac{P(z_0)}{Q'(z_0)}.$$

定理得证. ∎

利用定理 3.4.6,可以来计算例 3.4.3 中函数 $\cot z$ 在 $z = 0$ 处的留数. 因为 $\cos 0 = 1$,$\sin 0 = 0$,$(\sin z)'|_{z=0} = 1$,可得

$$\text{Res}[f(z), 0] = \frac{\cos 0}{(\sin z)'|_{z=0}} = 1.$$

下面介绍无穷远点处的留数.

> **定义 3.4.5** 设 ∞ 为函数 $f(z)$ 的孤立奇点,即 $f(z)$ 在 $R < |z| < +\infty$ 内解析,称
>
> $$\frac{1}{2\pi i} \oint_{\Gamma^-} f(z) \mathrm{d}z \quad (\Gamma: |z| = \rho > R)$$
>
> 为 $f(z)$ 在 ∞ 处的**留数**,记为 $\text{Res}[f(z), \infty]$. 这里 Γ^- 指沿顺时针方向(也即绕无穷远点的正方向).

设函数 $f(z)$ 在无穷远点的邻域 $R < |z| < +\infty$ 内有洛朗级数展开式

$$f(z) = \sum_{n=-\infty}^{+\infty} C_n z^n, \tag{3.4.4}$$

则 $\text{Res}[f(z), \infty] = -C_{-1}$.

将 (3.4.4) 式的 z 替换为 $\frac{1}{z}$,$0 < \left|\frac{1}{z}\right| < \frac{1}{R}$,得

$$f\left(\frac{1}{z}\right) = \sum_{n=-\infty}^{+\infty} C_n z^{-n}.$$

再在上式两边乘上 $\frac{1}{z^2}$,得

$$\frac{1}{z^2} f\left(\frac{1}{z}\right) = \sum_{n=-\infty}^{+\infty} C_n z^{-n-2} = \sum_{n=-\infty}^{+\infty} C_{n-2} z^{-n}.$$

从上式可知,$\frac{1}{z^2} f\left(\frac{1}{z}\right)$ 在原点的去心邻域内的洛朗级数展开式中 z^{-1} 的系数是 C_{-1},即函数 $f(z)$ 在 ∞ 点的去心邻域 $R < |z| < +\infty$ 内的洛朗级数展开式中 z^{-1} 的系数. 再根据有限点留数的定义,因此有以下定理.

定理 3.4.7 $\text{Res}[f(z), \infty] = -\text{Res}\left[\frac{1}{z^2} f\left(\frac{1}{z}\right), 0\right].$

需要强调的是,与有限点的留数不同,即使 ∞ 为函数 $f(z)$ 的可去奇点,$f(z)$ 在 ∞ 处的留数也不一定是零.下面的例子说明了这一点.

例 3.4.6 求函数 $f(z) = e^{1/z}$ 在 ∞ 点处的留数.

解 函数 $f(z) = e^{1/z}$ 在 ∞ 点的邻域 $R < |z| < +\infty$ 内有洛朗级数展开式

$$e^{1/z} = 1 + \frac{1}{z} + \frac{1}{2!z^2} + \cdots + \frac{1}{n!z^n} + \cdots,$$

所以 $\operatorname{Res}[f(z), \infty] = -1$.

例 3.4.7 求函数 $f(z) = \dfrac{1}{\sin(1/z)}$ 在 ∞ 点处的留数.

解 令

$$g(z) = \frac{1}{z^2} f\left(\frac{1}{z}\right) = \frac{1}{z^2 \sin z}.$$

容易知道 $z = 0$ 是 $z^2 \sin z$ 的三阶零点,故 $z = 0$ 是 $g(z)$ 的三阶极点.

由定理 3.4.5,可得

$$\operatorname{Res}[g(z), 0] = \frac{1}{2!} \lim_{z \to 0} \frac{\mathrm{d}^2}{\mathrm{d}z^2}\left(z^3 \frac{1}{z^2 \sin z}\right) = \frac{1}{2} \lim_{z \to 0} \frac{\mathrm{d}^2}{\mathrm{d}z^2}\left(\frac{z}{\sin z}\right)$$

$$= \frac{1}{2} \lim_{z \to 0} \frac{z - 2\cos z \sin z + z \cos^2 z}{\sin^3 z} = \frac{1}{6}.$$

再根据定理 3.4.7,可得 $\operatorname{Res}[f(z), \infty] = -\dfrac{1}{6}$.

定理 3.4.8 设函数 $f(z)$ 在扩充复平面上除有限个孤立奇点 $z_1, z_2, \cdots, z_n, \infty$ 外处处解析,则 $f(z)$ 在各点的留数之和为零,即

$$\operatorname{Res}[f(z), z_1] + \operatorname{Res}[f(z), z_2] + \cdots + \operatorname{Res}[f(z), z_n] + \operatorname{Res}[f(z), \infty] = 0.$$

(3.4.5)

证明 用充分大的正方向圆周 $C: |z| = R$ 将孤立奇点 $z_1, z_2, \cdots, z_n$ 围在里面,根据柯西留数定理,有

$$\frac{1}{2\pi \mathrm{i}} \oint_{\Gamma} f(z) \mathrm{d}z = \sum_{k=1}^{n} \operatorname{Res}[f(z), z_k].$$

(3.4.6)

根据函数 $f(z)$ 在 ∞ 点处留数定义,有

$$\frac{1}{2\pi \mathrm{i}} \oint_{\Gamma^{-}} f(z) \mathrm{d}z = \operatorname{Res}[f(z), \infty].$$

(3.4.7)

将 (3.4.6) 式和 (3.4.7) 式相加,整理后即得 (3.4.5) 式.定理得证.

根据定理 3.4.8,当闭曲线 Γ 内包含函数的所有有限奇点时,计算该函数沿闭曲线 Γ 的积分可以先通过计算该函数在无穷远点的留数得到.

例 3.4.8 计算积分

$$\oint_{|z|=2} \frac{z^{15}}{(z^2+2)^3 (z^5+5)^2} \mathrm{d}z.$$

解 被积函数 $f(z)=\dfrac{z^{15}}{(z^2+2)^3(z^5+5)^2}$ 在圆周内共有 7 个孤立奇点，记为 z_k，$k=1$，2，…，7.

$$\oint_{|z|=2}\dfrac{z^{15}}{(z^2+2)^3(z^5+5)^2}\mathrm{d}z=2\pi\mathrm{i}\sum_{k=1}^{7}\mathrm{Res}[f(z),z_k]=-2\pi\mathrm{i}\mathrm{Res}[f(z),\infty]$$

$$=2\pi\mathrm{i}\mathrm{Res}[f(1/z)/z^2,0]=2\pi\mathrm{i}\mathrm{Res}\left[\dfrac{1}{z^2 z^{15}(z^{-2}+2)^3(z^{-5}+5)^2},0\right]$$

$$=2\pi\mathrm{i}\mathrm{Res}\left[\dfrac{1}{z(1+2z^2)^3(1+5z^5)^2},0\right]=2\pi\mathrm{i}\lim_{z\to 0}\dfrac{1}{(1+2z^2)^3(1+5z^5)^2}=2\pi\mathrm{i}.$$

3.4.3 留数在定积分中的应用

利用柯西留数定理，还可以对高等数学中的定积分运算进行处理.

若 $f(x)$ 为有理函数，对形如

$$\int_0^{2\pi} f(\cos\theta,\sin\theta)\mathrm{d}\theta$$

的定积分，令 $z=\mathrm{e}^{\mathrm{i}\theta}$，利用

$$\cos\theta=\dfrac{\mathrm{e}^{\mathrm{i}\theta}+\mathrm{e}^{-\mathrm{i}\theta}}{2}=\dfrac{z^2+1}{2z},\quad \sin\theta=\dfrac{\mathrm{e}^{\mathrm{i}\theta}-\mathrm{e}^{-\mathrm{i}\theta}}{2}=\dfrac{z^2-1}{2z\mathrm{i}},$$

有

$$\int_0^{2\pi} f(\cos x,\sin\theta)\mathrm{d}\theta \xrightarrow{\mathrm{d}z=\mathrm{i}z\mathrm{d}\theta} \oint_{|z|=1} f\left(\dfrac{z^2+1}{2z},\dfrac{z^2-1}{2z\mathrm{i}}\right)\dfrac{1}{\mathrm{i}z}\mathrm{d}z. \qquad (3.4.8)$$

令 $R(z)=f\left(\dfrac{z^2+1}{2z},\dfrac{z^2-1}{2z\mathrm{i}}\right)\dfrac{1}{\mathrm{i}z}$. 若 $R(z)$ 在圆周 $|z|=1$ 上解析，在圆域 $|z|<1$ 内的孤立奇点为 $z_1,z_2,\cdots,z_n$，根据柯西留数定理，有

$$\int_0^{2\pi} f(\cos x,\sin\theta)\mathrm{d}\theta=2\pi\mathrm{i}\sum_{k=1}^{n}\mathrm{Res}[R(z),z_k].$$

例 3.4.9 计算 $I=\displaystyle\int_0^{2\pi}\dfrac{1}{1-2p\cos\theta+p^2}\mathrm{d}\theta$，$0<p<1$.

解 令 $z=\mathrm{e}^{\mathrm{i}\theta}$，则 $\mathrm{d}\theta=\dfrac{\mathrm{d}z}{\mathrm{i}z}$，$\cos\theta=\dfrac{z^2+1}{2z}$. 设 $C:|z|=1$，因此有

$$I=\dfrac{1}{\mathrm{i}}\oint_C \dfrac{1}{-pz^2+(p^2+1)z-p}\mathrm{d}z=-\dfrac{1}{\mathrm{i}}\oint_C\dfrac{1}{p\left(z-\dfrac{1}{p}\right)(z-p)}\mathrm{d}z$$

$$=-\dfrac{2\pi}{p}\mathrm{Res}\left[\dfrac{1}{\left(z-\dfrac{1}{p}\right)(z-p)},p\right]=-\dfrac{2\pi}{p}\cdot\dfrac{p}{p^2-1}=\dfrac{2\pi}{1-p^2}.$$

柯西留数定理揭示了复变函数沿围线的积分与留数之间的关系，从而提供了一种计算复

变函数沿围线积分的方法.特别地,在计算复变函数的积分时,可适当选择辅助函数,添加辅助线,利用柯西留数定理来进行求解.

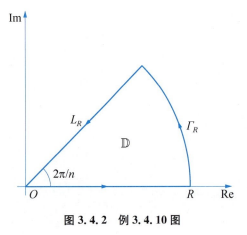

图 3.4.2 例 3.4.10 图

例 3.4.10 设 n 为整数且 $n \geqslant 2$,计算

$$\int_0^{+\infty} \frac{1}{1+x^n} dx.$$

解 设 $L_R = \{z : z = re^{i\frac{2\pi}{n}}, 0 \leqslant r \leqslant R\}$,$\Gamma_R = \{z : z = Re^{i\theta}, 0 \leqslant \theta \leqslant \frac{2\pi}{n}\}$,区域 $\mathbb{D}$ 是由 L_R,Γ_R 以及 x 轴围成的,如图 3.4.2 所示.利用积分的估值公式,容易证明

$$\lim_{R \to +\infty} \int_{\Gamma_R} \frac{1}{1+z^n} dz = 0. \qquad (3.4.9)$$

另有

$$\int_{L_R} \frac{1}{1+z^n} dz \xrightarrow{\diamondsuit z = re^{i\frac{2\pi}{n}}} \int_R^0 \frac{e^{i\frac{2\pi}{n}}}{1+r^n} dr = -e^{i\frac{2\pi}{n}} \int_0^R \frac{1}{1+x^n} dx. \qquad (3.4.10)$$

在区域 $\mathbb{D}$ 中只有奇点 $z_1 = e^{i\frac{\pi}{n}}$,由柯西留数定理可得,当 $R > 1$ 时,

$$\left(\int_{L_R} + \int_{\Gamma_R} + \int_0^R \right) \frac{1}{1+z^n} dz = 2\pi i \operatorname{Res}\left[\frac{1}{1+z^n}, z_1 \right] = -\frac{2\pi i}{n} e^{i\frac{\pi}{n}}. \qquad (3.4.11)$$

在上式中,令 $R \to +\infty$,根据(3.4.9)式、(3.4.10)式和(3.4.11)式,可得

$$\int_0^{+\infty} \frac{1}{1+x^n} dx = \frac{-\frac{2\pi i}{n} e^{i\frac{\pi}{n}}}{1 - e^{i\frac{2\pi}{n}}} = \frac{\pi}{n \sin \frac{\pi}{n}}.$$

定理 3.4.9 设函数 $f(z)$ 在上半平面 $\{z : \operatorname{Im} z > 0\}$ 除有限个孤立奇点 $z_1, z_2, \cdots, z_n$ 外处处解析,在 $\{z : \operatorname{Im} z \geqslant 0\}$ 除有限个孤立奇点 $z_1, z_2, \cdots, z_n$ 外处处连续.如果

$$\lim_{z \to \infty} zf(z) = 0,$$

那么

$$\int_{-\infty}^{+\infty} f(x) dx = 2\pi i \sum_{k=1}^n \operatorname{Res}[f(z), z_k].$$

证明 设实数 $R > 0$,记上半圆周 $\Gamma_R = \{z : z = Re^{i\theta}, 0 \leqslant \theta \leqslant \pi\}$,当 R 充分大的时候,可以将孤立奇点 $z_1, z_2, \cdots, z_n$ 围在由 Γ_R 和实数轴围成的图形中.根据柯西留数定理,可得

$$\int_{-R}^R f(x) dx + \int_{\Gamma_R} f(z) dz = 2\pi i \sum_{k=1}^n \operatorname{Res}[f(z), z_k]. \qquad (3.4.12)$$

因为 $\lim\limits_{z\to\infty} zf(z)=0$，所以对任意 $\varepsilon>0$，存在 $M>0$，当 $R>M$ 时，在 Γ_R 上有 $|zf(z)|<\varepsilon$. 因此

$$\left|\int_{\Gamma_R} f(z)\mathrm{d}z\right| = \left|\int_0^\pi f(R\mathrm{e}^{\mathrm{i}\theta})R\mathrm{e}^{\mathrm{i}\theta}\mathrm{i}\mathrm{d}\theta\right| < \pi\varepsilon,$$

即

$$\lim_{R\to+\infty}\int_{\Gamma_R} f(z)\mathrm{d}z = 0.$$

在(3.4.12)式中，令 $R\to+\infty$，可得

$$\mathrm{P.V.}\int_{-\infty}^{+\infty} f(x)\mathrm{d}x = 2\pi\mathrm{i}\sum_{k=1}^n \mathrm{Res}[f(z), z_k],$$

其中 P.V. 表示反常积分的**柯西积分主值**.

因为 $\lim\limits_{z\to\infty} zf(z)=0$，易知无穷远点为 $zf(z)$ 的可去奇点，$zf(z)$ 在无穷远点的去心邻域内的洛朗级数展开为

$$zf(z) = C_{-1}z^{-1} + C_{-2}z^{-2} + \cdots + C_{-n}z^{-n} + \cdots.$$

因此

$$f(z) = z^{-2}(C_{-1} + C_{-2}z^{-1} + \cdots + C_{-n}z^{-n+1} + \cdots).$$

综上所述，在无穷远点附近，$f(z)$ 可以表示成 z^{-2} 和有界函数的乘积，由反常积分的收敛定理可知 $\mathrm{P.V.}\int_{-\infty}^{+\infty} f(x)\mathrm{d}x = \int_{-\infty}^{+\infty} f(x)\mathrm{d}x$. 证毕.

推论 3.4.1 设有理函数

$$f(x) = \frac{P_n(x)}{Q_m(x)},$$

其中 $P_n(x)$ 和 $Q_m(x)$ 分别为 n 次和 m 次多项式. 如果 $P_n(x)$ 和 $Q_m(x)$ 为既约多项式，$Q_m(x)$ 没有实零点，且 $m-n\geq 2$，则

$$\int_{-\infty}^{+\infty} f(x)\mathrm{d}x = 2\pi\mathrm{i}\sum_{k=1}^l \mathrm{Res}[f(z), z_k],$$

这里 $z_1, z_2, \cdots, z_l$ 是 $Q_m(z)$ 在上半平面的所有零点.

证明 容易验证有理式函数 $f(z)$ 满足定理 3.4.9 的条件，且 $f(z)$ 在无穷远点的去心邻域内解析，故结论成立.

例 3.4.11 计算

$$\int_0^{+\infty} \frac{x^2}{x^4+x^2+1}\mathrm{d}x.$$

解 函数 $f(z)=\dfrac{z^2}{z^4+z^2+1}$ 在全平面的有限奇点为 $z_1=\dfrac{1}{2}+\dfrac{\sqrt{3}}{2}\mathrm{i}$，$z_2=-\dfrac{1}{2}+\dfrac{\sqrt{3}}{2}\mathrm{i}$，$z_3=\dfrac{1}{2}-\dfrac{\sqrt{3}}{2}\mathrm{i}$，$z_4=-\dfrac{1}{2}-\dfrac{\sqrt{3}}{2}\mathrm{i}$. 其中只有 z_1 和 z_2 在上半平面. 因为 $f(z)$ 为偶函数，故

$$\int_0^{+\infty} \frac{x^2}{x^4+x^2+1}\mathrm{d}x = \frac{1}{2}\int_{-\infty}^{+\infty} \frac{x^2}{x^4+x^2+1}\mathrm{d}x$$
$$=\pi\mathrm{i}(\mathrm{Res}[f(z),z_1]+\mathrm{Res}[f(z),z_2])$$
$$=\pi\mathrm{i}\Big(\lim_{z\to z_1}\frac{z^2}{(z-z_3)(z^2+z+1)}+\lim_{z\to z_2}\frac{z^2}{(z-z_4)(z^2-z+1)}\Big)$$
$$=\pi\mathrm{i}\Big(\frac{1+\sqrt{3}\mathrm{i}}{4\sqrt{3}\mathrm{i}}+\frac{1-\sqrt{3}\mathrm{i}}{4\sqrt{3}\mathrm{i}}\Big)=\frac{\pi}{2\sqrt{3}}.$$

定理 3.4.10（若尔当引理） 设函数 $f(z)$ 在闭区域

$$\bar{\mathbb{D}}=\{z:\theta_1\leqslant\arg z\leqslant\theta_2,R_0\leqslant|z|<+\infty,R_0\geqslant 0,0\leqslant\theta_1\leqslant\theta_2\leqslant\pi\}$$

上连续，并设 $\Gamma_R=\{z:z=R\mathrm{e}^{\mathrm{i}\theta},\theta_1\leqslant\theta\leqslant\theta_2,R>R_0\}$. 若 $z\in\bar{\mathbb{D}}$，有

$$\lim_{z\to\infty}f(z)=0,$$

则对任意 $a>0$，有

$$\lim_{R\to+\infty}\int_{\Gamma_R}f(z)\mathrm{e}^{\mathrm{i}az}\mathrm{d}z=0.$$

证明 因为 $\lim_{z\to\infty}f(z)=0$，所以对任意 $\varepsilon>0$，存在 $M>0$，当 $R>M$ 时，在 Γ_R 上有 $|f(z)|<\varepsilon$，因此

$$\Big|\int_{\Gamma_R}f(z)\mathrm{e}^{\mathrm{i}az}\mathrm{d}z\Big|=\Big|\int_{\theta_1}^{\theta_2}f(R\mathrm{e}^{\mathrm{i}\theta})\mathrm{e}^{\mathrm{i}aR\mathrm{e}^{\mathrm{i}\theta}}R\mathrm{e}^{\mathrm{i}\theta}\mathrm{i}\mathrm{d}\theta\Big|\leqslant R\varepsilon\int_0^{\pi}\mathrm{e}^{-aR\sin\theta}\mathrm{d}\theta$$
$$\leqslant 2R\varepsilon\int_0^{\frac{\pi}{2}}\mathrm{e}^{-aR\frac{2}{\pi}\theta}\mathrm{d}\theta\quad\Big(\sin\theta\geqslant\frac{2}{\pi}\theta,0\leqslant\theta\leqslant\frac{\pi}{2}\Big)$$
$$=(1-\mathrm{e}^{-aR})\frac{\pi}{a}\varepsilon<\frac{\pi}{a}\varepsilon,$$

即

$$\lim_{R\to+\infty}\int_{\Gamma_R}f(z)\mathrm{e}^{\mathrm{i}az}\mathrm{d}z=0.$$

证毕.

根据若尔当引理，与定理 3.4.9 的证明相类似，可以得到下述定理.

定理 3.4.11 设函数 $f(z)$ 在上半平面 $\{z:\mathrm{Im}\,z>0\}$ 除有限个孤立奇点 $z_1,z_2,\cdots,z_n$ 外处处解析，在 $\{z:\mathrm{Im}\,z\geqslant 0\}$ 除有限个孤立奇点 $z_1,z_2,\cdots,z_n$ 外处处连续. 如果

$$\lim_{z\to\infty}f(z)=0,$$

那么 $\forall a>0$，有

$$\mathrm{P.V.}\int_{-\infty}^{+\infty}f(x)\mathrm{e}^{\mathrm{i}ax}\mathrm{d}x=2\pi\mathrm{i}\sum_{k=1}^{n}\mathrm{Res}[f(z)\mathrm{e}^{\mathrm{i}ax},z_k].$$

上述引理及定理给出了计算形如 $\int_{-\infty}^{+\infty}f(x)\mathrm{e}^{\mathrm{i}ax}\mathrm{d}x$，$\int_{-\infty}^{+\infty}f(x)\cos ax\mathrm{d}x$ 以及

$\int_{-\infty}^{+\infty} f(x)\sin ax\,\mathrm{d}x$ 柯西主值的一种方法. 若上述反常积分是收敛的,则其值和柯西主值相等,此时上述 3 类积分的反常积分就可以按照定理 3.4.11 计算.

例 3.4.12 设 $a>0, b>0$,计算

$$\int_{-\infty}^{+\infty} \frac{\cos ax}{(x^2+b^2)^2}\mathrm{d}x.$$

解 不难证明此反常积分是收敛的.

利用 $\mathrm{e}^{\mathrm{i}ax}=\cos ax+\mathrm{i}\sin ax$,得

$$\int_{-\infty}^{+\infty} \frac{\cos ax}{(x^2+b^2)^2}\mathrm{d}x = \mathrm{Re}\int_{-\infty}^{+\infty} \frac{\mathrm{e}^{\mathrm{i}ax}}{(x^2+b^2)^2}\mathrm{d}x.$$

因为函数 $f(x)=\dfrac{\mathrm{e}^{\mathrm{i}ax}}{(x^2+b^2)^2}$ 在上半平面的奇点为 $x_1=\mathrm{i}b$,故

$$\int_{-\infty}^{+\infty} \frac{\cos ax}{(x^2+b^2)^2}\mathrm{d}x = \mathrm{Re}(2\pi\mathrm{i}(\mathrm{Res}[f(x),x_1])) = 2\pi\mathrm{Re}\left(\mathrm{i}\lim_{x\to x_1}\frac{\mathrm{d}}{\mathrm{d}x}\frac{\mathrm{e}^{\mathrm{i}ax}}{(x+b\mathrm{i})^2}\right)$$

$$= \pi\frac{(1+ab)\mathrm{e}^{-ab}}{2b^3}.$$

习题 3

1. 判断下列序列是否有极限. 如果有极限,请计算出极限值.

    (1) $z_n = \dfrac{2n+n\mathrm{i}}{1-n\mathrm{i}}$;

    (2) $z_n = \left(1+\dfrac{1}{n}\right)^{\mathrm{e}^{\mathrm{i}\frac{\pi}{n}}}$;

    (3) $z_n = \left(\dfrac{z}{\bar{z}}\right)^n$;

    (4) $z_n = n\cos(\mathrm{i}n)$.

2. 判断下列级数的敛散性:

    (1) $\sum_{n=1}^{+\infty} \dfrac{1}{(2+3\mathrm{i})^n}$;

    (2) $\sum_{n=1}^{+\infty} \dfrac{\mathrm{i}^n}{n}$;

    (3) $\sum_{n=1}^{+\infty} \mathrm{e}^{\mathrm{i}n}$.

3. 证明:对任意给定复数 z_0,级数

    $$\sin z_0 + \frac{\cos z_0}{1!}(z-z_0) + \cdots + \frac{\sin\left(z_0+n\frac{\pi}{2}\right)}{n!}(z-z_0)^n + \cdots$$

    在整个复平面上绝对收敛.

4. 判断下列级数在指定集合内是否一致收敛:

    (1) $\sum_{n=1}^{+\infty} \dfrac{1}{n^2}\left(z^n + \dfrac{1}{z^n}\right)$, $\mathbb{E}=\{z:z\neq 0\}$;

    (2) $\sum_{n=1}^{+\infty}(z^{n+1}-z^n)$, $\mathbb{E}=\{z:|z|<1\}$.

5. 证明:若 $\lim\limits_{n\to+\infty} z_n = z$,则 $\lim\limits_{n\to+\infty} |z_n| = |z|$.

6. 证明:收敛级数的项是有界的.

7. 证明性质 3.1.1 中的(1)和(2).

8. 证明:一个绝对收敛级数的和在级数的项重新排列以后并不改变.

9. 举例说明在根值判别法中,当上极限值为 1 时,级数有可能收敛,也有可能发散.

10. 证明:一致收敛级数与有界函数的乘积是一致收敛的.

11. 证明:设 $\mathbb{D} = \{z : \mathrm{Re}\, z > a\}$,级数 $\sum\limits_{n=1}^{+\infty} f_n(z)$ 在区域 $\mathbb{D}$ 内闭一致收敛的充分必要条件是:对任意实数 $\rho > a$,该级数在 $\{z : \mathrm{Re}\, z \geqslant \rho\}$ 一致收敛.

12. 求下列级数的收敛半径:

(1) $\sum\limits_{n=1}^{+\infty} \dfrac{n}{3^n} z^n$;

(2) $\sum\limits_{n=1}^{+\infty} n z^n$;

(3) $\sum\limits_{n=1}^{+\infty} \dfrac{1}{n^n} z^n$;

(4) $\sum\limits_{n=1}^{+\infty} (1+\mathrm{i})^n z^n$;

(5) $\sum\limits_{n=1}^{+\infty} \mathrm{e}^{\mathrm{i}\frac{\pi}{n}} z^n$;

(6) $\sum\limits_{n=1}^{+\infty} \left(1 + \dfrac{1}{n}\right)^{n^2} z^{2n}$.

13. 若级数 $\sum\limits_{n=0}^{+\infty} c_n z^n$ 的收敛半径为 R,求下列级数的收敛半径:

(1) $\sum\limits_{n=0}^{+\infty} c_n^2 z^n$;

(2) $\sum\limits_{n=0}^{+\infty} c_n z^{n+3}$;

(3) $\sum\limits_{n=0}^{+\infty} c_n z^{2n}$;

(4) $\sum\limits_{n=0}^{+\infty} n^{-n} c_n z^n$.

14. 分别求出下列函数的麦克劳林级数的形式,并求出收敛域:

(1) $\dfrac{1}{1+z}$;

(2) $\cos^2 z$;

(3) $\dfrac{z\cos\theta - z^2}{1 - 2z\cos\theta + z^2}$.

15. 求 $\ln(1+z)$ 的解析主值支

$$\ln(1+z) = \ln|1+z| + \mathrm{i}\arg(1+z)$$

在 $z = 0$ 的邻域内的泰勒展开式.

16. 求下列幂级数的收敛半径,并讨论级数在收敛圆圆周上的收敛情况:

(1) $\sum\limits_{n=0}^{+\infty} z^n$;

(2) $\sum\limits_{n=0}^{+\infty} \dfrac{z^n}{n}$;

(3) $\sum\limits_{n=0}^{+\infty} \dfrac{z^n}{n^2}$.

17. 设有两个幂级数

$$f(z) = \sum\limits_{n=0}^{+\infty} a_n (z-z_0)^n, \quad g(z) = \sum\limits_{n=0}^{+\infty} b_n (z-z_0)^n$$

的收敛圆盘域分别为 $|z-z_0|<R_1$ 和 $|z-z_0|<R_2$. 证明:在两个幂级数的公共收敛圆盘域 $|z-z_0|<\min(R_1,R_2)$ 内,有

(1) $f(z) \pm g(z) = \sum\limits_{n=0}^{+\infty}(a_n \pm b_n)z^n$;

(2) $f(z)g(z) = \sum\limits_{n=0}^{+\infty}\Big(\sum\limits_{k=0}^{n}a_k b_{n-k}\Big)(z-z_0)^n$.

18. 求函数
$$f(z) = z^2 \mathrm{e}^{\frac{1}{z^2}}$$
在圆环域 $0<|z|<+\infty$ 内的洛朗级数.

19. 求函数 $f(z) = \dfrac{1}{1-\mathrm{e}^z}$ 在圆环域 $0<|z|<2\pi$ 内的洛朗级数(正整数幂到 z^3 项).

20. 分别求出函数
$$f(z) = \dfrac{z}{(z-1)(z-2)}$$
在 $\mathbb{D}_1:0<|z|<1$,$\mathbb{D}_2:1<|z|<2$,$\mathbb{D}_3:2<|z|<+\infty$ 内展开成由 z 的整数幂构成的级数形式.

21. 判断 $\sec\dfrac{1}{z}$ 能否在 $0<|z|<R$ 内展开为洛朗级数,并说明原因.

22. 设序列 $\{f(n)\}$ 及 $\{g(n)\}$,$n=0,\pm 1,\pm 2,\cdots$ 对应的 z 变换为 $F(z)$ 和 $G(z)$,序列 $\Big\{h(n) = \sum\limits_{m=0}^{+\infty}f(m)g(n-m)z^{-n}, n=0,\pm 1,\pm 2,\cdots\Big\}$ 的 z 变换为 $H(z)$,证明:
$$H(z) = F(z)G(z).$$

23. 下列函数在扩充复平面有哪些奇点?请指出其类别.
(1) $\dfrac{(z-3)\sin z}{(z-1)^2 z^2 (z+1)^3}$;   (2) $\dfrac{1}{z^3(\mathrm{e}^{z^3}-1)}$;

(3) $\dfrac{\sin z - z}{z^3}$.

24. 请指出下列函数在复平面上的极点,并指明其阶数:
(1) $\dfrac{(z-3)\sin z}{(z-1)^2 z^2 (z+1)^3}$;   (2) $\dfrac{1}{z^3(\mathrm{e}^{z^3}-1)}$;

(3) $\dfrac{\sin z - z}{z^3}$.

25. 若 z_0 分别为函数 $f(z)$ 和 $g(z)$ 的 n 阶极点和 m 阶极点.证明:
(1) z_0 为函数 $f(z)g(z)$ 的 $n+m$ 阶极点.

(2) 当 $n \neq m$ 时, z_0 为函数 $f(z)+g(z)$ 的 $\max(n,m)$ 阶极点; 当 $n=m$ 时, z_0 为函数 $f(z)+g(z)$ 的至多 $n=m$ 阶极点, 或者为函数 $f(z)+g(z)$ 的可去奇点.

(3) 当 $n>m$ 时, z_0 为函数 $\dfrac{f(z)}{g(z)}$ 的 $n-m$ 阶极点; 当 $n=m$ 时, z_0 为函数 $\dfrac{f(z)}{g(z)}$ 的可去奇点; 当 $n<m$ 时, z_0 为函数 $\dfrac{f(z)}{g(z)}$ 的 $m-n$ 阶零点.

26. 设 z_0 为函数 $f(z)$ 的本性奇点, 且为不恒为零的函数 $g(z)$ 的可去奇点(解析点)或极点. 证明: z_0 为函数 $f(z) \pm g(z)$, $f(z)g(z)$ 和 $\dfrac{f(z)}{g(z)}$ 的本性奇点.

27. 设 $P_n(z)$ 和 $Q_m(z)$ 分别为 n 次和 m 次的多项式, 请指出 ∞ 是下列有理式的什么奇点:

(1) $P_n(z) + Q_m(z)$;   (2) $\dfrac{P_n(z)}{Q_m(z)}$;

(3) $P_n(z) Q_m(z)$.

28. 计算

$$\int_{|z|=2} \dfrac{\sin(z+\mathrm{i})}{z(z+\mathrm{i})^8} \mathrm{d}z.$$

29. 设 $0 < r < 1$, 计算

$$\int_0^{2\pi} \dfrac{1 - r\cos\theta}{1 - 2r\cos\theta + r^2} \mathrm{d}\theta.$$

30. 设 $a > 0$, $b > 0$, 计算

$$\int_{-\infty}^{+\infty} \dfrac{x \sin ax}{(x^2 + b^2)^2} \mathrm{d}x.$$

31. 设 $\beta > 0$, 计算 $\displaystyle\int_0^{+\infty} \dfrac{\sin\beta x}{x(1+x^2)} \mathrm{d}x$.

第 4 章 共形映射

在流体力学、静电学、热传导和其他物理过程中出现的大量现象都可以用拉普拉斯方程进行数学描述,最终归结为复平面内某个特定区域 $\mathbb{D}$ 中的拉普拉斯方程

$$\Phi_{xx}+\Phi_{yy}=0$$

的求解问题,其中 $\Phi(x,y)$ 还需在区域 $\mathbb{D}$ 的边界上满足某些条件,这些条件称为边界条件.

注意到解析函数的实部和虚部均为调和函数. 求解上述问题可以转化为在区域 $\mathbb{D}$ 上寻找满足一定边界条件的解析函数. 特别地,如果区域 $\mathbb{D}$ 是上半平面或单位圆盘,问题将大大简化. 因此可以先利用变量代换 $w=f(z)$,将 z 平面内区域 $\mathbb{D}$ 上的问题,映射到 w 平面内的上半平面或单位圆盘上进行求解. 再利用逆变换得到相应问题的解. 这种变换称为**共形映射**,它在很多领域有着重要应用.

§ 4.1 共形映射

4.1.1 保角性

令 C 为一段光滑的弧 $z=z(t)$,$a\leqslant t\leqslant b$,函数 $w=f(z(t))$ 为曲线 C 的像曲线 Γ 的参数表示. 假设 C 经过点 $z_0=z(t_0)$,函数 f 解析且 $f'(z_0)\neq 0$. 记 $w(t)=f(z(t))$,则

$$w'(t_0)=f'(z(t_0))z'(t_0),$$

进而

$$\operatorname{Arg}w'(t_0)=\operatorname{Arg}f'(z(t_0))+\operatorname{Arg}z'(t_0).$$

这表示曲线 C 在点 z_0 处和像曲线 Γ 在点 $w_0=f(z_0)$ 处的方向之间的关系.

设曲线 C 在 z_0 处的切线倾角为 θ_0,曲线 Γ 在 w_0 处的切线倾角为 φ_0,则

$$\arg f'(z_0)=\varphi_0-\theta_0, \tag{4.1.1}$$

称 $\varphi_0-\theta_0$ 为曲线 C 经函数 $w=f(z)$ 映射后在 z_0 处的**旋转角**,它刻画了由曲线 C 在 z_0 处的切线转动到曲线 Γ 在 w_0 处的切线所需转过的角度(见图 4.1.1).

先来看一种特殊情况. 当 $f(z)$ 是线性变换时,即 $f(z)=az+b$,其中 $a,b\in\mathbb{C}$. 曲线 C 是一条穿过原点的射线:$z(t)=te^{i\varphi}$,φ 为常数,$z(t)$ 表示这条曲线上的点. 在变换 $w=f(z)$

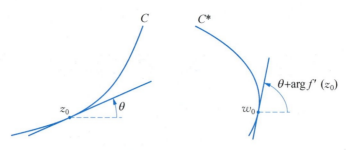

图 4.1.1 曲线 C 经函数 $w=f(z)$ 映射后在 z_0 处的旋转角

下，这条曲线被映射到 $w(s)=az(t)+b=|a|\cdot t\cdot\exp[\mathrm{i}(\varphi+\arg a)]+b$，即成为一条旋转了 $\arg a=\arg f'(z)$ 的射线（见图 4.1.2）.

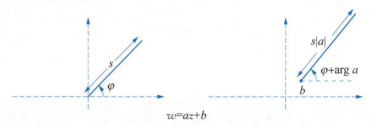

图 4.1.2 射线 C 经线性变换后的图像

由关系式 (4.1.1)，导数的辐角 $\arg f'(z_0)$ 就是曲线 C 经函数 $w=f(z)$ 映射后在 z_0 处的旋转角，它与曲线 C 本身的形状和方向无关. 因此称这种映射具有<u>旋转角不变性</u>.

另外，设在区域 $\mathbb{D}$ 内还有一条过 z_0 点的曲线 C^*，经函数 $w=f(z)$ 映射后的曲线为 Γ^*，且 C^* 在 z_0 处的切线倾角为 θ_1，Γ^* 在 w_0 处的切线倾角为 φ_1，则有

$$\arg f'(z_0)=\varphi_1-\theta_1. \tag{4.1.2}$$

由 (4.1.1) 式和 (4.1.2) 式得

$$\varphi_1-\varphi_0=\theta_1-\theta_0,$$

即这种映射保持两条曲线夹角的大小和方向不变，称此性质为<u>保角性</u>.

注 4.1.1 函数满足 $f'(z_0)\neq 0$ 是必要的，否则保角性将不成立.

4.1.2 伸缩率不变性

假设 C 是 z 平面上过 z_0 点的曲线，经函数 $w=f(z)$ 映射为 w 平面上过 w_0 点的曲线 Γ，其中 $w_0=f(z_0)$. 在曲线 C 上 z_0 点附近任取一点 $z=z_0+\Delta z=z_0+|\Delta z|\mathrm{e}^{\mathrm{i}\theta}$，则在曲线 Γ 上有相应的点 $w=w_0+\Delta w=w_0+|\Delta w|\mathrm{e}^{\mathrm{i}\varphi}$. 显然当 $|z-z_0|$ 较小时，$|w-w_0|$ 与 $|z-z_0|$ 的比值近似地反映曲线 C 在 z_0 点附近经函数 $w=f(z)$ 映射后被拉伸或者被压缩的倍数. 特别地，当 z 沿曲线 C 趋于 z_0 点时，若 $\lim\limits_{z\to z_0}\dfrac{|w-w_0|}{|z-z_0|}$ 存在，则称此极限值为曲线 C 经函数 $w=f(z)$ 映射后在 z_0 处的<u>伸缩率</u>.

设函数 $w=f(z)$ 在区域 $\mathbb{D}$ 内解析，$z_0\in\mathbb{D}$，且 $f'(z_0)\neq 0$. 采用前面的记号，由导数的

定义可得

$$f'(z_0) = \lim_{\Delta z \to 0} \frac{\Delta w}{\Delta z} = \lim_{\Delta z \to 0} \frac{|\Delta w| \mathrm{e}^{\mathrm{i}\varphi}}{|\Delta z| \mathrm{e}^{\mathrm{i}\theta}} = \lim_{\Delta z \to 0} \frac{|\Delta w|}{|\Delta z|} \mathrm{e}^{\mathrm{i}(\varphi-\theta)}, \tag{4.1.3}$$

因此有

$$|f'(z_0)| = \lim_{\Delta z \to 0} \frac{|\Delta w|}{|\Delta z|} = \lim_{\Delta z \to 0} \frac{|w-w_0|}{|z-z_0|}.$$

根据伸缩率的定义可知,导数的模$|f'(z_0)|$实际上就是曲线C经函数$w=f(z)$映射后在z_0处的伸缩率. 由于函数$w=f(z)$可导,因此$|f'(z_0)|$只与z_0有关,而与曲线C本身的形状和方向无关,即:对经过z_0点的任何曲线C,经$w=f(z)$映射后在z_0点均有相同的伸缩率. 因此称这种映射具有**伸缩率不变性**.

> **定义 4.1.1** 定义在区域$\mathbb{D}$内的映射$w=f(z)$,如果它在$\mathbb{D}$内任意一点具有保角性和伸缩率不变性,则称$w=f(z)$是**第一类保角映射**. 如果它在$\mathbb{D}$内任意一点保持曲线的交角的大小不变但方向相反、伸缩率不变,则称$w=f(z)$是**第二类保角映射**.
>
> **定义 4.1.2** 设$w=f(z)$是区域$\mathbb{D}$内的第一类保角映射. 如果当$z_1 \neq z_2$时,有$f(z_1) \neq f(z_2)$,则称$f(z)$为**共形映射**.

定理 4.1.1 设函数$f(z)$在区域$\mathbb{D}$内解析,且对于任一点$z \in \mathbb{D}$,$f'(z) \neq 0$,则它所构成的映射是共形映射.

注 4.1.2 共形映射除了保持角度以外,还有将到z_0的距离放大$|f'(z_0)|$倍的性质. 事实上,只需注意到,对于z_0附近的一点z,设z_0的像是w_0,则由等式

$$|f'(z_0)| = \lim_{z \to z_0} \frac{|f(z)-f(z_0)|}{|z-z_0|},$$

可以得到$|w-w_0|$近似等于$|f'(z_0)||z-z_0|$.

注 4.1.3 共形映射的特点是双方单值且在区域内每一点具有保角性和伸缩率不变性.

4.1.3 临界点和逆映射

如果$f'(z_0)=0$,那么变换$f(z)$不再保角,这样的点被称为f的**临界点**. 因为临界点是解析函数f'的零点,所以它们是孤立的. 下面从几何意义的角度来讨论函数在临界点究竟发生了什么,引入一种启发式的参数变换. 设$\Delta z = z - z_0$,其中z是z_0附近的点. 如果在z_0处$f(z)$的第一个非零导数是n阶的,用泰勒级数来表示$\Delta w = f(z) - f(z_0)$,

$$\Delta w = \frac{1}{n!} f^{(n)}(z_0)(\Delta z)^n + \frac{1}{(n+1)!} f^{(n+1)}(z_0)(\Delta z)^{n+1} + \cdots,$$

其中$f^{(n)}(z_0)$为$f(z)$在$z=z_0$处的n阶导数. 当$\Delta z \to 0$时,

$$\arg \Delta w \to n \arg \Delta z + \arg f^n(z_0),$$

意味着在z_0处两个无穷小元素之间的角度增加了因子n.

定理 4.1.2 假设 $f(z)$ 是解析的,并且在复平面区域 $\mathbb{D}$ 内不是常数. 设 $z_0 \in \mathbb{D}$, $f'(z_0) = f''(z_0) = \cdots = f^{(n-1)}(z_0) = 0$, $f^{(n)}(z_0) \neq 0$, 那么映射 $z \to f(z)$ 将在 z_0 处两条相交可微弧之间的角度放大了 n 倍.

证明 假设 $z_1(s)$ 和 $z_2(s)$ 是描述在 z_0 相交的两条弧的方程. 如果 z_1 和 z_2 是这些弧上与 z_0 距离为 r 的点,那么

$$z_1 - z_0 = r\mathrm{e}^{\mathrm{i}\theta_1}, \quad z_2 - z_0 = r\mathrm{e}^{\mathrm{i}\theta_2},$$

或者

$$\frac{z_2 - z_0}{z_1 - z_0} = \mathrm{e}^{\mathrm{i}(\theta_2 - \theta_1)}.$$

角度 $\theta_2 - \theta_1$ 指的是 z_1 到 z_0 和 z_2 到 z_0 的直线段形成的角度,如图 4.1.3 所示. 当 $r \to 0$ 时,这个角度趋向于复平面两条相交弧所形成的角度. 同样地,在复平面 w 可以考虑,如果用 θ 和 φ 分别表示复平面 z 和复平面 w 中相交圆弧所形成的角度,可以得到

$$\theta = \lim_{r \to 0} \arg \frac{z_2 - z_0}{z_1 - z_0},$$

$$\varphi = \lim_{r \to 0} \arg \frac{f(z_2) - f(z_0)}{f(z_1) - f(z_0)}.$$

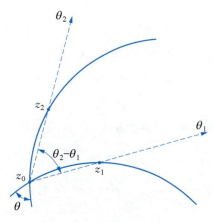

图 4.1.3 r-θ 的复数表示

因此

$$\varphi = \lim_{r \to 0} \arg \frac{\dfrac{f(z_2) - f(z_0)}{(z_2 - z_0)^n}}{\dfrac{f(z_1) - f(z_0)}{(z_1 - z_0)^n}} \cdot \frac{(z_2 - z_0)^n}{(z_1 - z_0)^n}.$$

利用

$$f(z) = f(z_0) + \frac{f^n(z_0)}{n!}(z - z_0)^n + \frac{f^{n+1}(z_0)}{(n+1)!}(z - z_0)^{n+1} + \cdots,$$

得到

$$\lim_{r \to 0} \frac{f(z_2) - f(z_0)}{(z_2 - z_0)^n} = \lim_{r \to 0} \frac{f(z_1) - f(z_0)}{(z_1 - z_0)^n} = \frac{f^n(z_0)}{n!}.$$

因此

$$\varphi = \lim_{r \to 0} \arg \left(\frac{z_2 - z_0}{z_1 - z_0}\right)^n = n \lim_{r \to 0} \arg \frac{z_2 - z_0}{z_1 - z_0} = n\theta.$$

证毕.

4.1.4 几类初等函数的共形映射

例 4.1.1 幂函数 $w = z^n$ (n 为不小于 2 的整数)在复平面上解析,且当 $z \neq 0$ 时其导数

不为零,因此在复平面上除去原点外,函数 $w=z^n$ 所构成的映射是第一类保角映射,但它不一定构成共形映射.

分析 令 $z=re^{i\theta}$,则 $w=r^n e^{in\theta}$,即:z 的模被扩大到 n 次幂,而辐角扩大 n 倍. 为方便起见,仅考虑角形域(或扇形域). 设有角形域 $0<\theta<\theta_0$,则对此域内任意一点 z,经映射后其像点 w 的辐角 φ 满足 $0<\varphi<n\theta_0$,因此要使双方单值,θ_0 应满足 $\theta_0 \leqslant \dfrac{2\pi}{n}$. 函数 $w=z^n$ 将角形域 $0<\theta<\theta_0 \left(\theta_0 \leqslant \dfrac{2\pi}{n}\right)$ 共形映射为角形域 $0<\varphi<n\theta_0$. 幂函数的特点是扩大角形域.

例 4.1.2 根式函数 $w=\sqrt[n]{z}$ 作为幂函数的逆映射,则是将角形域 $0<\theta<n\theta_0 \left(\theta_0 \leqslant \dfrac{2\pi}{n}\right)$ 共形映射为角形域 $0<\varphi<\theta_0$. 根式函数的特点是缩小角形域.

注 4.1.4 如果是扇形域(即模有限),则模要相应地放大或缩小.

例 4.1.3 指数函数 $w=e^z$ 在复平面上解析且导数不为零,因此它在复平面上构成的映射是第一类保角映射. 注意到指数函数是周期函数,不是双方单值的,因而不一定构成共形映射.

分析 令 $z=x+iy$,则 $w=e^x e^{iy}$,即 z 的实部通过指数关系构成 w 的模,而 z 的虚部是 w 辐角. 为了讨论方便,仅考虑带形域(或者半带形域). 在带形域 $0<\mathrm{Im}\, z<h$,对此区域内的任意一点 z,经映射后其像点 w 的辐角满足 $0<\arg w<h$,因此要使得双方单值,h 应满足 $h\leqslant 2\pi$. 指数函数 $w=e^z$ 将带形域 $0<\mathrm{Im}\, z<h (h\leqslant 2\pi)$ 共形映射为角形域 $0<\arg w<h$. 指数函数的特点是将带形域变成角形域.

例 4.1.4 对数函数 $w=\ln z$ 作为指数函数的逆映射,则是将角形域 $0<\arg z<h (h\leqslant 2\pi)$ 变为带形域 $0<\mathrm{Im}\, w<h$.

上面所提到的带形域的实部是取所有实数. 如果实部是在某范围内取值,则应注意像区域内点的模的范围. 例如,对于左半带形域 $\mathbb{D}=\{z:\mathrm{Re}\,z<0, 0<\mathrm{Im}\,z<h\}$,则在映射 $w=e^z$ 下的像区域为扇形域 $\mathbb{G}=\{w:0<|w|<1, 0<\arg w<h\}(h\leqslant 2\pi)$.

§ 4.2 共形映射的基本问题和定理

根据理论与实际应用的需要,对于共形映射,主要研究两个方面的问题.

问题 1 对于给定的区域 $\mathbb{D}$ 和定义在 $\mathbb{D}$ 上的解析函数 $w=f(z)$,求像集 $\mathbb{G}=f(\mathbb{D})$,并讨论 $f(z)$ 是否将 $\mathbb{D}$ 共形地映射到 $\mathbb{G}$.

问题 2 给定两个区域 $\mathbb{D}$ 和 $\mathbb{G}$,求一解析函数 $w=f(z)$,使得 $f(z)$ 将 $\mathbb{D}$ 共形映射到 $\mathbb{G}$. 这个问题称为共形映射的基本问题,它更具实用价值,当然也更为困难.

本节对这两个问题只给出一般性的理论描述,下一节将介绍具体的例子. 实际上,对于问题 2,只需考虑能把 $\mathbb{D}$ 变为单位圆内部即可. 这是因为若存在函数 $\xi=f(z)$ 把 $\mathbb{D}$ 变为 $|\xi|<1$,而函数 $\xi=g(w)$ 把 $\mathbb{G}$ 变为 $|\xi|<1$,则 $w=g^{-1}(f(z))$ 把 $\mathbb{D}$ 映射为 $\mathbb{G}$.

作为复变函数研究的重点,解析函数存在一些基本定理,如保域性与边界对应原理等. 这里仅仅给出相应的定理内容而不作证明. 首先考虑下面的开映射定理.

定理 4.2.1 设 $f(z)$ 在复平面的区域 $\mathbb{D}$ 内解析,并且不是常值函数,则变换 $w=f(z)$ 可以被视作复平面上一个从区域 $\mathbb{D}$ 到区域 $\mathbb{D}^*=f(\mathbb{D})$ 的映射.

这个定理的证明可以参见相关文献. 需要注意的是,区域是一个连通开集,这个定理暗含了复平面 z 上在定义域 $\mathbb{D}$ 中的开集映射到 w 平面上的开集,$|f(z)|$ 不能在 $\mathbb{D}^*$ 中取得最大值,这是因为任何点 $w=f(z)$ 必须为 w 平面的内点. 这个定理相当有用,它表明在实际应用中只需找到边界映射的位置即可. 由于这个映射是由开区域映射到开区域的,因此若这个边界是一条简单闭曲线,则只需找到一个点是如何映射过去的即可,从而使得问题大大简化.

下面准备找到任意点 z_0 附近的一个逆映射. 如果 z_0 不是临界点,则 $w-w_0$ 近似等于 $f'(z_0)(z-z_0)$. 在这种情况下,对于每一个 w,都有且仅有一个 z 与其对应,这也就是说,$f(z)$ 是局部可逆的. 然而,对于 z_0 是临界点的情况,且第一个不为零的导数为 $f^{(n)}(z_0)$,则 $w-w_0$ 近似等于 $\dfrac{f^{(n)}(z_0)(z-z_0)^n}{n!}$. 因此可以很自然地认为,在这种情况下,对于每个 w,存在 n 个不同的 z 与其对应,即:逆变换不是单值的,而是有一个阶为 n 的分支点.

定理 4.2.2 (1) 假设 $f(z)$ 是解析的,并且 $f'(z_0) \neq 0$,那么 $f(z)$ 在 z_0 附近是单值的. 更准确地说,f 在 $w_0=f(z_0)$ 的邻域中有唯一的解析逆映射 F,即:如果 z 足够靠近 z_0,$w=f(z)$,那么有 $z=F(w)$. 类似地,如果 w 足够靠近 w_0,$z=F(w)$,那么有 $w=f(z)$. 更进一步有 $f'(z)F'(w)=1$,这意味着逆映射也是共形的.

(2) 假设 $f(z)$ 在 z_0 处解析,并且 z_0 为 n 阶零点,即 $f(z)$ 在 z_0 的第一个非零高阶导数为 $f^{(n)}(z_0)$,那么对于每个足够接近 $w_0=f(z_0)$ 的 w,在 z_0 的邻域中存在 n 个不同的 z,使得每个点都满足 $w=f(z)$. 事实上,这样的映射可以分解为 $w-w_0=\zeta^n$,$\zeta=g(z-z_0)$,$g(0)=0$,这里 $g(z)$ 是一个定义在 z_0 附近的单值函数,并且满足 $g(z)=zH(z)$,$H(0) \neq 0$.

定理 4.2.3 设 C 是围住区域 $\mathbb{D}$ 的简单闭曲线,并且假设 $f(z)$ 在 C 上和区域 $\mathbb{D}$ 上都是解析的. 如果 $f(z)$ 是 C 上的单值函数,那么

(1) 映射 $w=f(z)$ 将围绕区域 $\mathbb{D}$ 的简单闭曲线 C 映射到复平面中围绕区域 $\mathbb{D}^*$ 的简单闭曲线 C^*;

(2) 映射 $w=f(z)$ 是一个一一映射;

(3) 如果 z 从正方向穿过曲线 C,那么 $w=f(z)$ 也从正方向穿过曲线 C^*.

注 4.2.1 通过研究简单闭曲线的映射,可以确定共形映射保持了区域的连通性. 例如,z 平面的单连通区域被映射到了 w 平面上的单连通区域. 事实上,如果一条 z 平面的简单闭曲线可以连续收缩到一点,那么在 w 平面上也必须如此,否则就会与定理 4.2.3 矛盾.

注意到整个有限平面 $|z|<+\infty$ 是单连通的,然而不存在将整个有限平面映射到单位圆盘上的保角映射,这是刘维尔定理的推论. 因为对于任何有限的 $z \in \mathbb{C}$ 解析且满足 $|f(z)| \leqslant 1$ 的函数 $w=f(z)$,必是常值函数. 下面叙述**黎曼映射定理**.

定理 4.2.4(黎曼映射定理) 设 $\mathbb{D}$ 是 z 平面的单连通区域,既不是 z 平面,也不是扩充复平面. 对于 $\mathbb{D}$ 中的任意点 a,存在唯一的函数 $f:\mathbb{D} \to \mathbb{C}$,使得

(1) f 在 $\mathbb{D}$ 中解析且单叶;

(2) $f(a)=0$,$f'(a)>0$;

(3) f 把 $\mathbb{D}$ 映射到开的单位圆盘上,即 $f(\mathbb{D})=\mathbb{B}(0,1)$.

类似地,可以证明不存在将扩充复平面 $|z|\leqslant+\infty$ 映射到单位圆盘的保角映射. 事实上,根据黎曼映射定理,这是唯一不能映射到单位圆盘上的区域. 另外,f 在 $\mathbb{D}$ 中解析,又称 f 是 $\mathbb{D}$ 中的全纯函数或正则函数.

注 4.2.2 需要强调的是,黎曼映射定理是一个关于连通开集的命题,没有说明函数在边界上具体是怎样表现的. 然而对于共形映射的应用来说,如边值问题的解,能够在边界上定义函数是十分关键的. 因此最重要的是要确定哪些有界区域使函数可以连续地扩展至边界. 事实上,根据奥斯古德-卡拉泰奥多里定理,如果 $\mathbb{D}$ 以一条简单闭曲线为边界,就可以用函数 f 把 $\mathbb{D}$ 映射到开的单位圆盘上,使得 f 在边界上连续,且在边界上也是一对一的.

由黎曼映射定理,可以立即得到以下推论.

推论 4.2.1 设 $\mathbb{D}$ 和 G 是 $\mathbb{C}$ 中的两个单连通区域,且它们都不是复平面 $\mathbb{C}$,那么对于给定的 $z_0 \in \mathbb{D}$,$w_0 \in G$,存在唯一的函数 f,它在 $\mathbb{D}$ 上单叶且全纯,$f(z_0)=w_0$,$f'(z_0)\leqslant 0$,且 $f(\mathbb{D})=G$.

黎曼映射定理断言一定存在双全纯映射 f,把任意单连通区域 $\mathbb{D}$(整个复平面 $\mathbb{C}$ 除外)一一地映射为单位圆盘 $B(0,1)$. 一个自然的问题是,f 在把 $\mathbb{D}$ 映射为 $B(0,1)$ 的同时,是否也把 $\mathbb{D}$ 的边界 $\partial \mathbb{D}$ 映射为单位圆盘的边界? 一般来说,一个区域的边界可以相当复杂. 下面只就 $\mathbb{D}$ 的边界是一条简单闭曲线来回答这个问题.

定理 4.2.5(边界对应定理) 设 $\mathbb{D}$ 是由一条简单闭曲线 γ 围成的区域,若 $w=f(z)$ 把 $\mathbb{D}$ 双全纯地映射为 $B(0,1)$,则 f 的定义可以扩充到 γ 上,使得 $f \in C(\overline{\mathbb{D}})$,并且把 γ 一一映射到 $\partial B(0,1)$,γ 关于 $\mathbb{D}$ 的正向对应于 $f(\gamma)$ 关于 $B(0,1)$ 的正向.

最后考虑共形映射的存在唯一性.

定理 4.2.6(黎曼存在唯一性定理) 设 $\mathbb{D}$ 和 G 是任意给定的两个单连通区域,它们的边界至少包含两点,则一定存在解析函数 $w=f(z)$ 把 $\mathbb{D}$ 共形映射为 G. 如果在 $\mathbb{D}$ 和 G 内再分别任意指定点 z_0 和 w_0 并任给一实数 $\theta_0(-\pi<\theta_0\leqslant\pi)$,要求函数 $w=f(z)$ 满足 $f(z)=w_0$ 且 $\arg f'(z_0)=\theta_0$,则映射 $w=f(z)$ 是唯一的.

4.2.1 施瓦茨-克里斯托费尔公式

黎曼映射定理断言,任意两个异于复平面 $\mathbb{C}$ 的单连通区域都可通过共形映射把一个变成另一个,但是具体写出这个映射却不是一件容易的事. 本节介绍的施瓦茨-克里斯托费尔公式给出把上半平面映射为多角形域的变换.

设 G 是 w 平面上以 $w_1, w_2, \cdots, w_n$ 为顶点的多角形域,$w=f(z)$ 是把 z 平面的上半平面 $\mathbb{D}$ 一对一地映射为 G 的共形映射. 为了求得 f 的具体表达式,必须了解 f 的一些简单性质.

引理 4.2.1 存在把上半平面 $\mathbb{D}$ 一对一地映射为多角形域 G 的共形映射 $w=f(z)$,它在 $\overline{\mathbb{D}}$ 上连续,且把实轴一对一地映射为 ∂G.

设 f 是引理 4.2.1 中的函数,那么在 z 平面的实轴上必有 n 个点 $a_1, a_2, \cdots, a_n$,使得

$$f(a_1)=w_1, f(a_2)=w_2, \cdots, f(a_n)=w_n.$$

引理 4.2.2 设 Ω 是具有角点 w_0 的域,在 w_0 的邻域中,Ω 的边界由两条直线段构成,它们的交角为 $\alpha\pi$.设共形映射 $w=f(z)$ 把上半平面映射为 Ω,把实轴上的点 z_0 映射为 w_0,那么在 z_0 的邻域内,f 可表示为

$$f(z)=w_0+(z-z_0)^\alpha[c_0+c_1(z-z_0)+\cdots],\ c_0\neq 0. \tag{4.2.1}$$

下面就可以给出施瓦茨-克里斯托费尔定理.

定理 4.2.7(施瓦茨-克里斯托费尔定理) 设共形映射 $w=f(z)$ 把上半平面 $\mathbb{D}$ 一对一地映射为多角形域 $\mathbb{G}$,且 f 在 $\overline{\mathbb{D}}$ 上连续.若 $\mathbb{G}$ 在其顶点 $w_k(k=1,2,\cdots,n)$ 处的顶角是 $\alpha_k\pi$ ($0<\alpha_k<2$),实轴上与 w_k 对应的点是 $a_k(k=1,2,\cdots,n)$,则 f 可表示为

$$f(z)=C\int_{z_0}^{z}(z-a_1)^{\alpha_1-1}(z-a_2)^{\alpha_2-1}\cdots(z-a_n)^{\alpha_n-1}\mathrm{d}z+C_1, \tag{4.2.2}$$

其中 z_0,C,C_1 是 3 个常数.

4.2.2 共形映射的例题

例 4.2.1 $w=z^2$ 把由圆周 $|z-1|=1$ 围成的域变成什么样的区域?

解 从图 4.2.1(a)可以看出,圆周 $|z-1|=1$ 的极坐标方程为

$$r=2\cos\theta,\ -\frac{\pi}{2}\leqslant\theta\leqslant\frac{\pi}{2},$$

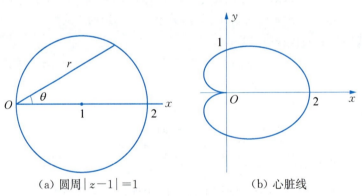

(a) 圆周 $|z-1|=1$ (b) 心脏线

图 4.2.1　例 4.2.1 图

这里 $z=r\mathrm{e}^{\mathrm{i}\theta}$.若记 $w=\rho\mathrm{e}^{\mathrm{i}\varphi}$,则 $w=z^2=r^2\mathrm{e}^{2\mathrm{i}\theta}$,所以 $\rho=r^2$,$\varphi=2\theta$,故 $r=\cos\theta$ 经变换后的极坐标方程为

$$\rho=2(1+\cos\varphi),$$

这是一条心脏线,如图 4.2.1(b)所示.由定理 4.2.3 可知,$w=z^2$ 把圆周 $|z-1|=1$ 的内部一一地映射成上述心脏线的内部.

例 4.2.2 求一共形变换,把上半平面映射为图 4.2.2 中的区域

$$\mathbb{G}=\left\{w:-\frac{\pi}{2}<\mathrm{Re}\,w<\frac{\pi}{2},\ \mathrm{Im}\,w>0\right\}.$$

解 把 $\mathbb{G}$ 看成三角形,它的 3 个顶点为

$$w_1 = -\frac{\pi}{2}, \quad w_2 = \frac{\pi}{2}, \quad w_3 = \infty,$$

对应的 3 个角分别为 $\frac{\pi}{2}, \frac{\pi}{2}$ 和 0. 在实轴上取 3 个点 $a_1 = -1$, $a_2 = 1, a_3 = \infty$, 由 (4.2.2) 式可知, 把上半平面映射为域 $\mathbb{G}$ 的变换为

$$f(z) = C \int_0^z (z+1)^{-\frac{1}{2}} (z-1)^{-\frac{1}{2}} \mathrm{d}z + C_1$$
$$= C \int_0^z \frac{\mathrm{d}z}{\sqrt{z^2-1}} + C_1 = C' \arcsin z + C_1.$$

由 $f(-1) = -\frac{\pi}{2}, f(1) = \frac{\pi}{2}$, 得 $C_1 = 0, C' = 1$. 故所求的变换为

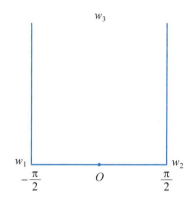

图 4.2.2　例 4.2.2 的区域

$$w = \arcsin z.$$

例 4.2.3　求下列共形映射:
(1) 把带形区域 $\pi < y < 2\pi$ 映射成上半平面;
(2) 将不包含上半虚轴的复平面映射成上半平面.

解　(1) 分两步进行:先用 $z_1 = z - \mathrm{i}\pi$ 将带形区域 $\pi < y < 2\pi$ 转化为带形区域 $0 < y < \pi$, 再利用 $w = -\mathrm{e}^{z_1}$ 将区域变换为上半平面.

(2) 分两步进行:先用 $z_1 = \mathrm{e}^{\frac{\pi}{2}\mathrm{i}} z, \frac{5\pi}{2} < \arg z < \frac{9\pi}{2}$, 再利用 $w = \sqrt{z_1}$ 即可得到.

§4.3　分式线性映射

分式线性函数在复变函数的变换中起着重要的作用. 本节将给出它的定义与应用.

4.3.1　分式线性映射的定义

由分式线性函数

$$w = \frac{az+b}{cz+d} \quad (a, b, c, d \text{ 为复数且 } ad - bc \neq 0)$$

构成的映射, 称为**分式线性映射**. 容易验证, 其逆映射也为分式线性映射. 特别地, 当 $c = 0$ 时, 称为**(整式) 线性映射**.

任何分式线性函数总可以分解为以下 4 种形式的复合.
(1) **平移映射**: $w = z + b$ (b 为复数).
(2) **旋转映射**: $w = z \mathrm{e}^{\mathrm{i}\theta_0}$ (θ_0 为实数). 当 $\theta_0 > 0$ 时, 逆时针旋转; 当 $\theta_0 < 0$ 时, 顺时针旋转.
(3) **相似映射**: $w = rz$ ($r > 0$). 相似映射的特点是对复平面上任意一点 z, 保持辐角不

变,而将模放大($r>1$)或者缩小($r<1$).

(4) **反演映射**:$w=\dfrac{1}{z}$. 反演映射的特点是将单位圆内部(或外部)的任一点映射到单位圆外部(或内部).映射 $w=\dfrac{1}{z}$ 实际上可以分两步进行:先将 z 映射为 w_1,满足 $|w_1|=\dfrac{1}{|z|}$ 且 $\arg w_1=\arg z$;再将 w_1 映射为 w,满足 $|w|=|w_1|$ 且 $\arg w=-\arg w_1$.

定义 4.3.1 设某圆的半径为 R,A,B 两点在从圆心出发的射线上,且 $\overline{OA}\cdot\overline{OB}=R^2$,则称 A 和 B 关于圆周对称.规定圆心与无穷远点关于该圆周对称.

显然,z 与 w_1 是关于单位圆对称的,所以映射 $w=\dfrac{1}{z}$ 可由单位圆对称映射与实轴对称映射复合而成.将 $w=\dfrac{1}{z}$ 写成 $\xi=\dfrac{1}{\bar{z}}$ 与 $w=\bar{\xi}$ 的复合,则前者正好是单位圆对称映射,而后者正好是实轴对称映射.

关于反演映射的**规定和说明**如下:

(1) 规定反演映射 $w=\dfrac{1}{z}$ 将 $z=0$ 映射成 $w=\infty$,将 $z=\infty$ 映射成 $w=0$.

(2) 规定函数 $f(z)$ 在 $z=\infty$ 点及其邻域的性态可由函数 $\varphi(\xi)$ 在 $\xi=0$ 及其邻域的性态确定,其中 $\xi=\dfrac{1}{z}$,$\varphi(\xi)=\varphi\left(\dfrac{1}{z}\right)=f(z)$.

按照此规定,当讨论函数 $f(z)$ 在 $z=\infty$ 点附近的性态时,可以先通过反演映射将 $f(z)$ 化为 $\varphi(\xi)$,再讨论 $\varphi(\xi)$ 在原点附近的性态.

例如,若 $\varphi(\xi)$ 在 $\xi=0$ 处解析,且 $\lim\limits_{\xi\to 0}\varphi(\xi)=\varphi(0)=A$,则可以认为 $f(z)$ 在 $z=\infty$ 处解析,且 $\lim\limits_{z\to\infty}f(z)=f(\infty)=A$.

由前面对反演映射的规定,可以得到如下定理.

定理 4.3.1 分式线性函数在扩充复平面上是共形映射.

4.3.2 分式线性映射的保圆性

如无特别说明,可以将直线作为圆的一个特例,即**把直线看作半径无穷大的圆**,这是由于扩充复平面上只有一个无穷远点.

令 $z=x+\mathrm{i}y$,$w=u+\mathrm{i}v$,则由 $w=\dfrac{1}{z}$ 得到

$$x=\dfrac{u}{u^2+v^2},\ y=-\dfrac{v}{u^2+v^2}.$$

对于 z 平面上任意给定的一个圆

$$A(x^2+y^2)+Bx+Cy+D=0\ (当\ A=0\ 时为直线), \quad (4.3.1)$$

其像曲线满足方程

$$D(u^2+v^2)+Bu-Cv+A=0 \text{（当 } D=0 \text{ 时为直线）}. \tag{4.3.2}$$

定理 4.3.2　在扩充复平面上，分式线性映射能把圆变成圆.

从(4.3.1)式和(4.3.2)式可以看出，当 $D=0$ 时，所给的圆通过原点，经过反演映射后，原点被映射到无穷远点，因而像曲线变成直线. 特别地，在分式线性映射下，如果给定的圆上没有点映射为无穷远点，则它就映射成半径有限的圆；如果有一点映射成无穷远点，则它就映射成直线. 特别是后者，它实际上给出一种从圆（或者弧）变成直线的方法，这对于构造简单区域间的共形映射函数是非常有用的.

注 4.3.1　由于三点可以确定一个圆，因此当求解分式线性映射下某圆域的像时，只要在圆周上取三点，分别求出对应的像点，即可得到相应的圆和圆域. 但如果区域的边界是由多段弧和直线段组成时，则必须在每一段弧上和直线上各自取三点进行求解，且所取的三点中最好包含两个端点.

4.3.3　分式线性映射的保对称点

扩充复平面上的两点 z_1 与 z_2 关于圆 C 对称的充分必要条件是通过 z_1 与 z_2 的任意圆都与圆 C 正交.

定理 4.3.3（保对称点定理）　设 z_1, z_2 关于圆 C 对称，则在分式线性映射下，它们的像点 w_1, w_2 关于 C 的像曲线 Γ 对称.

下面给出唯一决定分式线性映射的条件.

定理 4.3.4　在 z 平面上任给 3 个不同的点 z_1, z_2, z_3，在 w 平面上也任给 3 个不同的点 w_1, w_2, w_3，则存在唯一的分式线性映射，把 z_1, z_2, z_3 分别依次地映射为 w_1, w_2, w_3.

证明　设分式线性映射为

$$w=\frac{az+b}{cz+d}.$$

由条件可得

$$w_1=\frac{az_1+b}{cz_1+d},\quad w_2=\frac{az_2+b}{cz_2+d},\quad w_3=\frac{az_3+b}{cz_3+d}.$$

具体算出 $w-w_1, w-w_2, w_3-w_1, w_3-w_2$，可得

$$\frac{w-w_1}{w-w_2}:\frac{w_3-w_1}{w_3-w_2}=\frac{z-z_1}{z-z_2}:\frac{z_3-z_1}{z_3-z_2}. \tag{4.3.3}$$

将上式整理后便可得到形如 $w=\dfrac{az+b}{cz+d}$ 的分式线性函数，它满足条件且不含未知系数，从而证明了存在性. 唯一性证明略. 证毕.

(4.3.3)式称为**对应点公式**. 在实际应用时，常常会利用一些特殊点（如 $z=0$, $z=\infty$ 等）使公式得到简化.

推论 4.3.1　如果 z_k 或 w_k 中有一个为 ∞，则只需将对应点公式中含有 ∞ 的项换为 1.

推论 4.3.2　设 $w=f(z)$ 是一分式线性映射，且有 $f(z_1)=w_1$ 及 $f(z_2)=w_2$，则它可

表示为

$$\frac{w-w_1}{w-w_2}=k\frac{z-z_1}{z-z_2}, k \text{ 为复常数}.$$

特别地,当 $w_1=0, w_2=\infty$ 时,有

$$w=k\frac{z-z_1}{z-z_2}, k \text{ 为复常数}.$$

上式在构造区域间的共形映射时非常有用. 其特点是把过 z_1 与 z_2 点的弧映射成过原点的直线,而这正是我们在构造共形映射时常用的手法. 其中 k 可由其他条件确定,如果是作为中间步骤,则 k 可以直接设为 1.

上半平面与单位圆域是两个非常典型的区域,而一般区域间的共形映射的构造大多是围绕这两个区域来进行的,因此它们之间的相互转换显得非常重要.

例 4.3.1 求分式线性映射,把上半平面 $\operatorname{Im} z>0$ 映射为单位圆内部 $|w|<1$.

解 **解法 1** 这两个区域的边界分别是实轴与单位圆周 Γ,正好是从"圆"变成"圆",根据唯一决定分式线性映射的条件,可在实轴上取三点 $0, 1, \infty$,使其分别映射为圆周上的三点 $-1, -\mathrm{i}, 1$. 由对应点公式有

$$\frac{w+1}{w+\mathrm{i}} : \frac{1+1}{1+\mathrm{i}} = \frac{z-0}{z-1} : \frac{1}{1},$$

整理后得

$$w=\frac{z-\mathrm{i}}{z+\mathrm{i}}. \tag{4.3.4}$$

如果仅要求把上半平面映射为单位圆而不作其他限制,上式已经足够. 但必须说明的是,这一问题本身可以有无穷多个解,它们与三点的选取无关. 下面给出的解法可以得到通解.

解法 2 在上半平面任取一点 z_0,使之映射到 w 平面上的原点 $w=0$. 由于 z_0 与 $\bar{z}_0$ 关于实轴对称,0 与 ∞ 关于单位圆对称,根据保对称点性,$\bar{z}_0$ 应映射为 ∞,由推论 4.3.2,该映射具有如下形式:

$$w=k\frac{z-z_0}{z-\bar{z}_0}, k \text{ 为待定的复常数}.$$

由于当 z 在实轴上取值时,$\left|\frac{z-z_0}{z-\bar{z}_0}\right|=1$,且对应的 w 满足 $|w|=1$,因此 $|k|=1$,即 $k=\mathrm{e}^{\mathrm{i}\theta}$ (θ 为任意的实常数). 所求映射的一般形式为

$$w=\mathrm{e}^{\mathrm{i}\theta}\frac{z-z_0}{z-\bar{z}_0}. \tag{4.3.5}$$

在上式中若取 $z_0=\mathrm{i}, \theta=0$,则得到解法 1 的结果.

例 4.3.2 求分式线性映射,把单位圆内部 $|z|<1$ 映射为单位圆内部 $|w|<1$.

解 在 $|z|<1$ 内任取一点 z_0,使之映射为 $w_0=0$. 由于 z_0 与 $\frac{1}{\bar{z}_0}$ 关于 $|z|=1$ 对称,0 与 ∞ 关于 $|w|=1$ 对称,根据保对称点性,$\frac{1}{\bar{z}_0}$ 应被映射为 ∞. 因此,映射具有如下形式:

$$w = k\frac{z-z_0}{z-\frac{1}{\overline{z}_0}} = k_1\frac{z-z_0}{1-\overline{z}_0 z}, \quad k_1 = -k\overline{z}_0 \text{ 为待定复常数}.$$

由于 $|z|=1$ 上的点映射为 $|w|=1$ 上的点,因而对于 $z=1$,其像点 w 满足 $|w|=1$,即有

$$|w| = \left|\frac{1-z_0}{1-\overline{z}_0}\right||k_1| = |k_1| = 1,$$

于是 $k_1 = e^{i\theta}$ (θ 为任意的实常数).因此所求映射的一般形式为

$$w = e^{i\theta}\frac{z-z_0}{1-\overline{z}_0 z}. \tag{4.3.6}$$

上面所给的(4.3.4)式、(4.3.5)式和(4.3.6)式是比较重要的公式,在将一些一般的区域映射为单位圆域时,常常会通过某些其他手段将它先变成上半平面,再借助(4.3.4)式变为单位圆域.而对于给出附加条件的问题,则可借助(4.3.5)式和(4.3.6)式来解决.

习题 4

1. 映射 $w = z^2$ 把上半圆域 $\{z, |z| \leqslant 2, \operatorname{Im} z \geqslant 0\}$ 映射成什么区域?

2. 给出定理 4.2.3 的证明.

3. 设 $\mathbb{D}$ 是异于 $\mathbb{C}$ 的单连通区域, $a \in \mathbb{D}$. 证明:若 f 将 $\mathbb{D}$ 双全纯地映射为 $\mathbb{B}(0,1)$,并且 $f(a) = 0$, $f'(a) > 0$,则

$$\min_{z \in \partial \mathbb{D}} |z-a| \leqslant \frac{1}{f'(a)} \leqslant \max_{z \in \partial \mathbb{D}} |z-a|,$$

称 $\dfrac{1}{f'(a)}$ 为 f 在 $a \in \mathbb{D}$ 处的**映射半径**.

4. 证明:若 f 将圆环 $\{z \in \mathbb{C}: r_1 < |z| < r_2\}$ 双全纯地映射为圆环 $\{z \in \mathbb{C}: R_1 < |z| < R_2\}$,则 f 将闭圆环 $\{z \in \mathbb{C}: r_1 \leqslant |z| \leqslant r_2\}$ 同胚地映射为闭圆环 $\{z \in \mathbb{C}: R_1 \leqslant |z| \leqslant R_2\}$.

5. 试将分式线性变换 $w = \dfrac{3z+4}{iz-1}$ 分解成简单变换的复合.

6. 证明:除恒等变换外,一切分式线性变换 $w = \dfrac{az+b}{cz+d}$ 恒有两个相异或一个二重的不动点.

7. 求将 $|z| \leqslant 1$ 映射为 $|w| \leqslant 1$ 的分式线性映射 $w = f(z)$,并满足下列条件:

(1) $f\left(\dfrac{1}{2}\right) = 0$, $f(1) = -1$;

(2) $f\left(-\dfrac{1}{2}\right) = 0$, $\arg f'\left(\dfrac{1}{2}\right) = \dfrac{\pi}{2}$.

习题 4 答案

第 5 章 解析函数在平面场中的应用

本章通过典型例子说明解析函数在平面向量场中的应用,主要运用共形映射方法研究物理问题.

§5.1 解析函数的应用

由第 1 章可知,解析函数的实部和虚部均满足拉普拉斯方程. 而物理世界中广泛存在拉普拉斯方程,这些奠定了复分析在物理应用中的重要地位. 下面先介绍一些拉普拉斯方程的物理背景,再阐明解析函数如何能被有效运用到这些相关的物理问题中.

若一个二阶连续可微函数 $\Phi(x,y)$ 在区域 $\mathbb{D}$ 上满足拉普拉斯方程

$$\Delta \Phi = \Phi_{xx} + \Phi_{yy} = 0, \tag{5.1.1}$$

则 Φ 为区域 $\mathbb{D}$ 上的调和函数. 如果 $V(z) = u(x,y) + \mathrm{i}v(x,y)$ 是 $\mathbb{D}$ 上的解析函数,那么 u, v 都是区域 $\mathbb{D}$ 上的调和函数,并且 v 是 u 的共轭调和函数. 在单连通区域上,如果给定其中的 u(或 v),那么 v(或 u)可以在相差一个常数的意义下唯一确定.

对一个二维向量 $\boldsymbol{u} = (u_1, u_2)$,假设其分量满足散度为零,即

$$\nabla \cdot \boldsymbol{u} = \frac{\partial u_1}{\partial x} + \frac{\partial u_2}{\partial y} = 0. \tag{5.1.2}$$

同时,进一步假设向量 $\boldsymbol{u}$ 是一个二元实函数 Φ 的梯度,即

$$\boldsymbol{u} = (u_1, u_2) = \left(\frac{\partial \Phi}{\partial x}, \frac{\partial \Phi}{\partial y}\right), \tag{5.1.3}$$

则(5.1.2)式和(5.1.3)式表明 Φ 是一个调和函数. 这些等式关系在实际应用中将会经常出现.

例 5.1.1(理想流体运动) 考虑一个二维稳定不可压缩的定常、无旋的流动.

分析 所谓二维的流动,是指流体在任意平面上的运动与其他任意平行平面上的运动一致. 可以仅在一个平面(如垂直于 z 轴的平面)上研究流体运动. 称流体是稳定的,是指流体在任一点的速度只与位置坐标 (x,y) 有关而与时间无关. 称流体是不可压缩的,是指流体的密度是常数. 记 ρ 和 $\boldsymbol{u}$ 分别代表流体的密度和速度.

下面来说明质量守恒定律意味着(5.1.2)式成立.事实上,考虑一个边长分别为 Δx 和 Δy 的矩形,如图 5.1.1 所示.

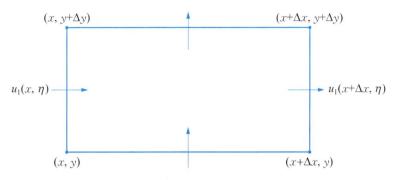

图 5.1.1 穿过边长分别为 $\Delta x, \Delta y$ 矩形的流体

流体在这个矩形中的积累率可以用微分 $\dfrac{\mathrm{d}}{\mathrm{d}t}\displaystyle\int_x^{x+\Delta x}\int_y^{y+\Delta y}\rho\,\mathrm{d}x\,\mathrm{d}y$ 表示.沿着(x,y)至$(x,y+\Delta y)$的流体进入率可由积分 $\displaystyle\int_y^{y+\Delta y}\rho u_1(x,\eta)\mathrm{d}\eta$ 表示,其余边的情况可由类似的积分表示.由质量守恒定律,有

$$\frac{\mathrm{d}}{\mathrm{d}t}\int_x^{x+\Delta x}\int_y^{y+\Delta y}\rho\,\mathrm{d}x\,\mathrm{d}y=\int_y^{y+\Delta y}\rho[u_1(x,\eta)-u_1(x+\Delta x,\eta)]\mathrm{d}\eta+\\ \int_x^{x+\Delta x}\rho[u_2(\xi,y)-u_2(\xi,y+\Delta y)]\mathrm{d}\xi. \tag{5.1.4}$$

将上式左右两端同时除以 $\Delta x\Delta y$,并令 $\Delta x,\Delta y\to 0$,可得

$$\frac{\partial \rho}{\partial t}+\frac{\partial \rho u_1}{\partial x}+\frac{\partial \rho u_2}{\partial y}=0. \tag{5.1.5}$$

由密度 ρ 是常数,可以得到不可压缩条件(5.1.2).

若 $\oint_C \boldsymbol{u}\cdot\mathrm{d}\boldsymbol{s}=0$,则称流体是无旋的.由格林公式可得

$$\frac{\partial u_2}{\partial x}=\frac{\partial u_1}{\partial y}. \tag{5.1.6}$$

上式又是存在原函数 Φ 使得(5.1.3)成立的充分必要条件.因此,函数 Φ 是一个调和函数.

对于调和函数 Φ,存在调和函数 Ψ,使得

$$\Omega(z)=\Phi(x,y)+\mathrm{i}\Psi(x,y) \tag{5.1.7}$$

解析.对 $\Omega(z)$ 求导并利用柯西-黎曼条件,可得

$$\frac{\mathrm{d}\Omega}{\mathrm{d}z}=\frac{\partial \Phi}{\partial x}+\mathrm{i}\frac{\partial \Psi}{\partial x}=\frac{\partial \Phi}{\partial x}-\mathrm{i}\frac{\partial \Phi}{\partial y}=u_1-\mathrm{i}u_2=\overline{\boldsymbol{u}}, \tag{5.1.8}$$

其中 $\boldsymbol{u}=u_1+\mathrm{i}u_2$ 是流体的速度.因此,流体的"复速度"由 $\overline{\left(\dfrac{\mathrm{d}\Omega}{\mathrm{d}z}\right)}$ 给出.

函数 $\Psi(x,y)$ 被称为流函数,同时 $\Omega(z)$ 被称为复速度势. 曲线族 $\Psi(x,y)=$ 常数被称为流体的流线. 这些曲线代表着流体粒子的真实轨迹. 事实上,如果曲线 C 是流体粒子的运动轨迹,那么 C 的切向量为 $(u_1,u_2)=\left(\dfrac{\partial \Phi}{\partial x},\dfrac{\partial \Phi}{\partial y}\right)$. 利用柯西-黎曼条件可得

$$\frac{\partial \Phi}{\partial x}\frac{\partial \Psi}{\partial x}+\frac{\partial \Phi}{\partial y}\frac{\partial \Psi}{\partial y}=0. \tag{5.1.9}$$

这说明 $\left(\dfrac{\partial \Phi}{\partial x},\dfrac{\partial \Phi}{\partial y}\right)\cdot\left(\dfrac{\partial \Psi}{\partial x},\dfrac{\partial \Psi}{\partial y}\right)=0$,即曲线 C 的法向量为 $\left(\dfrac{\partial \Psi}{\partial x},\dfrac{\partial \Psi}{\partial y}\right)$,也是 Ψ 的梯度. 因此利用微积分的知识可知,曲线 C 即为曲线族 $\Psi(x,y)=$ 常数的一支.

例 5.1.2(热传导流) 考虑一个稳定的二维热传导流.

分析 单位时间通过某一固体曲面的热能称为热通量,记作 $\boldsymbol{Q}$. 其中 $\boldsymbol{Q}=-k\nabla T$,$T$ 代表固体的温度,k 代表热传导率,可看作常数. 而热导率 k 的大小一般取决于固体的材质. 能量守恒定律在稳定状态下意味着在任一简单闭曲线 C 内没有热量的累积. 因此如果记 $Q_n=\boldsymbol{Q}\cdot\hat{\boldsymbol{n}}$,其中 $\hat{\boldsymbol{n}}$ 是单位外法向量,则有

$$\oint_C Q_n\,\mathrm{d}s=\oint_C(Q_1\,\mathrm{d}y-Q_2\,\mathrm{d}x)=0. \tag{5.1.10}$$

结合 $\boldsymbol{Q}=-k\nabla T$,即有

$$Q_1=-k\frac{\partial T}{\partial x},\ Q_2=-k\frac{\partial T}{\partial y}. \tag{5.1.11}$$

利用格林公式可知 T 是一个调和函数. 令 Ψ 为 T 的共轭调和函数,则

$$\Omega(z)=T(x,y)+\mathrm{i}\Psi(x,y) \tag{5.1.12}$$

解析. $\Omega(z)$ 被称为复温度函数,曲线族 $T(x,y)=$ 常数被称为等温线.

例 5.1.3(静电学) 前面的例子中拉普拉斯方程出现在流体运动中,它是在质量守恒定律以及无旋条件下得到的. 而质量守恒定律等同于流体通过任何封闭表面的通量等于零. 在静电学中也有类似的情况.

分析 令 $\boldsymbol{E}$ 代表电场,则有以下两条定律成立:

(1) 电场 $\boldsymbol{E}$ 通过任何包含零电荷的封闭表面的通量等于零,这是高斯定律的特殊情况,即 $\oint_C E_n\,\mathrm{d}s=q/\varepsilon_0$,其中 E_n 是电场的法向量分量,ε_0 是介质的介电常数,q 是曲面 C 内部的净电荷量.

(2) 电场 $\boldsymbol{E}$ 通过一条简单闭曲线的环量等于零,即 $\boldsymbol{E}$ 是某个二元实函数的梯度. 如果将 $\boldsymbol{E}$ 写为 (E_1,E_2),则以上两个条件为

$$\frac{\partial E_1}{\partial x}+\frac{\partial E_2}{\partial y}=0,\ \frac{\partial E_2}{\partial x}=\frac{\partial E_1}{\partial y}. \tag{5.1.13}$$

利用前面的过程可得

$$E_1=-\frac{\partial \Phi}{\partial x},\ E_2=-\frac{\partial \Phi}{\partial y}, \tag{5.1.14}$$

这里的负号是习惯写法. 因此 $\Phi(x,y)$ 是调和函数. 令函数 $\Psi(x,y)$ 为 Φ 的共轭调和函数, 则

$$\Omega(z) = \Phi(x,y) + \mathrm{i}\Psi(x,y) \tag{5.1.15}$$

在任意没有电荷的区域内解析. $\Omega(z)$ 被称为复静电势. 对 $\Omega(z)$ 求导并利用柯西-黎曼条件, 可得

$$\frac{\mathrm{d}\Omega}{\mathrm{d}z} = \frac{\partial \Phi}{\partial x} + \mathrm{i}\frac{\partial \Psi}{\partial x} = \frac{\partial \Phi}{\partial x} - \mathrm{i}\frac{\partial \Phi}{\partial y} = -\overline{E}, \tag{5.1.16}$$

其中 $E = E_1 + \mathrm{i}E_2$ 是复静电场. 曲线族 $\Phi(x,y) = $ 常数和 $\Psi(x,y) = $ 常数分别被称为等势线和通量线. 由(5.1.16)式可得, 高斯定律等价于

$$\mathrm{Im}\oint_C \overline{E}\,\mathrm{d}z = \oint_C (E_1\,\mathrm{d}y - E_2\,\mathrm{d}x) = \oint_C E_n\,\mathrm{d}s = q/\varepsilon_0. \tag{5.1.17}$$

§5.2 共形映射的物理应用

注意到形如 $\int \overline{E}\,\mathrm{d}z$ 的积分在共形变换作用下保持不变. 具体来说, 利用(5.1.16)式, 一个共形变换 $w = f(z)$ 将解析函数 $\Omega(z)$ 变为 $\Omega(w)$,

$$\int \overline{E}\,\mathrm{d}z = -\int \frac{\mathrm{d}\Omega}{\mathrm{d}z}\mathrm{d}z = -\int \frac{\mathrm{d}\Omega}{\mathrm{d}w}\mathrm{d}w = -\int \mathrm{d}\Omega. \tag{5.2.1}$$

为了求出拉普拉斯方程(5.1.1)的唯一解 Φ, 需要给定适当的边值条件. 记 $\mathbb{D}$ 为一个以简单闭曲线 C 为界的单连通区域. 在应用中有两种常见的边值问题: ①狄利克雷边值问题, 给定 Φ 在边界曲线 C 上的值; ②诺伊曼边值问题, 给定 Φ 在边界曲线 C 上的法向导数值. 此外还有罗宾(Robin)边值问题, 它是上述两类问题的结合体, 在此不赘述.

如果狄利克雷问题的解存在, 那么解必唯一. 事实上, 如果 Φ_1, Φ_2 是对应的两个解, 则 $\Phi = \Phi_1 - \Phi_2$ 在 $\mathbb{D}$ 上调和, 并且在边界 C 上等于零. 由高斯公式可知

$$\oint_C \Phi\left(\frac{\partial \Phi}{\partial x} - \frac{\partial \Phi}{\partial y}\right)\mathrm{d}s = \iint_{\mathbb{D}} \left[\Phi\Delta\Phi + \left(\frac{\partial \Phi}{\partial x}\right)^2 + \left(\frac{\partial \Phi}{\partial y}\right)^2\right]\mathrm{d}x\,\mathrm{d}y, \tag{5.2.2}$$

意味着

$$\iint_{\mathbb{D}} \left[\left(\frac{\partial \Phi}{\partial x}\right)^2 + \left(\frac{\partial \Phi}{\partial y}\right)^2\right]\mathrm{d}x\,\mathrm{d}y = 0. \tag{5.2.3}$$

因此, Φ 在 $\mathbb{D}$ 上是一个常数. 又因为 Φ 在 C 上等于零, 故 Φ 恒等于零. 由此可得 $\Phi_1 = \Phi_2$, 即解唯一. 同理可得在相差一个常数的意义下, 诺伊曼问题的解若存在则必唯一.

利用共形映射得到狄利克雷问题和诺伊曼问题的解, 需要以下3个步骤:

(1) 利用适当的共形映射将复平面 z 中的区域 $\mathbb{D}$ 映到一个简单的区域, 如复平面 w 中的单位圆或者上半平面;

(2) 求出 w 平面中对应问题的解;

(3) 利用上述解和共形映射的逆变换得到原问题的解.

事实上,令 $\Phi(x, y)$ 是 z 平面中区域 $\mathbb{D}$ 上的调和函数,假设通过共形映射 $w = f(z)$,其中 $w = u + \mathrm{i}v$,将区域 $\mathbb{D}$ 映射到 w 平面中的区域 $\mathbb{D}'$,则 $\Phi(x, y) = \Phi(x(u, v), y(u, v))$ 是 $\mathbb{D}'$ 上的调和函数. 事实上,利用柯西-黎曼条件,可以验证

$$\frac{\partial^2 \Phi}{\partial x^2} + \frac{\partial^2 \Phi}{\partial y^2} = \left|\frac{\mathrm{d}f}{\mathrm{d}z}\right|^2 \left(\frac{\partial^2 \Phi}{\partial u^2} + \frac{\partial^2 \Phi}{\partial v^2}\right). \tag{5.2.4}$$

由于假设 $\dfrac{\mathrm{d}f}{\mathrm{d}z} \neq 0$,问题求解的合理性得证.

下面用这种思想求解以下问题.

例 5.2.1 在单位圆内求解拉普拉斯方程,其中在圆周上,当 $0 \leqslant \theta < \pi$ 时,$\Phi = \Phi_2$;当 $\pi \leqslant \theta < 2\pi$ 时,$\Phi = \Phi_1$. 这个问题可以理解为在给定边界上的温度 Φ 时,找出一个圆盘内部热量分布的平稳状态.

分析 考虑用分式线性映射

$$w = f(z) = \frac{az + b}{cz + d}, \quad ad - bc \neq 0. \tag{5.2.5}$$

分式线性映射又称为**双线性变换**. 由题意可知,考虑

$$w = \mathrm{i}\left(\frac{1-z}{1+z}\right), \tag{5.2.6}$$

即

$$u = \frac{2y}{(1+x)^2 + y^2}, \quad v = \frac{1 - (x^2 + y^2)}{(1+x)^2 + y^2}. \tag{5.2.7}$$

下面验证通过该双线性变换,可以将单位圆映射到上半平面(见图 5.2.1). 注意到当 $z = \mathrm{e}^{\mathrm{i}\theta}$ 时,即单位圆周上,$w = u = \dfrac{\sin\theta}{1 + \cos\theta}$. 弧 $A_1 A_2 A_3$ 和弧 $A_3 A_4 A_5$ 分别被映射到负、正实轴. 令 $w = \rho \mathrm{e}^{\mathrm{i}\Psi}$. 函数 $a\Psi + b$(a, b 为实常数)是解析函数 $-a\mathrm{i}\ln w + b$ 的实部,因此是调和函数. 于是,拉普拉斯方程在 w 上半平面的解 Φ 满足:当 $u < 0, v = 0$ 时,$\Phi = \Phi_1$;当 $u > 0, v = 0$ 时,$\Phi = \Phi_2$. 不难验证下述表达式

$$\Phi = \Phi_2 - (\Phi_2 - \Phi_1)\frac{\Psi}{\pi} = \Phi_2 - \frac{\Phi_2 - \Phi_1}{\pi}\arctan\left(\frac{v}{u}\right) \tag{5.2.8}$$

是该问题的一个解. 又由狄利克雷问题解的唯一性,可知该解唯一. 由(5.2.7)式,可以得到原问题(单位圆盘上)的解为

$$\Phi(x, y) = \Phi_2 - \frac{\Phi_2 - \Phi_1}{\pi}\arctan\left[\frac{1 - (x^2 + y^2)}{2y}\right]. \tag{5.2.9}$$

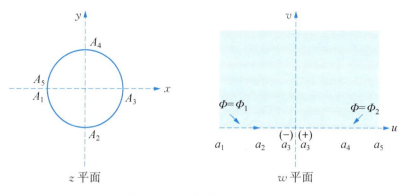

图 5.2.1　单位圆上的共形映射

例 5.2.2　找出流体运动的复速度势和流线,其中流体以常速度 $u_0 \in \mathbb{R}$ 且与 x 轴正半轴保持角度 α 流动,如图 5.2.2 所示.

分析　流体速度的两个分量由 $u_0\cos\alpha$ 和 $u_0\sin\alpha$ 给出. 因此,复速度为

$$u = u_0\cos\alpha + \mathrm{i}u_0\sin\alpha = u_0\mathrm{e}^{\mathrm{i}\alpha}. \quad (5.2.10)$$

于是有

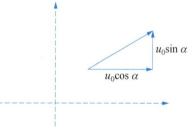

图 5.2.2　流体速度

$$\frac{\mathrm{d}\Omega}{\mathrm{d}z} = \bar{u} = u_0\mathrm{e}^{-\mathrm{i}\alpha} \text{ 或 } \Omega = u_0\mathrm{e}^{-\mathrm{i}\alpha}z. \quad (5.2.11)$$

若令积分的常数项为 0,$\Omega = \Phi + \mathrm{i}\Psi$,则

$$\Psi(x,y) = u_0(y\cos\alpha - x\sin\alpha) = u_0 r\sin(\theta - \alpha), \quad (5.2.12)$$

其中 $r = \sqrt{x^2 + y^2}$,$\theta = \arctan\dfrac{y}{x}$. 流体的流线由曲线族 $\Psi =$ 常数给出,不难看出就是与 x 轴正半轴保持角度 α 的直线.

例 5.2.3　涡流是具有特定复速度势和流线的流体.

分析　令 ρ 和 u_r 分别表示流体的密度和径向速度,

$$q = \text{密度} \times \text{通量} = \rho(2\pi r u_r). \quad (5.2.13)$$

因此

$$u_r = \frac{q}{2\pi\rho}\frac{1}{r} \equiv \frac{k}{r}, \quad k > 0, \quad (5.2.14)$$

其中常数 $k = q/(2\pi\rho)$ 被称为流源的强度. 对等式 $u_r = \partial\Phi/\partial r$ 两边积分并取积分常数为 0,于是 $\Phi = k\ln r$. 当用极坐标表示 $z = r\mathrm{e}^{\mathrm{i}\theta}$ 时,

$$\Omega(z) = k\ln z. \quad (5.2.15)$$

该流体的流线为 $\Psi = \mathrm{Im}\,\Omega(z) =$ 常数,即 $\theta =$ 常数. 这些流线是从原点出发的射线,如图 5.2.3 所示.

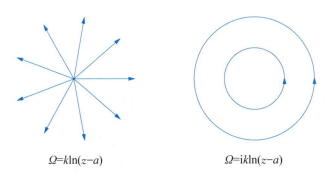

图 5.2.3 流线

复速度势 $\Omega(z)=k\ln(z-a)$ 代表落在 $z=a$ 的"源". 类似地, $\Omega(z)=-k\ln(z-a)$ 代表落在 $z=a$ 的"汇".

显然, $\Omega(z)=\Phi+\mathrm{i}\Psi$ 与流线族 $\Psi=$ 常数相联系,函数 $\mathrm{i}\Omega(z)$ 与流线族 $\Phi=$ 常数相联系. 这些曲线和曲线族 $\Psi=$ 常数垂直,即与 $\Omega(z)$ 和 $\mathrm{i}\Omega(z)$ 相关联的流所对应的流线族相垂直.

这些讨论表明在以上特定的例子中,$\Omega(z)=\mathrm{i}k\ln z$ 流线为同心圆. 因为 $\mathrm{d}\Omega/\mathrm{d}z=\mathrm{i}kz^{-1}$,所以复速度为

$$\overline{\left(\frac{\mathrm{d}\Omega}{\mathrm{d}z}\right)}=\frac{k\sin\theta}{r}-\frac{\mathrm{i}k\cos\theta}{r}. \tag{5.2.16}$$

这是一个绕 $z=0$ 以速度 k/r 顺时针旋转的流体. 这个流体通常被称为**涡流**.

例 5.2.4 考虑一个三维空间中边界为 $x=\pm\pi/2$ 和 $y=0$ 的半无穷板,其中前两个表面的温度保持为 0,第三个表面保持单位温度如图 5.2.4 所示. 试找出描述整个板内部的温度函数 $T(x,y)$.

分析 当表面绝缘时,这个问题等价于找出二维薄片 $-\pi/2\leqslant x\leqslant\pi/2$,$y\geqslant 0$ 的温度. 故本问题对应的边值问题为

$$T_{xx}(x,y)+T_{yy}(x,y)=0,\ -\frac{\pi}{2}<x<\frac{\pi}{2},\ y>0, \tag{5.2.17}$$

$$T\left(-\frac{\pi}{2},y\right)=T\left(\frac{\pi}{2},y\right)=0,\ y>0, \tag{5.2.18}$$

$$T(x,0)=1,\ -\frac{\pi}{2}<x<\frac{\pi}{2}, \tag{5.2.19}$$

其中 $T(x,y)$ 是一个有界函数,可以用**分离变量法**解决这个问题,这里可以利用共形映射求解.

不难证明,映射 $w=\sin z$,其中 $w=u+\mathrm{i}v$,将 $-\pi/2\leqslant x\leqslant\pi/2$,$y\geqslant 0$ 映射到上半平面. 此时,得到上半平面上的边值问题,可以解出

$$T=\frac{1}{\pi}\arctan\left(\frac{2v}{u^2+v^2-1}\right). \tag{5.2.20}$$

由变量代换可知,

$$u=\sin x\cosh y,\ v=\cos x\sinh y. \tag{5.2.21}$$

因此,原方程的解为

$$T = \frac{1}{\pi}\arctan\left(\frac{2\cos x \sinh y}{\sin^2 x \cosh^2 y - \cos^2 x \sinh^2 y - 1}\right). \tag{5.2.22}$$

简单计算可得

$$\frac{2\cos x \sinh y}{\sin^2 x \cosh^2 y - \cos^2 x \sinh^2 y - 1} = \frac{2\cos x \sinh y}{\sinh^2 y - \cos^2 x} = \tan 2\alpha, \tag{5.2.23}$$

其中 $\tan 2\alpha = \cos x / \sinh y$. 因此 $T = \frac{2}{\pi}\alpha$,即

$$T = \frac{2}{\pi}\arctan\left(\frac{\cos x}{\sinh y}\right). \tag{5.2.24}$$

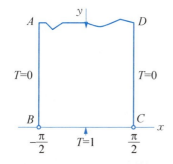

图 5.2.4 边值问题的示意图   图 5.2.5 作用在圆柱型物体上的力

例 5.2.5(由流体压强导致的受力情况) 在通常情况下忽略了流体的黏性,此时通过基本流体方程可以得到流体的压强 P 和速率 $|u|$ 满足伯努利方程

$$P + \frac{1}{2}|u|^2 = \alpha, \tag{5.2.25}$$

其中 α 沿着每条流线是一个常数. 令 $\Omega(z)$ 为某个流体的复速度势,令简单闭曲线 C 为垂直于 z 平面的单位长度圆柱型障碍的边界. 下面说明作用在这个障碍物上的外力 $\overline{F} = X + \mathrm{i}Y$ 为

$$\overline{F} = \frac{1}{2}\mathrm{i}\rho \oint_C \left(\frac{\mathrm{d}\Omega}{\mathrm{d}z}\right)^2 \mathrm{d}s. \tag{5.2.26}$$

分析 如图 5.2.5 所示,令 $\mathrm{d}s$ 为曲线 C 上一个点附近的无穷小弧长,θ 为 C 上该点的切线角度. 作用在 $\mathrm{d}s$ 上的无穷小力垂直于 $\mathrm{d}s$,大小为 $P\mathrm{d}s$(受力=压强×面积,面积等于 $\mathrm{d}s \times 1$,因为圆柱是单位长度). 因此

$$\mathrm{d}F = \mathrm{d}X + \mathrm{i}\mathrm{d}Y = -P\mathrm{d}s\sin\theta + \mathrm{i}P\mathrm{d}s\cos\theta = \mathrm{i}P\mathrm{e}^{\mathrm{i}\theta}\mathrm{d}s. \tag{5.2.27}$$

并且

$$\mathrm{d}z = \mathrm{d}x + \mathrm{i}\mathrm{d}y = \mathrm{d}s\cos\theta + \mathrm{i}\mathrm{d}s\sin\theta = \mathrm{e}^{\mathrm{i}\theta}\mathrm{d}s. \tag{5.2.28}$$

在不考虑摩擦力的情形下,已知 C 是流体的流线,流体的速度与该曲线相切,若记复速度为 $u=|u|\mathrm{e}^{\mathrm{i}\theta}$,则

$$\frac{\mathrm{d}\Omega}{\mathrm{d}z}=|u|\mathrm{e}^{-\mathrm{i}\theta}. \tag{5.2.29}$$

结合 $\mathrm{d}F$ 的表达式和伯努利方程,得到

$$F=X+\mathrm{i}Y=\oint_C \mathrm{i}\left(\alpha-\frac{1}{2}\rho|u|^2\right)\mathrm{e}^{\mathrm{i}\theta}\mathrm{d}s. \tag{5.2.30}$$

因为 $\oint_C \mathrm{e}^{\mathrm{i}\theta}\mathrm{d}s=\oint_C \mathrm{d}z=0$,所以上式右端第一项等于 0. 于是

$$\overline{F}=\frac{1}{2}\rho\oint_C |u|^2\mathrm{e}^{-\mathrm{i}\theta}\mathrm{d}s=\frac{1}{2}\rho\oint_C \left(\frac{\mathrm{d}\Omega}{\mathrm{d}z}\right)^2 \mathrm{e}^{\mathrm{i}\theta}\mathrm{d}s=\frac{1}{2}\rho\oint_C \left(\frac{\mathrm{d}\Omega}{\mathrm{d}z}\right)^2 \mathrm{d}z. \tag{5.2.31}$$

上式中第二个等号利用了(5.2.29)式.

例 5.2.6 讨论复速度势为

$$\Omega(z)=u_0\left(z+\frac{a^2}{z}\right)+\frac{\mathrm{i}\gamma}{2\pi}\ln z,\ a>0,\ u_0,\gamma\in\mathbb{R} \tag{5.2.32}$$

的流体运动.

分析 这个复速度势代表了由复速度势为 $u_0(z+a^2/z)$ 的流体叠加上强度为 γ 的环流涡旋. 令 $z=r\mathrm{e}^{\mathrm{i}\theta}$,$\Omega=\Phi+\mathrm{i}\Psi$,其中

$$\Psi(x,y)=u_0\left(r-\frac{a^2}{r}\right)\sin\theta+\frac{\gamma}{2\pi}\ln r. \tag{5.2.33}$$

若 $r=a$,则有 $\Psi(x,y)=\frac{\gamma}{2\pi}\ln a=$ 常数,因此 $r=a$ 是一条流线. 进一步地,

$$\frac{\mathrm{d}\Omega}{\mathrm{d}z}=u_0\left(1-\frac{a^2}{z^2}\right)+\frac{\mathrm{i}\gamma}{2\pi z}, \tag{5.2.34}$$

当 $z\to\infty$ 时,流速趋于 u_0.

上述讨论说明复速度势为 Ω 的流体可以看成绕一个圆形障碍流动. 注意到当 $\gamma=0$ 时, $\left.\frac{\mathrm{d}\Omega}{\mathrm{d}z}\right|_{z=\pm a}=0$. 这意味着存在两个速度为 0 的点,这类点称为**停滞点**. 在 $\gamma=0$ 的特殊情况下,流体运动见图 5.2.6(用 s 表示停滞点).

通过这些点的流线为 $\Psi=0$. 在 $\gamma\neq 0$ 的一般情形下,仍然存在两个停滞点

$$z=-\frac{\mathrm{i}\gamma}{4\pi u_0}\pm\sqrt{a^2-\frac{\gamma^2}{16\pi^2 u_0^2}} \tag{5.2.35}$$

使得 $\frac{\mathrm{d}\Omega}{\mathrm{d}z}=0$(见图 5.2.7).

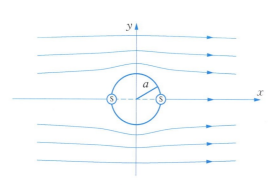

图 5.2.6　绕圆形障碍的流动 ($\gamma = 0$)

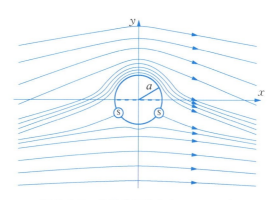

图 5.2.7　分离的停滞点 ($\gamma < 4\pi a u_0$)

若 $0 \leqslant \gamma \leqslant 4\pi a u_0$,则在圆上有两个停滞点(见图 5.2.8). 若 $\gamma = 4\pi a u_0$,则两个停滞点合并成一点 $z = -\mathrm{i}a$. 若 $\gamma > 4\pi a u_0$,则一个停滞点在圆外,另一个在圆内(见图 5.2.9).

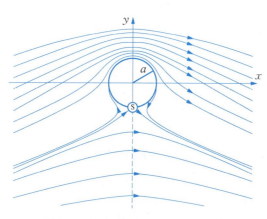

图 5.2.8　合并的停滞点 ($\gamma = 4\pi a u_0$)

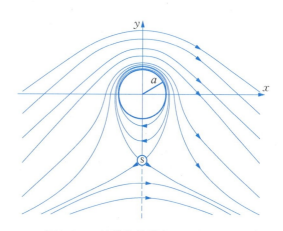

图 5.2.9　流线和停滞点 ($\gamma > 4\pi a u_0$)

利用例 5.2.5 的结果,可以计算出作用在障碍物上的外力

$$\overline{F} = \frac{1}{2}\mathrm{i}\rho \oint_C \left[u_0\left(1 - \frac{a^2}{z^2}\right) + \frac{\mathrm{i}\gamma}{2\pi z} \right]^2 \mathrm{d}z = -\mathrm{i}\rho u_0 \gamma. \tag{5.2.36}$$

注意到 $\oint_C z^n \mathrm{d}z = 2\pi \mathrm{i} \delta_{n,-1}$,这表明沿着 y 轴正半轴方向存在一个大小为 $\rho u_0 \gamma$ 的力,这种力在空气动力学中被称为**升力**(lift).

例 5.2.7　考虑第一象限($x > 0$,$y > 0$)内的流体运动. 流体从上方平行于 y 轴流下,在原点附近被迫转向(见图 5.2.10).

分析　为了确定流体的运动,注意到映射

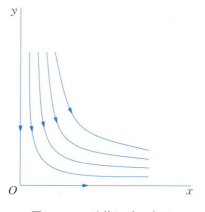

图 5.2.10　流体运动示意图

$$w = z^2 = x^2 - y^2 + \mathrm{i}(2xy) = u + \mathrm{i}v \tag{5.2.37}$$

将第一象限映射到 u-v 平面中的上半平面,将原第一象限的边界映满整个 u 轴. 可以知道,在上半平面从左到右的均匀流体的复速度势为 $\Omega = \Lambda w$,其中 $\Lambda > 0$ 为一个常数. 因此第一象限中的复速度势为

$$\Omega = \Lambda z^2 = \Lambda(x^2 - y^2) + \mathrm{i}(2\Lambda xy), \tag{5.2.38}$$

对应的流函数为

$$\Psi = 2\Lambda xy. \tag{5.2.39}$$

显然,该流函数在第一象限内调和,并且在边界上等于零. 流线是双曲线的一支,

$$v = 2\Lambda \bar{z} = 2\Lambda(x - \mathrm{i}y). \tag{5.2.40}$$

注意到速度大小为

$$|v| = 2\Lambda\sqrt{x^2 + y^2}, \tag{5.2.41}$$

与到原点的距离成正比.

例 5.2.8 求在 $z = 0$ 处垂直于 z 平面的带电导体产生的复静电势,其中单位长度的导体带有电荷 q.

分析 此时电场呈射线状,且强度为 E_r. 若 C 是以 $z = 0$ 为圆心的单位圆,由高斯定律可知

$$\oint_C E_r \mathrm{d}s = 2\pi r E_r = 4\pi q \text{ 或 } E_r = \frac{2q}{r}, \tag{5.2.42}$$

其中 q 是 C 所围电荷量,同时在这里还去掉了标准化因子 $\varepsilon_0 = \frac{1}{4\pi}$. 因此复静电势满足

$$\frac{\partial \Phi}{\partial r} = -\frac{2q}{r} \text{ 或 } \Phi = -2q\ln r \text{ 或 } \Omega(z) = -2q\ln z. \tag{5.2.43}$$

这个结果与强度为 $k = -2q$ 的线源产生的复静电势是一致的.

例 5.2.9 考虑两个平行的无穷带电平面,间距为 d,保持在零电势. 一个单位长度带有电荷 q 的直线导体落在两个平面之间,到下方平面的距离为 a(见图 5.2.11). 请求出条形区域中的复静电势.

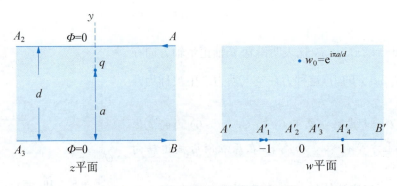

图 5.2.11 两平行带电平面间的静电势

分析 共形映射 $w = e^{\pi z/d}$ 将图中条形区域映射到上半平面. 故点 $z = ia$ 被映射到点 $w_0 = e^{i\pi a/d}$, 下平面中的点 $z = x$, 以及上平面中的点 $z = x + id$ 被分别映射到 w 平面中的实轴 $w = u$, $u > 0$ 和 $u < 0$. 考虑在 w_0 点带电荷 q 的直线, 以及在 $\overline{w_0}$ 点带电荷 $-q$ 的直线. 由此产生的复静电势为

$$\Omega(z) = -2q\ln(w - w_0) + 2q\ln(w - \overline{w_0}) = 2q\ln\left(\frac{w - \overline{w_0}}{w - w_0}\right). \tag{5.2.44}$$

令 C_q 为一条围绕电荷 q 的闭曲线, 高斯定律表明

$$\oint_{C_q} E_n \, ds = \mathrm{Im} \oint_{C_q} \overline{E} \, dz = \mathrm{Im} \oint_{\widetilde{C}_q} [-\Omega'(w)] \, dw = 4\pi q, \tag{5.2.45}$$

其中 $\widetilde{C}_q$ 是 C_q 对应在 w 平面的像. 令 $\Omega = \Phi + i\Psi$, 不难发现在 w 平面的实轴上, Φ 恒等于 0 (因为 $\ln A/A^*$ 是纯虚数). 因此可得在边界上 $\Phi = 0$ 的边界条件.

综上所述, 在 z 平面上条形区域的静电势为

$$\Omega = 2q\,\mathrm{Re}\ln\left(\frac{w - e^{-iv}}{w - e^{iv}}\right) = 2q\,\mathrm{Re}\ln\left(\frac{e^{\frac{\pi z}{d}} - e^{-iv}}{e^{\frac{\pi z}{d}} - e^{iv}}\right), \quad v \equiv \frac{\pi a}{d}. \tag{5.2.46}$$

习题 5

1. 考虑一个保持相同强度 k、源在 $z = -a$、汇在 $z = a$ 的流体运动.
   (1) 试证明复速度势函数为 $\Omega(z) = k\ln[(z+a)/(z-a)]$.
   (2) 试证明流体速度为 $2ka/\sqrt{a^4 - 2a^2 r^2 \cos 2\theta + r^4}$, 其中 $z = re^{i\theta}$.

2. 利用伯努利方程 (5.2.25) 确定例 5.2.3 中流体在任一点处的压强.

3. 考虑复速度势 $\Omega(z) = Q_0 z + \dfrac{\overline{Q_0} a^2}{z} + \dfrac{i\gamma}{2\pi}\ln z$, $\alpha > 0$, $\gamma \in \mathbb{R}$, $Q_0 = U_0 + iV_0$. 试证明流体作用到圆柱型障碍的力为 $\boldsymbol{F} = i\rho \overline{Q_0} \gamma$.

4. 试证明在图 5.3.1 给定区域中任一点上的稳态温度由下式给出:

$$T(r, \theta) = \frac{10}{\pi}\arctan\left[\frac{(r^2-1)\sin\theta}{(r^2+1)\cos\theta - 2r}\right] - \frac{10}{\pi}\arctan\left[\frac{(r^2-1)\sin\theta}{(r^2+1)\cos\theta + 2r}\right]. \tag{5.3.1}$$

提示: 利用变换 $w = z + 1/z$ 将图中上半圆盘 (半径为 1) 的外部区域映射到上半平面.

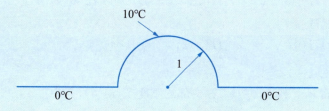

图 5.3.1 4 题的温度分布图

5. 两个半无限平面导体以角度 $0 < \alpha < \pi/2$ 相交,并且分别带有电势 Φ_1 和 Φ_2,如图 5.3.2 所示. 试证明介于两导体间区域中的电势 Φ 和电场 $\boldsymbol{E} = (E_r, E_\theta)$ 满足

$$\Phi = \Phi_2 + \left(\frac{\Phi_1 - \Phi_2}{\alpha}\right)\theta, \quad E_\theta = \frac{\Phi_2 - \Phi_1}{\alpha r}, \quad E_r = 0, \tag{5.3.2}$$

其中 $z = r\mathrm{e}^{\mathrm{i}\theta}$, $0 \leqslant \theta \leqslant \alpha$.

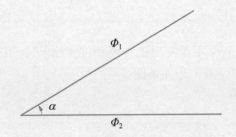
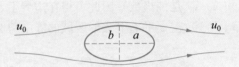

图 5.3.2　5 题和 6 题的静电势示意图　　　图 5.3.3　7 题的流体示意图

6. 两个半无限平面导体以角度 $0 < \alpha < \pi$ 相交,并且分别保持零电势,如图 5.3.2 所示. 一个单位长度带有电荷 q 的直线导体落在两平面间的等距点 z_1 处,试证明图中锐角扇形区域的电势为

$$\mathrm{Re}\left\{-2q\ln\left(\frac{z^{\pi/\alpha} - z_1^{\pi/\alpha}}{z^{\pi/\alpha} - \overline{z}_1^{\pi/\alpha}}\right)\right\}. \tag{5.3.3}$$

7. 考虑一个穿过椭圆截面柱体的流体运动,如图 5.3.3 所示.
   (1) 证明复速度势能为

$$\Omega(z) = u_0\left[\xi + \frac{(a+b)^2}{4\xi}\right], \tag{5.3.4}$$

其中

$$\xi = \frac{1}{2}(z + \sqrt{z^2 - c^2}), \quad c^2 = a^2 - b^2. \tag{5.3.5}$$

   (2) 证明在柱体顶部和底部的流速为 $u_0(1 + b/a)$.

8. 求解以下狄利克雷问题:
$$\begin{cases} H_{xx}(x,y) + H_{yy}(x,y) = 0, & 0 < x < \pi/2,\ y > 0, \\ H(x,0) = 0, & 0 < x < \pi/2, \\ H(0,y) = 1, \quad H(\pi/2, y) = 0, \ y > 0, \end{cases}$$

其中 $0 \leqslant H(x,y) \leqslant 1$.

9. 找出半圆平面 $r \leqslant 1$, $0 \leqslant \theta \leqslant \pi$ 内部的温度 $T(r, \theta)$,其中

$$T(r,0)=1,\ T(r,\pi)=T(1,\theta)=0.$$

10. 找出平面 $y>0$ 上的有界静电势 $V(x,y)$，其中 $y=0$ 是无限直线导体，如图 5.3.4 所示. 该导体上有一段 $-a<x<a$ 保持电势 $V=1$，其余部分保持电势 $V=0$.

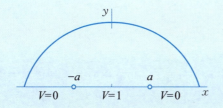

图 5.3.4　10 题的静电势示意图

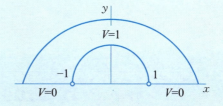

图 5.3.5　11 题的静电势示意图

11. 试求出由两条半直线和半圆组成的平面中的静电势 V，如图 5.3.5 所示. 在半圆上 $V=1$，在半直线上 $V=0$.

习题 5 答案

第 6 章 傅里叶变换

变换是科学与工程中处理问题的一类常用技巧和手段.其蕴含的基本数学思想是:将难以解决的问题,选择恰当的方法进行转换,化为在已知的知识范围内已经解决或容易解决的问题.变换的思想和方法广泛地应用于科学计算、数字信号处理、密码学、物理学、结构动力学以及各类工程技术领域之中.变换旨在使问题的性质更清楚,更便于分析问题,并且使问题的求解更方便.但变换不同于化简,它必须是可逆的,即:必须有与之匹配的逆变换,可以还原问题.例如,直角坐标与极坐标之间的转换是一种变换,它能更灵活、更方便地处理一些几何计算问题;对数也是一种变换,它能将乘法运算化为加法运算,从而能用来求解一些复杂的代数方程.18世纪在微积分学中,人们通过微分、积分运算求解物体的运动方程.由于工程中的实际问题往往是复杂的,于是考虑用变换的思想求解运动方程.到19世纪,著名的无线电工程师赫维塞德为了求解电工学、物理学领域中的线性微分方程,逐步形成一种所谓的符号法.后来演变成今天的积分变换法,即:通过积分运算把一个函数变成另一个函数,同时将函数的微积分运算转化为代数运算,将复杂、耗时的运算简单、快速地完成.

第3章曾介绍了离散形式的 z 变换,本章将要介绍的傅里叶变换,则是一种对定义在全空间上的连续函数的积分变换,即:通过某种积分运算,把一个函数化为另一个函数,同时具有对称形式的逆变换.它既能简化计算,如求解微分方程、化卷积为乘积等,又具有非常特殊的物理意义,因而在许多领域被广泛地应用.在不同研究领域,傅里叶变换具有多种不同的变体形式,如连续傅里叶变换和离散傅里叶变换.傅里叶变换在物理学、数论、组合数学、信号处理、概率、统计、密码学、声学、光学、人工智能等领域都有着广泛的应用.特别是在当今这个数字通信、人工智能蓬勃发展的时代,在经典傅里叶变换理论基础上发展起来的离散傅里叶变换更是显得尤为重要,相关内容参见附录 B.

§6.1 傅里叶变换的概念

在讨论傅里叶变换之前,有必要先来回顾一下傅里叶级数展开.

6.1.1 傅里叶级数

1804 年,法国数学家傅里叶首次提出,"在有限区间上由任意图形定义的函数都可以表示为单纯的正弦函数级数与余弦函数级数之和",但没有给出严格的证明. 1829 年,德国数学家狄利克雷证明了下面的定理,为傅里叶级数奠定了理论基础.

定理 6.1.1 设 $f_T(t)$ 是以 T 为周期的实值函数,且在 $\left[-\dfrac{T}{2},\dfrac{T}{2}\right]$ 上满足狄利克雷条件(简称狄氏条件),即 $f_T(t)$ 在 $\left[-\dfrac{T}{2},\dfrac{T}{2}\right]$ 上满足:

(1) 连续或只有有限个第一类间断点;

(2) 只有有限个极值点.

则在 $f_T(t)$ 的连续点处有

$$f_T(t)=\frac{a_0}{2}+\sum_{n=1}^{+\infty}(a_n\cos n\omega_0 t+b_n\sin n\omega_0 t), \tag{6.1.1}$$

其中

$$\omega_0=\frac{2\pi}{T},$$

$$a_n=\frac{2}{T}\int_{-\frac{T}{2}}^{\frac{T}{2}}f_T(t)\cos n\omega_0 t\,\mathrm{d}t,\ n=0,1,2,\cdots,$$

$$b_n=\frac{2}{T}\int_{-\frac{T}{2}}^{\frac{T}{2}}f_T(t)\sin n\omega_0 t\,\mathrm{d}t,\ n=1,2,\cdots.$$

在间断点 t_0 处,(6.1.1)式左端取值为 $\dfrac{1}{2}[f_T(t+0)+f_T(t-0)]$.

称(6.1.1)式为**傅里叶级数(或傅氏级数)的三角形式**. 需注意上述定理中的狄利克雷条件是充分条件. 由于正弦函数与余弦函数可以统一地由复变指数函数表出,因此可以得到另外一种更为简洁的形式. 根据欧拉公式可知,

$$\cos n\omega_0 t=\frac{1}{2}(\mathrm{e}^{\mathrm{i}n\omega_0 t}+\mathrm{e}^{-\mathrm{i}n\omega_0 t}),$$

$$\sin n\omega_0 t=\frac{\mathrm{i}}{2}(\mathrm{e}^{-\mathrm{i}n\omega_0 t}-\mathrm{e}^{\mathrm{i}n\omega_0 t}).$$

代入(6.1.1)式得

$$f_T(t)=\frac{a_0}{2}+\sum_{n=1}^{+\infty}\left(\frac{a_n-\mathrm{i}b_n}{2}\mathrm{e}^{\mathrm{i}n\omega_0 t}+\frac{a_n+\mathrm{i}b_n}{2}\mathrm{e}^{-\mathrm{i}n\omega_0 t}\right).$$

令

$$c_0=\frac{a_0}{2},\ c_n=\frac{a_n-\mathrm{i}b_n}{2},\ c_{-n}=\frac{a_n+\mathrm{i}b_n}{2},\ n=1,2,\cdots,$$

可得

$$f_T(t)=\sum_{n=-\infty}^{+\infty}c_n\mathrm{e}^{\mathrm{i}n\omega_0 t}, \tag{6.1.2}$$

$$c_n = \frac{1}{T} \int_{-\frac{T}{2}}^{\frac{T}{2}} f_T(t) \mathrm{e}^{-\mathrm{i} n \omega_0 t} \mathrm{d}t, \quad n = 0, \pm 1, \pm 2, \cdots. \tag{6.1.3}$$

这里系数 c_n 既可直接由(6.1.2)式以及函数族 $\mathrm{e}^{\mathrm{i} n \omega_0 t}$ 的正交性得到,也可根据 c_n 与 a_n,b_n 的关系以及 a_n,b_n 的计算公式得到,c_n 具有唯一性.称(6.1.2)式为**傅里叶级数的复指数形式**.

从物理学的观点来看,(6.1.1)式说明 $f_T(t)$ 可表示为频率为 $n\omega_0$ 的简谐振动的叠加.事实上,若在(6.1.1)式中令

$$A_0 = \frac{a_0}{2}, \quad A_n = \sqrt{a_n^2 + b_n^2}, \quad \cos\theta_n = \frac{a_n}{A_n}, \quad \sin\theta_n = -\frac{b_n}{A_n}, \quad n = 1, 2, \cdots,$$

则(6.1.1)式变为

$$f_T(t) = A_0 + \sum_{n=1}^{+\infty} A_n (\cos\theta_n \cos n\omega_0 t - \sin\theta_n \sin n\omega_0 t)$$
$$= A_0 + \sum_{n=1}^{+\infty} A_n \cos(n\omega_0 t + \theta_n).$$

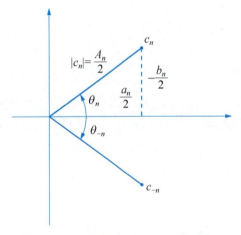

图 6.1.1 傅里叶级数的复指数形式中 c_n 与 a_n 及 b_n 的关系示意图

若以 $f_T(t)$ 表示信号,则上式表明,一个周期为 T 的信号可分解为简谐波之和,这些简谐波的角频率分别为基频 ω_0 的倍数.换句话说,信号 $f_T(t)$ 并不含有各种频率成分,而是仅由一系列具有离散频率的谐波所构成.其中 A_n 反映了频率为 $n\omega_0$ 的谐波在 $f_T(t)$ 中所占的份额,称为振幅;θ_n 则反映了频率为 $n\omega_0$ 的谐波沿时间轴移动的大小,称为相位.这两个指标完全刻画了信号 $f_T(t)$ 的性态.所有出现的简谐振动的振幅和相位的全体,在物理上称为由 $f_T(t)$ 所描写的自然现象的频谐.

再来看(6.1.2)式,c_n 与 a_n 及 b_n 的关系如图 6.1.1 所示.

$$c_0 = A_0, \quad \arg c_n = -\arg c_{-n} = \theta_n,$$
$$|c_n| = |c_{-n}| = \frac{1}{2}\sqrt{a_n^2 + b_n^2} = \frac{A_n}{2}, \quad n = 1, 2, \cdots.$$

因此 c_n 作为一个复数,其模与幅角正好反映了信号 $f_T(t)$ 中频率为 $n\omega_0$ 的简谐波的振幅和相位,其中振幅 A_n 被平均分配到正负频率上,而负频率的出现则完全是为了数学表示的方便,它与正频率一起构成同一个简谐波.由此可见,仅由系数 c_n 就可以完全刻画信号 $f_T(t)$ 的频率特性.由于 c_n 的下标 n 取离散值,所反映的各振动振幅随频率变化的图形呈现出不连续的状态,因此称 c_n 为周期函数 $f_T(t)$ 的**离散频谱**,$|c_n|$ 为**离散振幅谱**,$\arg c_n$ 为**离散相位谱**.为了进一步明确 c_n 与频率 $n\omega_0$ 的对应关系,常常记作 $c_n = F(n\omega_0)$.

例 6.1.1 设 $f_T(t)$ 是以 $T = 2\pi$ 为周期的函数,且在区间 $[0, 2\pi]$ 上 $f_T(t) = t$,将 $f_T(t)$ 展开为指数形式的傅里叶级数.

分析 在对周期函数进行傅里叶级数展开时,首先要由函数的周期 T 求出基频 ω_0,有时

问题没有明确给出周期,则需要根据问题所给的函数确定出周期;其次在求系数时,积分可以在任何一个长度为 T 的区间上进行.

解 令 $\omega_0 = \dfrac{2\pi}{T} = 1$. 当 $n = 0$ 时,

$$c_0 = \frac{1}{T}\int_{-T/2}^{T/2} f_T(t)\,\mathrm{d}t = \frac{1}{T}\int_0^T f_T(t)\,\mathrm{d}t = \frac{1}{2\pi}\int_0^{2\pi} t\,\mathrm{d}t = \pi.$$

当 $n \neq 0$ 时,

$$\begin{aligned}c_n &= F(n\omega_0) \\ &= \frac{1}{T}\int_{-T/2}^{T/2} f_T(t)\mathrm{e}^{-\mathrm{i}n\omega_0 t}\,\mathrm{d}t = \frac{1}{T}\int_0^T f_T(t)\mathrm{e}^{-\mathrm{i}n\omega_0 t}\,\mathrm{d}t = \frac{1}{2\pi}\int_0^{2\pi} t\mathrm{e}^{-\mathrm{i}nt}\,\mathrm{d}t \\ &= \frac{1}{-2n\pi\mathrm{i}}\int_0^{2\pi} t\,\mathrm{d}\mathrm{e}^{-\mathrm{i}nt} = \frac{1}{-2n\pi\mathrm{i}}\cdot t\mathrm{e}^{-\mathrm{i}nt}\Big|_0^{2\pi} + \frac{1}{2n\pi\mathrm{i}}\int_0^{2\pi} \mathrm{e}^{-\mathrm{i}nt}\,\mathrm{d}t = \frac{\mathrm{i}}{n}.\end{aligned}$$

故 $f_T(t)$ 的指数形式的傅里叶级数为

$$f_T(t) = \pi + \sum_{\substack{n=-\infty \\ n\neq 0}}^{+\infty} \frac{\mathrm{i}}{n}\mathrm{e}^{\mathrm{i}nt}.$$

6.1.2 傅里叶积分与傅里叶变换

根据 6.1.1 节的讨论,已知任一周期函数可以展开为傅里叶级数. 人们自然要问: 如何将该结论推广到一般的非周期函数上? 从物理角度来看, 傅里叶级数展开式说明了周期为 T 的函数 $f_T(t)$ 仅包含离散的频率成分, 即它可表示为一系列以 $\omega_0 = \dfrac{2\pi}{T}$ 为间隔的离散频率所形成的简谐波之和. 所以其频谱以 ω_0 为间隔离散地取值. 当 T 增大时, 取值间隔 ω_0 减小; 当 T 趋于无穷大时, 周期函数趋向于非周期函数, 其频谱将在 ω 上连续取值, 即非周期函数将包含所有的频率成分. 这样离散函数的求和就成为连续函数的积分.

1. 傅里叶积分公式

对定义在区间 $(-\infty, +\infty)$ 上的非周期函数 $f(t)$, 可以视其为由某个周期函数 $f_T(t)$ 在 $T \to +\infty$ 时转化而来的函数. 现将 (6.1.3) 式代入 (6.1.2) 式, 再令 $T \to +\infty$, 可得

$$f(t) = \lim_{T\to+\infty} f_T(t) = \lim_{T\to+\infty} \sum_{n=-\infty}^{+\infty} \left[\frac{1}{T}\int_{-\frac{T}{2}}^{\frac{T}{2}} f_T(\tau)\mathrm{e}^{-\mathrm{i}n\omega_0\tau}\,\mathrm{d}\tau\right]\mathrm{e}^{\mathrm{i}n\omega_0 t}.$$

将间隔 ω_0 记为 $\Delta\omega$、节点 $n\omega_0$ 记为 ω_n, 并由 $T = \dfrac{2\pi}{\omega_0} = \dfrac{2\pi}{\Delta\omega}$, 可得

$$f(t) = \frac{1}{2\pi}\lim_{\Delta\omega\to 0}\sum_{n=-\infty}^{+\infty}\left[\int_{-\frac{\pi}{\Delta\omega}}^{\frac{\pi}{\Delta\omega}} f_T(\tau)\mathrm{e}^{-\mathrm{i}n\omega_0\tau}\,\mathrm{d}\tau\,\mathrm{e}^{\mathrm{i}\omega_n t}\right]\Delta\omega.$$

这是一个和式的极限. 按照积分的定义, 在一定条件下, 上式可写为

$$f(t) = \frac{1}{2\pi}\int_{-\infty}^{+\infty}\left[\int_{-\infty}^{+\infty} f(\tau)\mathrm{e}^{-\mathrm{i}\omega\tau}\,\mathrm{d}\tau\right]\mathrm{e}^{\mathrm{i}\omega t}\,\mathrm{d}\omega. \qquad (6.1.4)$$

由此得到下面的定理.

定理 6.1.2（傅里叶积分定理） 如果 $f(t)$ 在 $(-\infty, +\infty)$ 上的任一有限区间满足狄利克雷条件,且在 $(-\infty, +\infty)$ 上绝对可积 $\left(\text{即} \int_{-\infty}^{+\infty} |f(t)| \, \mathrm{d}t < +\infty\right)$,则(6.1.4)式成立.在 $f(t)$ 的间断点处,(6.1.4)式的左端值应为 $\dfrac{1}{2}[f(t+0) + f(t-0)]$.

称(6.1.4)式为**傅里叶积分公式**,简称**傅氏积分公式**.

2. 傅里叶变换

从(6.1.4)式出发,若记

$$F(\omega) = \int_{-\infty}^{+\infty} f(t) \mathrm{e}^{-\mathrm{i}\omega t} \, \mathrm{d}t, \tag{6.1.5}$$

则有

$$f(t) = \frac{1}{2\pi} \int_{-\infty}^{+\infty} F(\omega) \mathrm{e}^{\mathrm{i}\omega t} \, \mathrm{d}\omega. \tag{6.1.6}$$

上面两式中的反常积分是柯西意义下的主值,在 $f(t)$ 的间断点处,(6.1.6)式左端取值为 $\dfrac{1}{2}[f(t+0) + f(t-0)]$.

(6.1.5)式与(6.1.6)式定义了一个变换对,即:对任一已知函数 $f(t)$,通过指定的积分运算,可得到一个与之对应的函数 $F(\omega)$,而由 $F(\omega)$ 通过类似的积分运算,可以恢复得到 $f(t)$,它们具有非常优美的对称形式.后面将会看到,它们还具有明确的物理含义和极好的数学性质.它们是从傅里叶级数得来的,可以给出如下定义.

> **定义 6.1.1** 称(6.1.5)式为**傅里叶变换**(简称**傅氏变换**),其中函数 $F(\omega)$ 称为 $f(t)$ 的**像函数**,记为 $F(\omega) = \mathcal{F}[f(t)]$;称(6.1.6)式为**傅里叶逆变换**(简称**傅氏逆变换**),其中函数 $f(t)$ 称为 $F(\omega)$ 的**像原函数**(或**原函数**),记为 $f(t) = \mathcal{F}^{-1}[F(\omega)]$.

这样,$f(t)$ 与 $F(\omega)$ 构成一个傅里叶变换对.(6.1.6)式说明非周期函数与周期函数一样,可由许多不同频率的正弦、余弦分量合成.所不同的是,非周期函数包含了从零到无穷大的所有频率分量.而 $F(\omega)$ 是 $f(t)$ 中各频率分量的分布密度,因此称 $F(\omega)$ 为**频谱密度函数**(简称**频谱**或者**连续频谱**),称 $|F(\omega)|$ 为**振幅谱**,$\arg F(\omega)$ 为**相位谱**.由于这种特殊的物理含义,傅里叶变换在工程实际中得到广泛的应用.

有时也采用如下形式的傅里叶变换和傅里叶逆变换:

$$F(\omega) = \mathcal{F}[f(t)] = \int_{-\infty}^{+\infty} f(t) \mathrm{e}^{\mathrm{i}\omega t} \, \mathrm{d}t, \tag{6.1.7}$$

$$f(t) = \mathcal{F}^{-1}[F(\omega)] = \frac{1}{2\pi} \int_{-\infty}^{+\infty} F(\omega) \mathrm{e}^{-\mathrm{i}\omega t} \, \mathrm{d}\omega. \tag{6.1.8}$$

本书采用(6.1.5)式和(6.1.6)式.另外,(6.1.5)式和(6.1.6)式中的虚数单位 i 有时也写作 j.

例 6.1.2 求矩形脉冲函数 $f(t)=\begin{cases}1, & |t|\leqslant\delta, \\ 0, & |t|>\delta\end{cases}$ $(\delta>0)$ 的傅里叶变换及傅里叶积分表达式.

解 由(6.1.5)式有

$$\mathcal{F}[f(t)]=F(\omega)$$
$$=\int_{-\infty}^{+\infty}f(t)\mathrm{e}^{-\mathrm{i}\omega t}\mathrm{d}t=\int_{-\delta}^{\delta}\mathrm{e}^{-\mathrm{i}\omega t}\mathrm{d}t=-\frac{1}{\mathrm{i}\omega}\mathrm{e}^{-\mathrm{i}\omega t}\Big|_{-\delta}^{\delta}$$
$$=-\frac{1}{\mathrm{i}\omega}(\mathrm{e}^{-\mathrm{i}\omega\delta}-\mathrm{e}^{\mathrm{i}\omega\delta})=2\frac{\sin(\delta\omega)}{\omega}=2\delta\frac{\sin(\delta\omega)}{\delta\omega},$$

振幅谱为

$$|F(\omega)|=2\delta\left|\frac{\sin(\delta\omega)}{\delta\omega}\right|,$$

相位谱为

$$\arg F(\omega)=\begin{cases}0, & \dfrac{2n\pi}{\delta}\leqslant|\omega|\leqslant\dfrac{(2n+1)\pi}{\delta}, \\ \pi, & \dfrac{(2n+1)\pi}{\delta}<|\omega|<\dfrac{(2n+2)\pi}{\delta},\end{cases} n=0,1,2,\cdots,$$

其图形如图 6.1.2 所示.

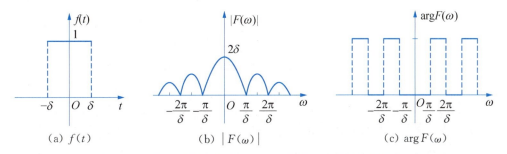

图 6.1.2 例 6.1.2 中矩形脉冲函数 $f(t)$ 及其傅里叶变换的振幅谱及相位谱

再根据(6.1.6)式(注意其中间断点的取值)可得到傅里叶逆变换,即 $f(t)$ 的傅里叶积分表达式为

$$f(t)=\frac{1}{2\pi}\int_{-\infty}^{+\infty}\frac{2\sin(\delta\omega)}{\omega}\mathrm{e}^{\mathrm{i}\omega t}\mathrm{d}\omega$$
$$=\frac{1}{2\pi}\int_{-\infty}^{+\infty}\frac{2\sin(\delta\omega)}{\omega}\cos(\omega t)\mathrm{d}\omega+\frac{\mathrm{i}}{2\pi}\int_{-\infty}^{+\infty}\frac{2\sin(\delta\omega)}{\omega}\sin(\omega t)\mathrm{d}\omega$$
$$=\frac{2}{\pi}\int_{0}^{+\infty}\frac{\sin(\delta\omega)}{\omega}\cos(\omega t)\mathrm{d}\omega=\begin{cases}1, & |t|<\delta, \\ \dfrac{1}{2}, & |t|=\delta, \\ 0, & |t|>\delta.\end{cases}$$

上式中令 $t=0$，可得重要积分公式

$$\int_0^{+\infty} \frac{\sin x}{x} dx = \frac{\pi}{2}.$$

例 6.1.3 已知 $f(t)$ 的频谱为 $F(\omega) = \begin{cases} 0, & |\omega| \geqslant \alpha, \\ 1, & |\omega| < \alpha \end{cases}$ $(\alpha > 0)$，求 $f(t)$.

解 $f(t) = \mathcal{F}^{-1}[F(\omega)]$

$$= \frac{1}{2\pi} \int_{-\infty}^{+\infty} F(\omega) e^{i\omega t} d\omega = \frac{1}{2\pi} \int_{-\alpha}^{\alpha} e^{i\omega t} d\omega$$

$$= \frac{\sin(\alpha t)}{\pi t} = \frac{\alpha}{\pi} \cdot \frac{\sin(\alpha t)}{\alpha t}.$$

记 $\text{Sa}(t) = \frac{\sin t}{t}$，则 $f(t) = \frac{\alpha}{\pi} \text{Sa}(\alpha t)$. 当 $t=0$ 时，定义 $f(0) = \frac{\alpha}{\pi}$. 信号 $\frac{\alpha}{\pi} \text{Sa}(\alpha t)$[或者 $\text{Sa}(t)$] 称为**抽样信号**，由于它具有非常特殊的频谱形式，因而在连续时间信号的离散化、离散时间信号的恢复以及信号滤波中发挥了重要的作用，其图形如图 6.1.3 所示.

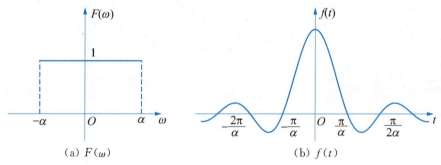

(a) $F(\omega)$　　　　(b) $f(t)$

图 6.1.3 例 6.1.3 中的 $F(\omega)$ 与 $f(t)$

例 6.1.4 求单边指数衰减函数 $f(t) = \begin{cases} e^{-\alpha t}, & t \geqslant 0, \\ 0, & t < 0 \end{cases}$ $(\alpha > 0)$ 的傅里叶变换，并画出频谱图.

解 $F(\omega) = \mathcal{F}[f(t)] = \int_{-\infty}^{+\infty} f(t) e^{-i\omega t} dt = \int_0^{+\infty} e^{-(\alpha+i\omega)t} dt = \frac{1}{\alpha + i\omega} = \frac{\alpha - i\omega}{\alpha^2 + \omega^2},$

振幅谱为

$$|F(\omega)| = \frac{1}{\sqrt{\alpha^2 + \omega^2}},$$

相位谱为

$$\arg F(\omega) = -\arctan(\omega/\alpha),$$

其图形如图 6.1.4 所示.

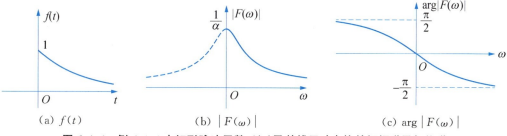

(a) $f(t)$ (b) $|F(\omega)|$ (c) $\arg|F(\omega)|$

图 6.1.4 例 6.1.4 中矩形脉冲函数 $f(t)$ 及其傅里叶变换的振幅谱及相位谱

例 6.1.5 求函数 $f(t)=\begin{cases}1+t, & -1<t\leqslant 0,\\ 1-t, & 0<t\leqslant 1,\\ 0, & |t|>1\end{cases}$ 的傅里叶变换.

解 根据傅里叶变换的定义有

$$\begin{aligned}F(\omega)&=\mathcal{F}[f(t)]\\ &=\int_{-\infty}^{+\infty}f(t)\mathrm{e}^{-\mathrm{i}\omega t}\mathrm{d}t=\int_{-1}^{0}(1+t)\mathrm{e}^{-\mathrm{i}\omega t}\mathrm{d}t+\int_{0}^{1}(1-t)\mathrm{e}^{-\mathrm{i}\omega t}\mathrm{d}t\\ &=\int_{0}^{1}(1-t)\mathrm{e}^{\mathrm{i}\omega t}\mathrm{d}t+\int_{0}^{1}(1-t)\mathrm{e}^{-\mathrm{i}\omega t}\mathrm{d}t=2\int_{0}^{1}(1-t)\cos\omega t\,\mathrm{d}t\\ &=\frac{2}{\omega}\int_{0}^{1}(1-t)\mathrm{d}\sin\omega t=\frac{2}{\omega}(1-t)\sin\omega t\Big|_{0}^{1}+\frac{2}{\omega}\int_{0}^{1}\sin\omega t\,\mathrm{d}t\\ &=-\frac{2}{\omega^2}\cos\omega t\Big|_{0}^{1}=-\frac{2}{\omega^2}(\cos\omega-1).\end{aligned}$$

例 6.1.6 设 $f(t)=\begin{cases}1+t, & |t|\leqslant 1,\\ 0, & |t|>1.\end{cases}$

(1) 求 $f(t)$ 的傅里叶变换.

(2) 由(1)求 $\int_{0}^{+\infty}\frac{\sin\omega}{\omega}\mathrm{d}\omega$.

解 (1) $F(\omega)=\int_{-\infty}^{+\infty}f(t)\mathrm{e}^{-\mathrm{i}\omega t}\mathrm{d}t=\int_{-1}^{1}(1+t)\mathrm{e}^{-\mathrm{i}\omega t}\mathrm{d}t=2\frac{\sin\omega}{\omega}+\frac{2\mathrm{i}}{\omega}\left(\cos\omega-\frac{\sin\omega}{\omega}\right)$.

(2) $\mathcal{F}^{-1}[F(\omega)]=\frac{1}{2\pi}\int_{-\infty}^{+\infty}F(\omega)\mathrm{e}^{\mathrm{i}\omega t}\mathrm{d}\omega=\frac{2}{\pi}\int_{0}^{+\infty}\left[\frac{\sin\omega(1-t)}{\omega}+\frac{\sin\omega\sin\omega t}{\omega^2}\right]\mathrm{d}\omega$

$$=\begin{cases}1+t, & -1\leqslant t<1,\\ 0, & |t|>1,\\ 1, & t=1.\end{cases}$$

取 $t=0$，即得 $\int_{0}^{+\infty}\frac{\sin\omega}{\omega}\mathrm{d}\omega=\frac{\pi}{2}$.

§ 6.2 单位冲激函数

由 6.1 节的讨论已知，傅里叶级数与傅里叶变换可用不同的形式反映周期函数与非周期函数的频谱特性,由此启发我们思考是否可以借助某种手段将它们统一起来.换言之,就是能否将离散频谱以连续频谱的方式表现出来.为了回答以上问题,本节将引入单位冲激(或脉冲)函数与广义傅里叶变换.在实际问题中,有许多物理现象具有一种脉冲特征,它们仅在某一瞬间或者某一点出现,如瞬时冲击力、脉冲电流、质点的质量等,这些物理量都不能用通常的函数形式去描述.为了更好地理解单位冲激函数提出的实际背景,可以先来看下面的引例.

例 6.2.1 设有长度为 ε 的均匀细杆放在 x 轴的区间 $[0,\varepsilon]$ 上,其质量为 m,用 $\rho_\varepsilon(x)$ 表示它的线密度,则有

$$\rho_\varepsilon(x)=\begin{cases}\dfrac{m}{\varepsilon}, & 0\leqslant x\leqslant\varepsilon,\\ 0, & \text{其他}.\end{cases} \quad (6.2.1)$$

若有一质量为 m 的质点放置在坐标原点,则可将它看作上述细杆取 $\varepsilon\to 0$ 的极限.根据(6.2.1)式,质点的密度函数 $\rho(x)$ 为

$$\rho(x)=\lim_{\varepsilon\to 0}\rho_\varepsilon(x)=\begin{cases}+\infty, & x=0,\\ 0, & x\neq 0.\end{cases} \quad (6.2.2)$$

显然,仅用(6.2.2)式这种"常规"的函数表述方式,并不能反映出质点本身的质量,必须附加一个条件 $\int_{-\infty}^{+\infty}\rho(x)\mathrm{d}x=m$.为此需要引入一个新的函数,即所谓的**单位冲激函数**,又称为**狄拉克函数**或者 **δ 函数**.

6.2.1 δ 函数的概念及其性质

例 6.2.1 启发我们定义单位冲激函数 $\delta(t)$.它是满足以下两个条件的函数:
(1) 当 $t\neq 0$ 时,$\delta(t)=0$;
(2) $\int_{-\infty}^{+\infty}\delta(t)\mathrm{d}t=1.$

以上定义是由狄拉克给出的一种直观的定义方式.按照此定义,(6.2.1)式中的质点的密度函数为 $\rho(x)=m\delta(x)$.需要特别指出的是,上述定义方式在理论上是不严格的,它只是对 δ 函数的某种描述.事实上,δ 函数并不是通常意义的函数,而是一种广义函数,关于 δ 函数的严格定义可参阅有关广义函数的相关书籍.另外,δ 函数在现实生活中也是不存在的,它是数学抽象的结果.有时人们将 δ 函数直观地理解为

$$\delta(x)=\lim_{\varepsilon\to 0}\delta_\varepsilon(x),$$

其中 $\delta_\varepsilon(x)$ 是宽度为 ε、高度为 $1/\varepsilon$ 的矩形冲激函数,如图 6.2.1 所示.

下面将不加证明地直接给出 δ 函数的 3 个基本性质.

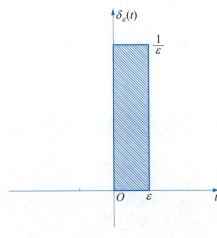

图 6.2.1 宽度为 ε、高度为 $1/\varepsilon$ 的矩形冲激函数

性质 6.2.1 设 $f(t)$ 是定义在实数域 $\mathbb{R}$ 上的有界函数,且在 $t=0$ 处连续,则

$$\int_{-\infty}^{+\infty} \delta(t) f(t) \mathrm{d}t = f(0). \tag{6.2.3}$$

一般地,若 $f(t)$ 在 $t=t_0$ 点连续,则

$$\int_{-\infty}^{+\infty} \delta(t-t_0) f(t) \mathrm{d}t = f(t_0). \tag{6.2.4}$$

此性质称为**筛选性质**. (6.2.3)式给出 δ 函数与其他函数的运算性质,它也常常被人们用来定义 δ 函数,即采用检验的方式来考查某个函数是否为 δ 函数.

例 6.2.2 求函数 $f(t) = \delta(t-1) \cdot (t-2)^2 \cos t$ 的傅里叶变换.

解 由傅里叶变换的定义及单位冲激函数的筛选性质,有

$$\begin{aligned}
F(\omega) &= \mathcal{F}[f(t)] \\
&= \int_{-\infty}^{+\infty} \delta(t-1) \cdot (t-2)^2 \cos t \cdot \mathrm{e}^{-\mathrm{i}\omega t} \mathrm{d}t \\
&= (t-2)^2 \cos t \cdot \mathrm{e}^{-\mathrm{i}\omega t} \Big|_{t=1} = \mathrm{e}^{-\mathrm{i}\omega} \cos 1.
\end{aligned}$$

性质 6.2.2 δ 函数为偶函数,即 $\delta(t) = \delta(-t)$.

性质 6.2.3 设 $u(t)$ 为**单位阶跃函数**或赫维塞德函数,即

$$u(t) = \begin{cases} 1, & t \geqslant 0, \\ 0, & t < 0, \end{cases}$$

则有

$$\int_{-\infty}^{t} \delta(t) \mathrm{d}t = u(t), \quad \frac{\mathrm{d}u(t)}{\mathrm{d}t} = \delta(t).$$

在图形上,人们常常采用一个从原点出发、长度为 1 的有向线段来表示 δ 函数,如图 6.2.2 所示,其中有向线段的长度代表 δ 函数的积分值,称为**冲激强度**.图 6.2.3(a)和(b)则分别为函数 $A\delta(t)$ 与 $\delta(t-t_0)$ 的图形表示,其中 A 为 $A\delta(t)$ 的冲激强度.

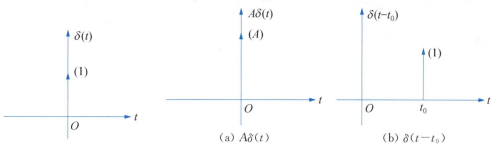

图 6.2.2 δ 函数　　　图 6.2.3 函数 $A\delta(t)$ 与 $\delta(t-t_0)$ 的图形表示

例 6.2.3 给出函数 $F(\omega) = \pi[\delta(\omega-\omega_0) - \delta(\omega+\omega_0)]$ 的图形表示,其中 $\omega_0 > 0$.

解 函数 $F(\omega) = \pi[\delta(\omega-\omega_0) - \delta(\omega+\omega_0)]$ 在 ω_0 和 $-\omega_0$ 的冲激强度分别为 π 和 $-\pi$,其图形如图 6.2.4 所示.

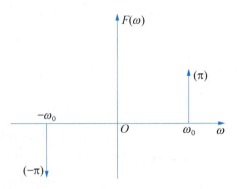

图 6.2.4 函数 $F(\omega)=\pi[\delta(\omega-\omega_0)-\delta(\omega+\omega_0)]$ 在 ω_0 与 $-\omega_0$ 的冲激强度

本例表明,利用单位冲激函数可以将离散值以连续形式表达,从而可以统一地进行处理.

6.2.2 δ 函数的傅里叶变换

根据 δ 函数的定义,可知 δ 函数的傅里叶变换为

$$F(\omega)=\mathcal{F}[\delta(t)]=\int_{-\infty}^{+\infty}\delta(t)\mathrm{e}^{-\mathrm{i}\omega t}\mathrm{d}t=\mathrm{e}^{-\mathrm{i}\omega t}\Big|_{t=0}=1,$$

即单位冲激函数包含各种频率分量且它们具有相等的幅度,称此为**均匀频谱**或**白色频谱**. 由此可得,$\delta(t)$ 与 1 构成傅里叶变换对,按逆变换公式有

$$\mathcal{F}^{-1}[1]=\frac{1}{2\pi}\int_{-\infty}^{+\infty}\mathrm{e}^{\mathrm{i}\omega t}\mathrm{d}\omega=\delta(t). \tag{6.2.5}$$

这是一个关于 δ 函数的重要公式.

需要注意的是,这里 $\delta(t)$ 的傅里叶变换仍采用傅里叶变换的古典定义,但此时的反常积分是根据 δ 函数的定义和运算性质直接给出的,而不是普通意义下的积分值,故称 $\delta(t)$ 的傅里叶变换是一种**广义傅里叶变换**. 运用这一概念,可以对一些常用的函数,如常数、单位阶跃函数和正弦、余弦函数进行傅里叶变换,尽管它们并不满足绝对可积条件. 下面通过几个例子给予说明.

例 6.2.4 分别求函数 $f_1(t)=1$ 与 $f_2(t)=\mathrm{e}^{\mathrm{i}\omega_0 t}$ 的傅里叶变换.

解 由傅里叶变换的定义以及 (6.2.5) 式,有

$$F_1(\omega)=\mathcal{F}[f_1(t)]$$
$$=\int_{-\infty}^{+\infty}\mathrm{e}^{-\mathrm{i}\omega t}\mathrm{d}t=\int_{-\infty}^{+\infty}\mathrm{e}^{\mathrm{i}\omega \tau}\mathrm{d}\tau$$
$$=2\pi\delta(\omega),$$
$$F_2(\omega)=\mathcal{F}[f_2(t)]$$
$$=\int_{-\infty}^{+\infty}\mathrm{e}^{\mathrm{i}\omega_0 t}\mathrm{e}^{-\mathrm{i}\omega t}\mathrm{d}t=\int_{-\infty}^{+\infty}\mathrm{e}^{\mathrm{i}(\omega_0-\omega)t}\mathrm{d}t$$
$$=2\pi\delta(\omega_0-\omega)=2\pi\delta(\omega-\omega_0).$$

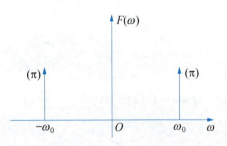

图 6.2.5 例 6.2.5 的频谱

例 6.2.5 求 $f(t) = \cos\omega_0 t$ 的傅里叶变换.

解 由傅里叶变换的定义,有

$$\begin{aligned}
F(\omega) &= \mathcal{F}[f(t)] \\
&= \int_{-\infty}^{+\infty} e^{-i\omega t}\cos(\omega_0 t)\mathrm{d}t = \int_{-\infty}^{+\infty}\frac{1}{2}(e^{i\omega_0 t}+e^{-i\omega_0 t})e^{-i\omega t}\mathrm{d}t \\
&= \frac{1}{2}\int_{-\infty}^{+\infty}(e^{-i(\omega-\omega_0)t}+e^{-i(\omega+\omega_0)t})\mathrm{d}t = \pi[\delta(\omega-\omega_0)+\delta(\omega+\omega_0)].
\end{aligned}$$

本例表明,在广义傅里叶变换意义下,周期函数也可以进行傅里叶变换,其频谱仍是离散的(见图 6.2.5),这一点与傅里叶级数展开是一致的. 不同的是,这里是用冲激强度来表示各频率分量的幅值的相对大小.

事实上,对一般周期函数而言,有下面的定理.

定理 6.2.1 设 $f(t)$ 是以 T 为周期的实值函数,且在 $[-T/2, T/2]$ 上满足狄利克雷条件,则 $f(t)$ 和 $F(\omega) = \sum\limits_{n=-\infty}^{+\infty} 2\pi F(n\omega_0)\delta(\omega-n\omega_0)$ 是一组傅里叶变换对,其中 $\omega_0 = \dfrac{2\pi}{T}$,$F(n\omega_0)$ 是 $f(t)$ 的离散频谱.

证明 根据傅里叶级数展开式有

$$f(t) = \sum_{n=-\infty}^{+\infty} F(n\omega_0)e^{in\omega_0 t}.$$

因此

$$\begin{aligned}
\mathcal{F}[f(t)] &= \int_{-\infty}^{+\infty} f(t)e^{-i\omega t}\mathrm{d}t = \sum_{n=-\infty}^{+\infty} F(n\omega_0)\int_{-\infty}^{+\infty} e^{in\omega_0 t}e^{-i\omega t}\mathrm{d}t \\
&= \sum_{n=-\infty}^{+\infty} 2\pi F(n\omega_0)\delta(\omega-n\omega_0) = F(\omega), \\
\mathcal{F}^{-1}[F(\omega)] &= \frac{1}{2\pi}\int_{-\infty}^{+\infty} F(\omega)e^{i\omega t}\mathrm{d}\omega = \sum_{n=-\infty}^{+\infty} F(n\omega_0)\int_{-\infty}^{+\infty}\delta(\omega-n\omega_0)e^{i\omega t}\mathrm{d}\omega \\
&= \sum_{n=-\infty}^{+\infty} F(n\omega_0)e^{in\omega_0 t} = f(t),
\end{aligned}$$

即得 $f(t)$ 与 $F(\omega)$ 是一组傅里叶变换对. 证毕.

例 6.2.6 试证:单位阶跃函数 $u(t)$ 的傅里叶变换为 $U(\omega) = \dfrac{1}{i\omega} + \pi\delta(\omega)$.

证明 设 $F(\omega) = \dfrac{1}{i\omega} + \pi\delta(\omega)$,$f(t) = \mathcal{F}^{-1}[F(\omega)]$,则

$$\begin{aligned}
f(t) &= \frac{1}{2\pi}\int_{-\infty}^{+\infty}\left[\frac{1}{i\omega}+\pi\delta(\omega)\right]e^{i\omega t}\mathrm{d}\omega = \frac{1}{2}\int_{-\infty}^{+\infty}\delta(\omega)e^{i\omega t}\mathrm{d}\omega + \frac{1}{2\pi}\int_{-\infty}^{+\infty}\frac{1}{i\omega}e^{i\omega t}\mathrm{d}\omega \\
&= \frac{1}{2} + \frac{1}{\pi}\int_0^{+\infty}\frac{\sin(\omega t)}{\omega}\mathrm{d}\omega.
\end{aligned}$$

由例 6.1.2 知 $\int_0^{+\infty}\dfrac{\sin x}{x}\mathrm{d}x = \dfrac{\pi}{2}$,所以有

$$f(t) = \begin{cases} 1, & t > 0, \\ 0, & t < 0. \end{cases}$$

证毕.

§ 6.3 傅里叶变换的性质

为了叙述方便,假定在以下性质中所涉及的函数的傅里叶变换均存在,且对一些运算(如求导、积分、求和等)的次序交换成立,不再另作说明.

6.3.1 傅里叶变换的基本性质

1. 线性性质

设 $F(\omega) = \mathcal{F}[f(t)]$, $G(\omega) = \mathcal{F}[g(t)]$, α, β 为常数,则

$$\mathcal{F}[\alpha f(t) + \beta g(t)] = \alpha F(\omega) + \beta G(\omega),$$
$$\mathcal{F}^{-1}[\alpha F(\omega) + \beta G(\omega)] = \alpha f(t) + \beta g(t).$$

此性质可直接由积分的线性性质推出.

例 6.3.1 求函数 $f(t) = e^{2it} \sin^2 t$ 的傅里叶变换.

解 $f(t) = e^{2it} \left(\dfrac{e^{it} - e^{-it}}{2i} \right)^2 = -\dfrac{1}{4}(e^{i4t} - 2e^{i2t} + 1)$, 由

$$\mathcal{F}[e^{i\omega_0 t}] = 2\pi \delta(\omega - \omega_0), \quad \mathcal{F}[1] = 2\pi \delta(\omega)$$

有

$$\mathcal{F}[f(t)] = -\dfrac{\pi}{2}[\delta(\omega - 4) - 2\delta(\omega - 2) + \delta(\omega)].$$

2. 位移性质

设 $F(\omega) = \mathcal{F}[f(t)]$, ω_0, t_0 为实常数,则

$$\mathcal{F}[f(t - t_0)] = e^{-i\omega t_0} F(\omega), \tag{6.3.1}$$

$$\mathcal{F}^{-1}[F(\omega - \omega_0)] = e^{i\omega_0 t} f(t). \tag{6.3.2}$$

证明 由定义有

$$\mathcal{F}[f(t - t_0)] = \int_{-\infty}^{+\infty} f(t - t_0) e^{-i\omega t} dt,$$

作变量代换 $t_1 = t - t_0$,得

$$\mathcal{F}[f(t - t_0)] = \int_{-\infty}^{+\infty} f(t_1) e^{-i\omega t_1} e^{-i\omega t_0} dt_1 = e^{-i\omega t_0} \mathcal{F}[f(t)] = e^{-i\omega t_0} F(\omega).$$

类似可证(6.3.2)式. 证毕.

傅里叶变换的这一性质有很好的物理意义.(6.3.1)式说明,当一个函数(或信号)沿时间轴移动后,它的各频率成分的大小不发生改变,但相位发生变化.而(6.3.2)式则被用来进行频谱搬移,这一技术在通信系统中得到了广泛应用.

例 6.3.2 已知 $G(\omega)=\dfrac{1}{\beta+\mathrm{i}(\omega+\omega_0)}$($\beta>0$,$\omega_0$ 为实常数),求 $g(t)=\mathcal{F}^{-1}[G(\omega)]$.

解 由(6.3.2)式并利用例 6.1.4 的结果,有

$$g(t)=\mathcal{F}^{-1}[G(\omega)]$$

$$=\mathrm{e}^{-\mathrm{i}\omega_0 t}\mathcal{F}^{-1}\left[\dfrac{1}{\beta+\mathrm{i}\omega}\right]=\begin{cases}\mathrm{e}^{-(\beta+\mathrm{i}\omega_0)t}, & t\geqslant 0,\\ 0, & t<0.\end{cases}$$

例 6.3.3 求函数 $f(t)=u(t)\sin^2 t$ 的傅里叶变换.

解 $f(t)=u(t)\left(\dfrac{\mathrm{e}^{\mathrm{i}t}+\mathrm{e}^{-\mathrm{i}t}}{2}\right)^2=\dfrac{1}{2}u(t)+\dfrac{1}{4}(\mathrm{e}^{\mathrm{i}2t}+\mathrm{e}^{-\mathrm{i}2t})u(t).$

由 $U(\omega)=\mathcal{F}[u(t)]=\dfrac{1}{\mathrm{i}\omega}+\pi\delta(\omega)$ 及位移性质,有

$$F(\omega)=\mathcal{F}[f(t)]$$

$$=\dfrac{1}{2}U(\omega)+\dfrac{1}{4}U(\omega-2)+\dfrac{1}{4}U(\omega+2)$$

$$=\dfrac{1}{2}\left[\dfrac{1}{\mathrm{i}\omega}+\pi\delta(\omega)\right]+\dfrac{1}{4}\left[\dfrac{1}{\mathrm{i}(\omega-2)}+\pi\delta(\omega-2)\right]+\dfrac{1}{4}\left[\dfrac{1}{\mathrm{i}(\omega+2)}+\pi\delta(\omega+2)\right]$$

$$=\dfrac{1}{2}\left[\dfrac{1}{\mathrm{i}\omega}+\pi\delta(\omega)+\dfrac{\mathrm{i}\omega}{4-\omega^2}\right]+\dfrac{\pi}{4}[\delta(\omega-2)+\delta(\omega+2)].$$

3. 相似性质

设 $F(\omega)=\mathcal{F}[f(t)]$,$a$ 为非零常数,则

$$\mathcal{F}[f(at)]=\dfrac{1}{|a|}F\left(\dfrac{\omega}{a}\right). \tag{6.3.3}$$

证明 $\mathcal{F}[f(at)]=\displaystyle\int_{-\infty}^{+\infty}f(at)\mathrm{e}^{-\mathrm{i}\omega t}\mathrm{d}t.$ 令 $x=at$,则当 $a>0$ 时,

$$\mathcal{F}[f(at)]=\dfrac{1}{a}\int_{-\infty}^{+\infty}f(x)\mathrm{e}^{-\mathrm{i}\frac{\omega}{a}x}\mathrm{d}x=\dfrac{1}{a}F\left(\dfrac{\omega}{a}\right);$$

当 $a<0$ 时,

$$\mathcal{F}[f(at)]=\dfrac{1}{a}\int_{+\infty}^{-\infty}f(x)\mathrm{e}^{-\mathrm{i}\frac{\omega}{a}x}\mathrm{d}x=-\dfrac{1}{a}F\left(\dfrac{\omega}{a}\right).$$

综合上述两种情况,得

$$\mathcal{F}[f(at)]=\dfrac{1}{|a|}F\left(\dfrac{\omega}{a}\right).$$

证毕.

此性质的物理意义也是非常明显的:若函数(或信号)被压缩($|a|>1$),则其频谱被扩展;反之,若函数被扩展($|a|<1$),则其频谱被压缩.

例 6.3.4 已知抽样信号 $f(t)=\dfrac{\sin 2t}{\pi t}$ 的频谱为

$$F(\omega)=\begin{cases}1, & |\omega|\leqslant 2,\\ 0, & |\omega|>2.\end{cases}$$

求信号 $g(t)=f\left(\dfrac{t}{2}\right)$ 的频谱 $G(\omega)$.

解 由(6.3.3)式可得

$$G(\omega)=\mathcal{F}[g(t)]=\mathcal{F}\left[f\left(\dfrac{t}{2}\right)\right]=2F(2\omega)=\begin{cases}2, & |\omega|\leqslant 1,\\ 0, & |\omega|>1.\end{cases}$$

从图 6.3.1 可以看出,由 $f(t)$ 扩展后的信号 $g(t)$ 变得平缓,频率变低,即频率范围由原来的 $|\omega|<2$ 变为 $|\omega|<1$.

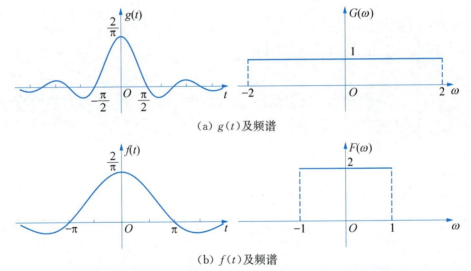

(a) $g(t)$ 及频谱

(b) $f(t)$ 及频谱

图 6.3.1 例 6.3.4 中的信号 $f(t)$ 和 $g(t)$ 以及它们的频谱

4. 微分性质

若 $\lim\limits_{|t|\to+\infty}f(t)=0$,则

$$\mathcal{F}[f'(t)]=\mathrm{i}\omega\mathcal{F}[f(t)]. \tag{6.3.4}$$

一般地,若 $\lim\limits_{|t|\to+\infty}f^{(k)}(t)=0\ (k=0,1,2,\cdots,n-1)$,则

$$\mathcal{F}[f^{(n)}(t)]=(\mathrm{i}\omega)^n\mathcal{F}[f(t)]. \tag{6.3.5}$$

证明 当 $|t|\to+\infty$ 时,$|f(t)\mathrm{e}^{-\mathrm{i}\omega t}|=|f(t)|\to 0$,可得 $f(t)\mathrm{e}^{-\mathrm{i}\omega t}\to 0$. 因而

$$\mathcal{F}[f'(t)]=\int_{-\infty}^{+\infty}f'(t)\mathrm{e}^{-\mathrm{i}\omega t}\mathrm{d}t=f(t)\mathrm{e}^{-\mathrm{i}\omega t}\Big|_{-\infty}^{+\infty}+\mathrm{i}\omega\int_{-\infty}^{+\infty}f(t)\mathrm{e}^{-\mathrm{i}\omega t}\mathrm{d}t=\mathrm{i}\omega\mathcal{F}[f(t)].$$

反复运用上式即得(6.3.5)式. 证毕.

同样,还能得到像函数的导数公式为

$$\frac{\mathrm{d}}{\mathrm{d}\omega}F(\omega) = -\mathrm{i}\mathcal{F}[tf(t)].$$

一般地,有

$$\frac{\mathrm{d}^n F(\omega)}{\mathrm{d}\omega^n} = (-\mathrm{i})^n \mathcal{F}[t^n f(t)].$$

当 $f(t)$ 的傅里叶变换已知时,上式可用来求 $t^n f(t)$ 的傅里叶变换.

例 6.3.5 分别求下列函数的傅里叶变换:

(1) $f_1(t) = t\sin t$;　　　　　(2) $f_1(t) = t^2 u(t)$.

解 (1) 根据微分性质有

$$F_1(\omega) = \mathcal{F}[f_1(t)] = \mathcal{F}[t\sin t] = \mathrm{i}\frac{\mathrm{d}}{\mathrm{d}\omega}\mathcal{F}[\sin t].$$

再由

$$\mathcal{F}[\sin t] = \mathrm{i}\pi[\delta(\omega+1) - \delta(\omega-1)],$$

即得

$$F_1(\omega) = -\pi[\delta'(\omega+1) - \delta'(\omega-1)].$$

(2) 由 $U(\omega) = \mathcal{F}[u(t)] = \dfrac{1}{\mathrm{i}\omega} + \pi\delta(\omega)$ 及微分性质,有

$$F_2(\omega) = \mathcal{F}[f_2(t)] = \frac{1}{(-\mathrm{i})^2}U''(\omega) = -\left(\frac{-1}{\mathrm{i}\omega^2} + \pi\delta'(\omega)\right)' = -\frac{2}{\mathrm{i}\omega^3} - \pi\delta''(\omega).$$

5. 积分性质

设 $g(t) = \displaystyle\int_{-\infty}^{t} f(t)\mathrm{d}t$,若 $\displaystyle\lim_{t\to+\infty} g(t) = 0$,则

$$\mathcal{F}[g(t)] = \frac{1}{\mathrm{i}\omega}\mathcal{F}[f(t)].$$

证明 由于 $g'(t) = f(t)$,根据(6.3.4)式有

$$\mathcal{F}[f(t)] = \mathcal{F}[g'(t)] = \mathrm{i}\omega\mathcal{F}[g(t)],$$

即 $\mathcal{F}[g(t)] = \dfrac{1}{\mathrm{i}\omega}\mathcal{F}[f(t)]$. 证毕.

6. 帕塞瓦尔等式

设 $F(\omega) = \mathcal{F}[f(t)]$,则有

$$\int_{-\infty}^{+\infty} f^2(t)\mathrm{d}t = \frac{1}{2\pi}\int_{-\infty}^{+\infty} |F(\omega)|^2 \mathrm{d}\omega. \tag{6.3.6}$$

证明 由 $F(\omega) = \mathcal{F}[f(t)] = \int_{-\infty}^{+\infty} f(t)\mathrm{e}^{-\mathrm{i}\omega t}\mathrm{d}t$,有

$$\overline{F(\omega)} = \int_{-\infty}^{+\infty} f(t)\mathrm{e}^{\mathrm{i}\omega t}\mathrm{d}t.$$

所以

$$\frac{1}{2\pi}\int_{-\infty}^{+\infty}|F(\omega)|^2\mathrm{d}\omega = \frac{1}{2\pi}\int_{-\infty}^{+\infty}F(\omega)\overline{F(\omega)}\mathrm{d}\omega = \frac{1}{2\pi}\int_{-\infty}^{+\infty}F(\omega)\left[\int_{-\infty}^{+\infty}f(t)\mathrm{e}^{\mathrm{i}\omega t}\mathrm{d}t\right]\mathrm{d}\omega$$

$$= \int_{-\infty}^{+\infty}f(t)\left[\frac{1}{2\pi}\int_{-\infty}^{+\infty}F(\omega)\mathrm{e}^{\mathrm{i}\omega t}\mathrm{d}\omega\right]\mathrm{d}t = \int_{-\infty}^{+\infty}f^2(t)\mathrm{d}t.$$

证毕. ■

例 6.3.6 求积分 $\int_0^{+\infty}\frac{\sin^2\omega}{\omega^2}\mathrm{d}\omega$ 的值.

解 由例 6.1.2 可知函数

$$f(t) = \begin{cases} 1, & |t| \leqslant \delta, \\ 0, & |t| > \delta \end{cases}$$

所对应的像函数为 $F(\omega) = 2\delta\frac{\sin(\delta\omega)}{\delta\omega}$,$\delta > 0$. 令 $\delta = 1$,并由 (6.3.6) 式得

$$\int_{-\infty}^{+\infty}\left(2\frac{\sin\omega}{\omega}\right)^2\mathrm{d}\omega = 2\pi\int_{-1}^{1}1^2\mathrm{d}t = 4\pi.$$

由于被积函数为偶函数,故

$$\int_0^{+\infty}\frac{\sin^2\omega}{\omega^2}\mathrm{d}\omega = \frac{\pi}{2}.$$

6.3.2 卷积与卷积定理

1. 卷积

定义 6.3.1 设 $f_1(t)$ 与 $f_2(t)$ 在 $(-\infty,+\infty)$ 内有定义. 若对任何实数 t,反常积分 $\int_{-\infty}^{+\infty}f_1(\tau)f_2(t-\tau)\mathrm{d}\tau$ 收敛,则它定义了一个自变量为 t 的函数,称此函数为 $f_1(t)$ 与 $f_2(t)$ 的**卷积**,记为 $f_1(t)*f_2(t)$,即

$$f_1(t)*f_2(t) = \int_{-\infty}^{+\infty}f_1(\tau)f_2(t-\tau)\mathrm{d}\tau.$$

根据定义,易知卷积满足下列定律.

- 交换律:$f_1(t)*f_2(t) = f_2(t)*f_1(t)$;
- 结合律:$f_1(t)*[f_2(t)*f_3(t)] = [f_1(t)*f_2(t)]*f_3(t)$;
- 分配律:$f_1(t)*[f_2(t)+f_3(t)] = f_1(t)*f_2(t)+f_1(t)*f_3(t)$.

例 6.3.7 求下列函数的卷积:

$$f(t)=\begin{cases}\mathrm{e}^{-\alpha t}, & t\geqslant 0,\\ 0, & t<0,\end{cases} g(t)=\begin{cases}\mathrm{e}^{-\beta t}, & t\geqslant 0,\\ 0, & t<0,\end{cases}$$

其中 $\alpha>0, \beta>0$ 且 $\alpha\neq\beta$.

解 由定义有

$$f(t)*g(t)=\int_{-\infty}^{+\infty}f(\tau)g(t-\tau)\mathrm{d}\tau.$$

由图 6.3.2 可得: 当 $t<0$ 时,

$$f(t)*g(t)=0;$$

当 $t\geqslant 0$ 时,

$$f(t)*g(t)=\int_{0}^{t}f(\tau)g(t-\tau)\mathrm{d}\tau=\int_{0}^{t}\mathrm{e}^{-\alpha\tau}\mathrm{e}^{-\beta(t-\tau)}\mathrm{d}\tau$$

$$=\mathrm{e}^{-\beta t}\int_{0}^{t}\mathrm{e}^{-(\alpha-\beta)\tau}\mathrm{d}\tau=\frac{1}{\alpha-\beta}(\mathrm{e}^{-\beta t}-\mathrm{e}^{-\alpha t}).$$

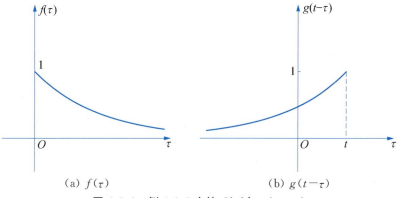

(a) $f(\tau)$ (b) $g(t-\tau)$

图 6.3.2 例 6.3.7 中的 $f(\tau)$ 与 $g(t-\tau)$

综合上述可得

$$f(t)*g(t)=\begin{cases}\dfrac{1}{\alpha-\beta}(\mathrm{e}^{-\beta t}-\mathrm{e}^{-\alpha t}), & t\geqslant 0,\\ 0, & t<0.\end{cases}$$

例 6.3.8 求下列函数的卷积:

$$f(t)=t^2 u(t),\ g(t)=\begin{cases}2, & 1\leqslant t\leqslant 2,\\ 0, & 其他.\end{cases}$$

解 由卷积的定义及性质有

$$f(t)*g(t)=\int_{-\infty}^{+\infty}f(\tau)g(t-\tau)\mathrm{d}\tau=\int_{-\infty}^{+\infty}g(\tau)f(t-\tau)\mathrm{d}\tau.$$

由图 6.3.3 可得: 当 $t\leqslant 1$ 时,

$$f(t)*g(t)=0;$$

当 $1<t<2$ 时,
$$f(t)*g(t)=\int_1^t 2\cdot(t-\tau)^2\mathrm{d}\tau=\frac{2}{3}(t-1)^3;$$

当 $t\geqslant 2$ 时,
$$f(t)*g(t)=\int_1^2 2\cdot(t-\tau)^2\mathrm{d}\tau=\frac{2}{3}[(t-1)^3-(t-2)^3].$$

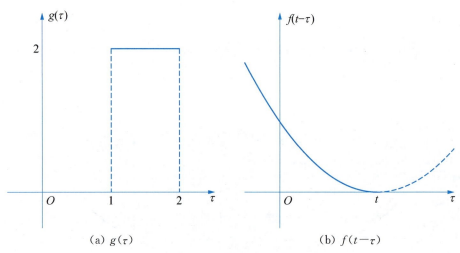

图 6.3.3 例 6.3.8 中的 $g(\tau)$ 与 $f(t-\tau)$

综合上述可得

$$f(t)*g(t)=\begin{cases}0, & t\leqslant 1,\\ \dfrac{2}{3}(t-1)^3, & 1<t<2,\\ \dfrac{2}{3}[(t-1)^3-(t-2)^3], & t\geqslant 2.\end{cases}$$

通过上述例题,可知卷积由反褶、平移、相乘、积分几个部分组成,即:将 $g(\tau)$ 反褶、平移得 $g(t-\tau)=g(-(\tau-t))$,再与 $f(\tau)$ 相乘求积分. 因此卷积又称褶积或卷乘. 如果采用图解方式,则很容易确定积分限.

2. 卷积定理

定理 6.3.1 设 $F_1(\omega)=\mathcal{F}[f_1(t)]$,$F_2(\omega)=\mathcal{F}[f_2(t)]$,则有

$$\mathcal{F}[f_1(t)*f_2(t)]=F_1(\omega)\cdot F_2(\omega).$$

$$\mathcal{F}[f_1(t)\cdot f_2(t)]=\frac{1}{2\pi}F_1(\omega)*F_2(\omega). \tag{6.3.7}$$

证明 由卷积与傅里叶变换的定义有

$$\mathcal{F}[f_1(t) * f_2(t)] = \int_{-\infty}^{+\infty} f_1(t) * f_2(t) \mathrm{e}^{-\mathrm{i}\omega t} \mathrm{d}t = \int_{-\infty}^{+\infty} \left[\int_{-\infty}^{+\infty} f_1(\tau) f_2(t-\tau) \mathrm{d}\tau\right] \mathrm{e}^{-\mathrm{i}\omega t} \mathrm{d}t$$

$$= \int_{-\infty}^{+\infty} f_1(\tau) \left[\int_{-\infty}^{+\infty} f_2(t-\tau) \mathrm{e}^{-\mathrm{i}\omega t} \mathrm{d}t\right] \mathrm{d}\tau$$

$$= \int_{-\infty}^{+\infty} f_1(\tau) \mathrm{e}^{-\mathrm{i}\omega \tau} \left[\int_{-\infty}^{+\infty} f_2(t-\tau) \mathrm{e}^{-\mathrm{i}\omega (t-\tau)} \mathrm{d}t\right] \mathrm{d}\tau$$

$$= F_1(\omega) \cdot F_2(\omega).$$

同理可得(6.3.7)式. 证毕. ∎

利用卷积定理可以简化卷积计算及某些函数的傅里叶变换.

例 6.3.9 求下列函数的卷积:

$$f(t) = \frac{\sin(\alpha t)}{\pi t}, \quad g(t) = \frac{\sin(\beta t)}{\pi t},$$

其中 $\alpha > 0, \beta > 0$.

解 设 $F(\omega) = \mathcal{F}[f(t)]$, $G(\omega) = \mathcal{F}[g(t)]$, 由例 6.1.3 可知

$$F(\omega) = \begin{cases} 1, & |\omega| \leqslant \alpha, \\ 0, & |\omega| > \alpha, \end{cases} \quad G(\omega) = \begin{cases} 1, & |\omega| \leqslant \beta, \\ 0, & |\omega| > \beta. \end{cases}$$

因此有

$$F(\omega) \cdot G(\omega) = \begin{cases} 1, & |\omega| \leqslant \gamma, \\ 0, & |\omega| > \gamma, \end{cases} \quad \gamma = \min(\alpha, \beta).$$

由卷积定理有

$$f(t) * g(t) = \mathcal{F}^{-1}[F(\omega) \cdot G(\omega)] = \frac{\sin(\gamma t)}{\pi t}.$$

例 6.3.10 设 $f(t) = \mathrm{e}^{-\beta t} u(t) \cos(\omega_0 t)$, $\beta > 0$, 求 $\mathcal{F}[f(t)]$.

解 由(6.3.7)式得

$$\mathcal{F}[f(t)] = \frac{1}{2\pi} \mathcal{F}[\mathrm{e}^{-\beta t} u(t)] * \mathcal{F}[\cos \omega_0 t].$$

又由例 6.1.4 与例 6.2.5 可知

$$\mathcal{F}[\mathrm{e}^{-\beta t} u(t)] = \frac{1}{\beta + \mathrm{i}\omega},$$

$$\mathcal{F}[\cos \omega_0 t] = \pi[\delta(\omega - \omega_0) + \delta(\omega + \omega_0)].$$

因此有

$$\mathcal{F}[f(t)] = \frac{1}{2\pi} \int_{-\infty}^{+\infty} \frac{\pi}{\beta + \mathrm{i}\tau} [\delta(\omega + \omega_0 - \tau) + \delta(\omega - \omega_0 - \tau)] \mathrm{d}\tau$$

$$= \frac{1}{2} \left[\frac{1}{\beta + \mathrm{i}(\omega + \omega_0)} + \frac{1}{\beta + \mathrm{i}(\omega - \omega_0)}\right] = \frac{\beta + \mathrm{i}\omega}{(\beta + \mathrm{i}\omega)^2 + \omega_0^2}.$$

3. 功率定理

定理 6.3.2 若 $f_1(t), f_2(t)$ 为实函数,$F_1(\omega)=\mathcal{F}[f_1(t)]$,$F_2(\omega)=\mathcal{F}[f_2(t)]$,且 $\overline{F_1(\omega)}$,$\overline{F_2(\omega)}$ 为 $F_1(\omega)$,$F_2(\omega)$ 的共轭函数,则

$$\int_{-\infty}^{+\infty}f_1(t)f_2(t)\mathrm{d}t=\frac{1}{2\pi}\int_{-\infty}^{+\infty}F_1(\omega)\overline{F_2(\omega)}\mathrm{d}\omega=\frac{1}{2\pi}\int_{-\infty}^{+\infty}\overline{F_1(\omega)}F_2(\omega)\mathrm{d}\omega.$$

证明
$$\begin{aligned}\int_{-\infty}^{+\infty}f_1(t)f_2(t)\mathrm{d}t&=\frac{1}{2\pi}\int_{-\infty}^{+\infty}f_2(t)\left[\int_{-\infty}^{+\infty}F_1(\omega)\mathrm{e}^{\mathrm{i}\omega t}\mathrm{d}\omega\right]\mathrm{d}t\\&=\frac{1}{2\pi}\int_{-\infty}^{+\infty}F_1(\omega)\left[\int_{-\infty}^{+\infty}f_2(t)\mathrm{e}^{\mathrm{i}\omega t}\mathrm{d}t\right]\mathrm{d}\omega\\&=\frac{1}{2\pi}\int_{-\infty}^{+\infty}F_1(\omega)\left[\int_{-\infty}^{+\infty}f_2(t)\overline{\mathrm{e}^{-\mathrm{i}\omega t}}\mathrm{d}t\right]\mathrm{d}\omega\\&=\frac{1}{2\pi}\int_{-\infty}^{+\infty}F_1(\omega)\left[\overline{\int_{-\infty}^{+\infty}f_2(t)\mathrm{e}^{-\mathrm{i}\omega t}\mathrm{d}t}\right]\mathrm{d}\omega\\&=\frac{1}{2\pi}\int_{-\infty}^{+\infty}F_1(\omega)\overline{F_2(\omega)}\mathrm{d}\omega.\end{aligned}$$

同理

$$\int_{-\infty}^{+\infty}f_1(t)f_2(t)\mathrm{d}t=\frac{1}{2\pi}\int_{-\infty}^{+\infty}\overline{F_1(\omega)}F_2(\omega)\mathrm{d}\omega.$$

证毕.

在许多物理问题中,以上定理中的公式两端都表示能量或者功率,因此该定理称为功率定理. 特别地,当 $f_1(t)=f_2(t)=f(t)$,$\mathcal{F}[f(t)]=F(\omega)$ 时,即可得帕塞瓦尔等式.

4. 自相关定理

定义 6.3.2 称积分 $\int_{-\infty}^{+\infty}f(t)f(t+\tau)\mathrm{d}t$ 为函数 $f(t)$ 的自相关函数,记作 $R(\tau)$,即

$$R(\tau)=\int_{-\infty}^{+\infty}f(t)f(t+\tau)\mathrm{d}t.$$

定理 6.3.3 若 $F(\omega)=\mathcal{F}[f(t)]$,则

$$\int_{-\infty}^{+\infty}f(t)f(t+\tau)\mathrm{d}t=\mathcal{F}^{-1}[|F(\omega)|^2].$$

证明 由位移性质得

$$\mathcal{F}[f(t+\tau)]=\mathrm{e}^{\mathrm{i}\omega\tau}\mathcal{F}[f(t)].$$

由功率定理得

$$\begin{aligned}\int_{-\infty}^{+\infty}f(t)f(t+\tau)\mathrm{d}t&=\frac{1}{2\pi}\int_{-\infty}^{+\infty}\overline{F(\omega)}\mathrm{e}^{\mathrm{i}\omega\tau}F(\omega)\mathrm{d}\omega=\frac{1}{2\pi}\int_{-\infty}^{+\infty}|F(\omega)|^2\mathrm{e}^{\mathrm{i}\omega\tau}\mathrm{d}\omega\\&=\mathcal{F}^{-1}[|F(\omega)|^2].\end{aligned}$$

证毕.

作为卷积定理的特殊情况,自相关定理在通信中可解释为:信号的自相关函数是它的功率频谱模的傅里叶逆变换.

6.3.3 综合举例

例 6.3.11 设 $f(t)$ 是周期为 T 的实值函数,且在 $[-T/2,T/2]$ 上满足狄利克雷条件.证明:

$$\frac{1}{T}\int_0^T f^2(t)\mathrm{d}t = \sum_{n=-\infty}^{+\infty}|F(n\omega_0)|^2,$$

其中 $\omega_0=\dfrac{2\pi}{T}$, $F(n\omega_0)$ 为 $f(t)$ 的离散频谱.

解 由题意有

$$f(t)=\sum_{n=-\infty}^{+\infty}F(n\omega_0)\mathrm{e}^{\mathrm{i}n\omega_0 t},$$

$$F(n\omega_0)=\frac{1}{T}\int_{-T/2}^{T/2}f(t)\mathrm{e}^{-\mathrm{i}n\omega_0 t}\mathrm{d}t.$$

由上式得

$$\overline{F}(n\omega_0)=\frac{1}{T}\int_{-T/2}^{T/2}f(t)\mathrm{e}^{\mathrm{i}n\omega_0 t}\mathrm{d}t=\frac{1}{T}\int_{-T/2}^{0}f(t)\mathrm{e}^{\mathrm{i}n\omega_0 t}\mathrm{d}t+\frac{1}{T}\int_{0}^{T/2}f(t)\mathrm{e}^{\mathrm{i}n\omega_0 t}\mathrm{d}t.$$

对上式中右端第一个积分作变量代换 $t_1=t+T$,并利用 $f(t)$ 与 $\mathrm{e}^{\mathrm{i}n\omega_0 t}$ 的周期性,有

$$\overline{F}(n\omega_0)=\frac{1}{T}\int_{T/2}^{T}f(t_1)\mathrm{e}^{\mathrm{i}n\omega_0 t_1}\mathrm{d}t_1+\frac{1}{T}\int_{0}^{T/2}f(t)\mathrm{e}^{\mathrm{i}n\omega_0 t}\mathrm{d}t=\frac{1}{T}\int_0^T f(t)\mathrm{e}^{\mathrm{i}n\omega_0 t}\mathrm{d}t.$$

从而

$$\frac{1}{T}\int_0^T f^2(t)\mathrm{d}t=\frac{1}{T}\int_0^T f(t)\sum_{n=-\infty}^{+\infty}F(n\omega_0)\mathrm{e}^{\mathrm{i}n\omega_0 t}\mathrm{d}t=\sum_{n=-\infty}^{+\infty}\left[F(n\omega_0)\cdot\frac{1}{T}\int_0^T f(t)\mathrm{e}^{\mathrm{i}n\omega_0 t}\mathrm{d}t\right]$$

$$=\sum_{n=-\infty}^{+\infty}[F(n\omega_0)\cdot\overline{F}(n\omega_0)]=\sum_{n=-\infty}^{+\infty}|F(n\omega_0)|^2.$$

证毕.

例 6.3.12 设 $F(\omega)=\mathcal{F}[f(t)]$. 证明:函数 $f(t)$ 为实值函数的充分必要条件为 $\overline{F}(\omega)=F(-\omega)$.

分析 本题的关键是在傅里叶变换中,共轭与积分号是可以变换的,即:先积分再取共轭与先取共轭再积分是一样的.

解 (1) 必要性.若函数 $f(t)$ 为实值函数,由 $F(\omega)=\int_{-\infty}^{+\infty}f(t)\mathrm{e}^{-\mathrm{i}\omega t}\mathrm{d}t$ 有

$$\overline{F}(\omega)=\int_{-\infty}^{+\infty}\overline{f(t)\mathrm{e}^{-\mathrm{i}\omega t}}\mathrm{d}t=\int_{-\infty}^{+\infty}f(t)\mathrm{e}^{\mathrm{i}\omega t}\mathrm{d}t=\int_{-\infty}^{+\infty}f(t)\mathrm{e}^{-\mathrm{i}(-\omega)t}\mathrm{d}t=F(-\omega).$$

（2）充分性．若 $\overline{F(\omega)} = F(-\omega)$，由 $f(t) = \frac{1}{2\pi}\int_{-\infty}^{+\infty} F(\omega)e^{i\omega t}d\omega$ 有

$$\overline{f(t)} = \frac{1}{2\pi}\int_{-\infty}^{+\infty} \overline{F(\omega)e^{i\omega t}}d\omega = \frac{1}{2\pi}\int_{-\infty}^{+\infty} F(-\omega)e^{-i\omega t}d\omega$$

$$\xrightarrow{\diamondsuit -\omega = \xi} \frac{1}{2\pi}\int_{-\infty}^{+\infty} F(\xi)e^{i\xi t}d\xi = f(t),$$

即函数 $f(t)$ 为实值函数．

例 6.3.13 设 $f(t) = e^{-\beta|t|}$ $(\beta > 0)$，求 $F(\omega) = \mathcal{F}[f(t)]$，并证明

$$\int_0^{+\infty} \frac{\cos\omega t}{\beta^2 + \omega^2}d\omega = \frac{\pi}{2\beta}e^{-\beta|t|}.$$

分析 本题的第一步是求傅里叶变换，既可用定义来求，也可以化为两个单边衰减指数函数来求．第二步的证明实际上是求傅里叶逆变换．但做这类证明题时要注意两点：第一，若函数有间断点，应考虑间断点的取值；第二，由于傅里叶变换与逆变换中的广义积分是取柯西主值，因此可充分利用奇(偶)函数在对称区间上的积分性质．

解 （1） $F(\omega) = \mathcal{F}[f(t)]$

$$= \int_{-\infty}^{+\infty} e^{-\beta|t|}e^{-i\omega t}dt = \int_0^{+\infty} e^{-\beta t}e^{-i\omega t}dt + \int_{-\infty}^0 e^{\beta t}e^{-i\omega t}dt$$

$$= \int_0^{+\infty} e^{-(\beta+i\omega)t}dt + \int_{-\infty}^0 e^{(\beta-i\omega)t}dt = \frac{1}{\beta+i\omega} + \frac{1}{\beta-i\omega} = \frac{2\beta}{\beta^2+\omega^2}.$$

（2）由傅里叶积分公式有

$$f(t) = \mathcal{F}^{-1}[F(\omega)]$$

$$= \frac{1}{2\pi}\int_{-\infty}^{+\infty} F(\omega)e^{i\omega t}d\omega = \frac{1}{2\pi}\int_{-\infty}^{+\infty} \frac{2\beta}{\beta^2+\omega^2}e^{i\omega t}d\omega$$

$$= \frac{1}{2\pi}\int_{-\infty}^{+\infty} \frac{2\beta}{\beta^2+\omega^2}\cos\omega t\,d\omega + \frac{i}{2\pi}\int_{-\infty}^{+\infty} \frac{2\beta}{\beta^2+\omega^2}\sin\omega t\,d\omega$$

$$= \frac{2}{2\pi}\int_0^{+\infty} \frac{2\beta}{\beta^2+\omega^2}\cos\omega t\,d\omega = e^{-\beta|t|}.$$

即得

$$\int_0^{+\infty} \frac{\cos\omega t}{\beta^2+\omega^2}d\omega = \frac{\pi}{2\beta}e^{-\beta|t|}.$$

例 6.3.14 已知 $\int_{-\infty}^{+\infty} e^{-t^2}dt = \sqrt{\pi}$，求 $f(t) = e^{-t^2}$ 的傅里叶变换．

解 设 $F(\omega) = \mathcal{F}[f(t)]$，则

$$F(2\omega) = \int_{-\infty}^{+\infty} e^{-t^2}e^{-2i\omega t}dt = e^{-\omega^2}\int_{-\infty}^{+\infty} e^{-(t+i\omega)^2}dt.$$

令 $z = t + i\omega$，得

$$F(2\omega) = e^{-\omega^2}\int_{-\infty+i\omega}^{+\infty+i\omega} e^{-z^2}dz = e^{-\omega^2}\lim_{\beta \to +\infty}\int_{-\beta+i\omega}^{\beta+i\omega} e^{-z^2}dz. \tag{6.3.8}$$

如图 6.3.4 所示，矩形闭曲线 $C=C_1+C_2+C_3+C_4$．由于 e^{-z^2} 在 z 平面上解析，有

$$\oint_C e^{-z^2} dz = \oint_{C_1+C_2+C_3+C_4} e^{-z^2} dz = 0,$$

其中

$$\int_{C_4} e^{-z^2} dz = \int_0^\omega e^{-(\beta+iy)^2} i dy$$

$$= e^{-\beta^2} \int_0^\omega e^{y^2} e^{-2iy\beta} i dy \to 0, \quad \beta \to +\infty.$$

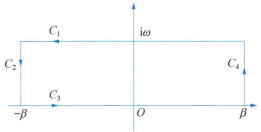

图 6.3.4　例 6.3.14 中的矩形闭合曲线

同理 $\int_{C_2} e^{-z^2} dz \to 0 (\beta \to +\infty)$．又由已知条件，有

$$\int_{C_3} e^{-z^2} dz = \int_{-\beta}^{\beta} e^{-x^2} dx \to \sqrt{\pi}, \quad \beta \to +\infty.$$

因此

$$\lim_{\beta \to +\infty} \int_{C_1} e^{-z^2} dz + \sqrt{\pi} = 0,$$

即

$$\lim_{\beta \to +\infty} \int_{-\beta+i\omega}^{\beta+i\omega} e^{-z^2} dz = -\sqrt{\pi}.$$

代入(6.3.8)式得

$$F(2\omega) = e^{-\omega^2} \sqrt{\pi},$$

故

$$\mathcal{F}[e^{-t^2}] = F(\omega) = \sqrt{\pi} e^{-\frac{\omega^2}{4}}.$$

习题 6

1. 求下列函数的傅里叶变换：

(1) $f(t) = \begin{cases} 1-t^2, & |t| \leqslant 1, \\ 0, & |t| > 1; \end{cases}$

(2) $f(t) = \begin{cases} 0, & -\infty < t < -1, \\ -1, & -1 < t < 0, \\ 1, & 0 < t < 1, \\ 0, & 1 < t < +\infty. \end{cases}$

2. 试证：若 $f(t)$ 满足傅里叶积分定理的条件，当 $f(t)$ 为奇函数时，则有

$$f(t) = \int_0^{+\infty} b(\omega) \sin(\omega t) d\omega,$$

其中
$$b(\omega) = \frac{2}{\pi}\int_0^{+\infty} f(\tau)\sin(\omega\tau)\mathrm{d}\tau;$$

当 $f(t)$ 为偶函数时,则有
$$f(t) = \int_0^{+\infty} a(\omega)\cos(\omega t)\mathrm{d}\omega,$$

其中
$$a(\omega) = \frac{2}{\pi}\int_0^{+\infty} f(\tau)\cos(\omega\tau)\mathrm{d}\tau.$$

3. 试求 $f(t) = |\cos t|$ 的离散频谱和它的傅里叶级数的复指数形式.

4. 求下列函数的傅里叶变换:

(1) $f(t) = \begin{cases} -1, & -1 < t < 0, \\ 1, & 0 < t < 1, \\ 0, & \text{其他}; \end{cases}$

(2) $f(t) = \mathrm{e}^{-\beta|t|}\cos t$,证明 $\int_0^{+\infty} \frac{\omega^2 + 2}{\omega^4 + 4}\cos(\omega t)\mathrm{d}\omega = \frac{\pi}{2}\mathrm{e}^{-|t|}\cos t.$

5. 求下列函数的傅里叶逆变换:

(1) $F(\omega) = \dfrac{2}{(3+\mathrm{i}\omega)(5+\mathrm{i}\omega)};$ (2) $F(\omega) = \dfrac{\omega^2 + 10}{(5+\mathrm{i}\omega)(9+\omega^2)}.$

6. 已知某函数的傅里叶变换为 $F(\omega) = \dfrac{\sin\omega}{\omega}$,求该函数 $f(t)$.

7. 若 $F(\omega) = \mathcal{F}[f(t)]$,证明:
$$F(-\omega) = \mathcal{F}[f(-t)] \text{(翻转性质)}.$$

8. 若 $F(\omega) = \mathcal{F}[f(t)]$,证明:
$$\mathcal{F}[f(t)\cos(\omega_0 t)] = \frac{1}{2}[F(\omega - \omega_0) + F(\omega + \omega_0)].$$

9. 证明:
$$\frac{\mathrm{d}}{\mathrm{d}t}[f_1(t) * f_2(t)] = \frac{\mathrm{d}f_1(t)}{\mathrm{d}t} * f_2(t) = f_1(t) * \frac{\mathrm{d}f_2(t)}{\mathrm{d}t}.$$

10. 证明:若 $\mathcal{F}[\mathrm{e}^{\mathrm{i}\varphi(t)}] = F(\omega)$,其中 $\varphi(t)$ 为一实函数,则
$$\mathcal{F}[\cos\varphi(t)] = \frac{1}{2}[F(\omega) + \overline{F(-\omega)}],$$
$$\mathcal{F}[\sin\varphi(t)] = \frac{1}{2\mathrm{i}}[F(\omega) - \overline{F(-\omega)}],$$

其中 $\overline{F(-\omega)}$ 为 $F(-\omega)$ 的共轭函数.

11. 已知 $\mathcal{F}[f(t)] = F(\omega)$，求下列函数的傅里叶变换：

(1) $tf(t)$；

(2) $(1-t)f(1-t)$；

(3) $tf(2t)$；

(4) $(t-2)f(-2t)$；

(5) $f(2t-5)$；

(6) $t\dfrac{\mathrm{d}f(t)}{\mathrm{d}t}$.

12. 求下列函数的傅里叶变换：

(1) $f(t) = t\mathrm{e}^{-at}u(t), a > 0$；

(2) $f(t) = \dfrac{a^2}{a^2 + 4\pi^2 t^2}$, $\mathrm{Re}\,a < 0$.

13. 若

$$f_1(t) = \begin{cases} 0, & t < 0, \\ \mathrm{e}^{-t}, & t \geqslant 0, \end{cases} \quad f_2(t) = \begin{cases} \sin t, & 0 \leqslant t \leqslant \dfrac{\pi}{2}, \\ 0, & \text{其他}, \end{cases}$$

求 $f_1(t) * f_2(t)$.

14. 若 $f_1(t) = \mathrm{e}^t \cos t$，$f_2(t) = \delta(t+1) + \delta(t-1)$，求 $f_1(t) * f_2(t)$.

15. 利用瑞利定理 $\int_{-\infty}^{+\infty} [f(t)]^2 \mathrm{d}t = \dfrac{1}{2\pi} \int_{-\infty}^{+\infty} |F(\omega)|^2 \mathrm{d}\omega$，求下列积分的值：

(1) $\int_{-\infty}^{+\infty} \dfrac{1 - \cos x}{x^2} \mathrm{d}x$；

(2) $\int_{-\infty}^{+\infty} \dfrac{\sin^4 x}{x^2} \mathrm{d}x$；

(3) $\int_{-\infty}^{+\infty} \dfrac{1}{(1+x^2)^2} \mathrm{d}x$.

16. 求下列函数的傅里叶变换：

(1) $u(t)\sin(bt)$；

(2) $u(t)\cos(bt)$；

(3) $\mathrm{e}^{-at}\cos(\omega_0 t) \cdot u(t)$ $(a > 0)$；

(4) $\mathrm{e}^{\mathrm{i}\omega_0 t} u(t - t_0)$；

(5) $\sin^3 t$；

(6) $\mathrm{sgn}\, t = \begin{cases} -1, & t < 0, \\ 1, & t > 0. \end{cases}$

第 7 章 拉普拉斯变换

傅里叶变换在许多领域中发挥了重要作用,特别是在信号处理领域,直到今天它仍然是最基本的分析和处理工具,甚至可以说信号分析本质上即为傅里叶分析(谱分析). 傅里叶变换虽然好用,但最大的问题是其存在的条件比较苛刻,如时域内绝对可积的信号才可能存在傅里叶变换. 虽然通过引入 δ 函数后,傅里叶变换的适用范围被拓宽了许多,使得"缓增"函数也能进行傅里叶变换,但对于以指数级增长的函数仍无能为力. 在自然界,指数信号 e^{-x} 是衰减最快的信号之一,将原始信号乘上指数信号之后一般都能满足傅里叶变换的条件,这种变换就是拉普拉斯变换,简称拉氏变换. 拉普拉斯变换是从 19 世纪末英国工程师赫维塞德所提出的算子方法发展而来的,而其数学根源则来自拉普拉斯. 该变换是工程数学中常用的一种积分变换,是为简化计算而建立的介于实变量函数和复变量函数间的一种函数变换. 对一个实变量函数作拉普拉斯变换,并在复数域中作各种运算,再将运算结果作拉普拉斯逆变换来求得实数域中的相应结果,在计算上往往比直接在实数域中求出同样的结果容易得多. 拉普拉斯变换的这种运算步骤对于求解线性微分方程尤为有效. 拉普拉斯逆变换能将微分方程化为容易求解的代数方程,从而使计算简化. 在经典控制理论中,对控制系统的分析和综合,都是建立在拉普拉斯变换的基础上的. 引入拉普拉斯变换的一个主要优点是可采用传递函数代替微分方程来描述系统的特性. 这为采用直观和简便的图解方法确定控制系统的整个特性、分析控制系统的运动过程,以及综合控制系统的校正装置提供了可能性. 进行傅里叶变换的函数必须在整个实轴上有定义,但在工程实际问题中,许多以时间 t 作为自变量的函数在 $t<0$ 时是无意义的,或者是不需要考虑的. 因此在使用傅里叶变换处理具体问题时,具有一定的局限性. 拉普拉斯变换克服了傅里叶变换的以上不足,是傅里叶变换的推广,是一种更普遍的表达形式.

§7.1 拉普拉斯变换简介

本节主要引入拉普拉斯变换的定义,并讨论其存在性.

7.1.1 拉普拉斯变换的定义

定义 7.1.1 设函数 $f(t)$ 是定义在 $[0,+\infty)$ 上的实值函数,若对于复参数 $s=\beta+i\omega$,积分

$$F(s)=\int_0^{+\infty}f(t)\mathrm{e}^{-st}\mathrm{d}t \tag{7.1.1}$$

在复平面的某一域内收敛,则称 $F(s)$ 为 $f(t)$ 的**拉普拉斯变换**(简称**拉氏变换**),记为 $F(s)=\mathcal{L}[f(t)]$.

相应地,积分

$$f(t)=\mathcal{L}^{-1}[F(s)]=\frac{1}{2\pi\mathrm{i}}\int_{\beta-\mathrm{i}\infty}^{\beta+\mathrm{i}\infty}F(s)\mathrm{e}^{st}\mathrm{d}s \tag{7.1.2}$$

称为 $F(s)$ 的**拉普拉斯逆变换**(简称**拉氏逆变换**).有时也称 $f(t)$ 与 $F(s)$ 分别为**(像)原函数**和**像函数**.

拉普拉斯变换与傅里叶变换到底有什么关系呢? 或者说拉普拉斯变换是如何对傅里叶变换进行改造的呢? 由(7.1.1)式有

$$\mathcal{L}[f(t)]=\int_0^{+\infty}f(t)\mathrm{e}^{-st}\mathrm{d}t=\int_0^{+\infty}f(t)\mathrm{e}^{-\beta t}\mathrm{e}^{-\mathrm{i}\omega t}\mathrm{d}t$$
$$=\int_{-\infty}^{+\infty}f(t)u(t)\mathrm{e}^{-\beta t}\mathrm{e}^{-\mathrm{i}\omega t}\mathrm{d}t=\mathcal{F}[f(t)u(t)\mathrm{e}^{-\beta t}].$$

由此可知函数 $f(t)$ 的拉普拉斯变换是 $f(t)u(t)\mathrm{e}^{-\beta t}$ 的傅里叶变换.其基本思想是:先通过单位阶跃函数 $u(t)$ 使函数 $f(t)$ 在 $t<0$ 的部分充零(或补零),再对函数 $f(t)$ 在 $t>0$ 的部分乘上一个衰减的指数函数 $\mathrm{e}^{-\beta t}$ 以降低其"增长"速度,从而可使函数 $f(t)u(t)\mathrm{e}^{-\beta t}$ 满足傅里叶积分条件,并可对它进行傅里叶积分.

例 7.1.1 分别求出单位阶跃函数 $u(t)$、符号函数 $\mathrm{sgn}\,t$ 以及函数 $f(t)=1$ 的拉普拉斯变换.

解 由(7.1.1)式有

$$\mathcal{L}[u(t)]=\int_0^{+\infty}u(t)\mathrm{e}^{-st}\mathrm{d}t=\int_0^{+\infty}\mathrm{e}^{-st}\mathrm{d}t=\frac{1}{s},\ \mathrm{Re}\,s>0,$$
$$\mathcal{L}[\mathrm{sgn}\,t]=\int_0^{+\infty}(\mathrm{sgn}\,t)\mathrm{e}^{-st}\mathrm{d}t=\int_0^{+\infty}\mathrm{e}^{-st}\mathrm{d}t=\frac{1}{s},\ \mathrm{Re}\,s>0,$$
$$\mathcal{L}[1]=\int_0^{+\infty}1\cdot\mathrm{e}^{-st}\mathrm{d}t=\frac{1}{s},\ \mathrm{Re}\,s>0.$$

以上表明这3个函数经拉普拉斯变换后,像函数是相同的.那么对像函数 $F(s)=\frac{1}{s}(\mathrm{Re}\,s>0)$ 而言,其原函数到底是哪一个呢? 事实上,所有在 $t>0$ 时为1的函数均可作为原函数,这是因为对拉普拉斯变换来说,并不需要关心函数 $f(t)$ 在 $t<0$ 时的取值情况.但为

了讨论和描述方便，一般约定如下：在拉普拉斯变换中所提到的函数 $f(t)$ 均理解为当 $t<0$ 时取零值. 例如，对于函数 $f(t)=\sin t$，应理解为 $f(t)=u(t)\sin t$. 所以 $F(s)=\dfrac{1}{s}(\operatorname{Re} s>0)$ 的原函数可写为 $f(t)=1$，即 $\mathcal{L}^{-1}\left[\dfrac{1}{s}\right]=1$.

例 7.1.2 分别求函数 $e^{\alpha t}$，$e^{-\alpha t}$，$e^{i\omega t}$ 的拉普拉斯变换（其中 α, ω 为实常数且 $\alpha>0$）.

解 由(7.1.1)式有

$$\mathcal{L}[e^{\alpha t}]=\int_0^{+\infty}e^{\alpha t}e^{-st}dt=\frac{1}{\alpha-s}e^{(\alpha-s)t}\bigg|_0^{+\infty}=\frac{1}{s-\alpha},\ \operatorname{Re} s>\alpha.$$

同样有

$$\mathcal{L}[e^{-\alpha t}]=\frac{1}{s-(-\alpha)}=\frac{1}{s+\alpha},\ \operatorname{Re} s>-\alpha,$$

$$\mathcal{L}[e^{i\omega t}]=\frac{1}{s-i\omega},\ \operatorname{Re} s>0.$$

例 7.1.3 求正弦函数 $f(t)=\sin ct$ 的拉普拉斯变换，其中 c 为任意复数.

解 $\int_0^{+\infty}\sin ct\,e^{-st}dt=\dfrac{1}{2i}\int_0^{+\infty}(e^{ict}-e^{-ict})e^{-st}dt=\dfrac{1}{2i}\left(\dfrac{1}{s-ic}-\dfrac{1}{s+ic}\right)$

$=\dfrac{k}{s^2+k^2},\ \operatorname{Re} s>|\operatorname{Re}(ic)|.$

通过以上例题可以看出，拉普拉斯变换的适用范围确实比傅里叶变换要广. 那么到底哪些类型的函数存在拉普拉斯变换呢？若存在，收敛域（或者存在域）又是什么呢？下面的定理可以部分地回答以上问题.

7.1.2 拉普拉斯变换存在定理

定理 7.1.1 设函数 $f(t)$ 满足：

(1) 在 $t\geqslant 0$ 的任何有限区间上分段连续；

(2) 当 $t\to +\infty$ 时，$f(t)$ 具有如下的指数渐近性，即存在常数 $M>0$ 及 $c\geqslant 0$，使得

$$|f(t)|\leqslant Me^{ct},\ 0\leqslant t<+\infty, \tag{7.1.3}$$

则像函数 $F(s)$ 在半平面 $\operatorname{Re} s>c$ 上一定存在，且是解析的.

证明 设 $s=\beta+i\omega$，则 $|e^{-st}|=e^{-\beta t}$，由(7.1.3)式可得

$$|F(s)|=\left|\int_0^{+\infty}f(t)e^{-st}dt\right|\leqslant M\int_0^{+\infty}e^{-(\beta-c)t}dt.$$

又由 $\operatorname{Re} s=\beta>c$，即 $\beta-c>0$，可知上式右端积分收敛，因此 $F(s)$ 在半平面 $\operatorname{Re} s>c$ 上存在. 关于 $F(s)$ 的解析性证明涉及更深一些的相关理论，这里从略. 证毕.

对于定理 7.1.1，可以这样简单地去理解，即：一个函数即使它的绝对值随着 t 的增大而增大，但只要不比某个指数函数增长得更快，则它的拉普拉斯变换存在，这一点可以从拉普拉斯变换与傅里叶变换的关系中得到直观的解释. 常见的大部分函数都是满足上述条件的，如三

角函数、指数函数和幂函数等. 而函数 e^{t^2} 则不满足,因为无论取多大的 M 与 c,对足够大的 t,总会出现 $e^{t^2}>Me^{ct}$,故其拉普拉斯变换不存在. 必须强调的是,定理 7.1.1 的条件是充分的,而不是必要的.

另外,关于存在域,定理 7.1.1 中所给的也是一个充分性的结论,一般说来也许还会大一些,但从形式上看,它往往是一个半平面. 更具体地说,对任何一个函数 $f(t)$,其拉普拉斯变换 $F(s)$ 为下列 3 种情况之一:

(1) $F(s)$ 不存在.

(2) $F(s)$ 处处存在,即存在域是全平面.

(3) 存在实数 c_0,当 $\operatorname{Re} s > c_0$ 时,$F(s)$ 存在;当 $\operatorname{Re} s < c_0$ 时,$F(s)$ 不存在,即存在域为 $\operatorname{Re} s > c_0$.

对于上面的第三种情况,在应用时常常略去 $\operatorname{Re} s > c_0$,只有在必要时才特别注明. 如 $f(t)=1$ 的拉普拉斯变换就是 $F(s)=\dfrac{1}{s}$,而不再附注条件 $\operatorname{Re} s > 0$,其他函数也同样处理.

例 7.1.4 求函数 $f(t)=\mathrm{e}^{at}$ 的拉普拉斯变换 (a 为复常数).

解 由 $|\mathrm{e}^{at}|=\mathrm{e}^{\operatorname{Re} at}$,$\mathcal{L}[\mathrm{e}^{at}]$ 在 $\operatorname{Re} s > \operatorname{Re} a$ 内解析. 由定义有

$$\mathcal{L}[\mathrm{e}^{at}]=\int_0^{+\infty}\mathrm{e}^{at}\mathrm{e}^{-st}\mathrm{d}t=\int_0^{+\infty}\mathrm{e}^{-(s-a)t}\mathrm{d}t=\frac{1}{s-a}.$$

§ 7.2 拉普拉斯变换的性质

为了叙述方便,在下面的性质中,均假设所涉及的拉普拉斯变换存在,且满足定理 7.1.1 中的条件.

7.2.1 线性与相似性质

1. 线性性质

设 α,β 为常数,且有 $\mathcal{L}[f(t)]=F(s)$,$\mathcal{L}[g(t)]=G(s)$,则有

$$\mathcal{L}[\alpha f(t)+\beta g(t)]=\alpha F(s)+\beta G(s),$$
$$\mathcal{L}^{-1}[\alpha F(s)+\beta G(s)]=\alpha f(t)+\beta G(t).$$

例 7.2.1 求 $\sin\omega t$ 的拉普拉斯变换.

解 由 $\sin\omega t=\dfrac{1}{2\mathrm{i}}(\mathrm{e}^{\mathrm{i}\omega t}-\mathrm{e}^{-\mathrm{i}\omega t})$ 及 $\mathcal{L}[\mathrm{e}^{\mathrm{i}\omega t}]=\dfrac{1}{s-\mathrm{i}\omega}$,有

$$\mathcal{L}[\sin\omega t]=\frac{1}{2\mathrm{i}}(\mathcal{L}[\mathrm{e}^{\mathrm{i}\omega t}]-\mathcal{L}[\mathrm{e}^{-\mathrm{i}\omega t}])=\frac{1}{2\mathrm{i}}\left(\frac{1}{s-\mathrm{i}\omega}-\frac{1}{s+\mathrm{i}\omega}\right)=\frac{\omega}{s^2+\omega^2}.$$

同样可得 $\mathcal{L}[\cos\omega t]=\dfrac{s}{s^2+\omega^2}$.

例 7.2.2 已知 $F(s) = \dfrac{3s-4}{(s+2)(s-3)}$，求 $\mathcal{L}^{-1}[F(s)]$．

解 由 $F(s) = \dfrac{3s-4}{(s+2)(s-3)} = \dfrac{2}{s+2} + \dfrac{1}{s-3}$ 及 $\mathcal{L}[\mathrm{e}^{at}] = \dfrac{1}{s-a}$ 有

$$\mathcal{L}^{-1}[F(s)] = 2\mathcal{L}^{-1}\left[\dfrac{1}{s+2}\right] + \mathcal{L}^{-1}\left[\dfrac{1}{s-3}\right] = 2\mathrm{e}^{-2t} + \mathrm{e}^{3t}.$$

2. 相似性质

设 $\mathcal{L}[f(t)] = F(s)$，则对任一常数 $a > 0$ 有

$$\mathcal{L}[f(at)] = \dfrac{1}{a} F\left(\dfrac{s}{a}\right).$$

证明 $\mathcal{L}[f(at)] = \displaystyle\int_0^{+\infty} f(at)\mathrm{e}^{-st}\,\mathrm{d}t \xrightarrow{\diamondsuit\, x = at} \dfrac{1}{a}\int_0^{+\infty} f(x) \mathrm{e}^{-\frac{s}{a}x}\,\mathrm{d}x = \dfrac{1}{a} F\left(\dfrac{s}{a}\right).$

证毕.

7.2.2 微分性质

1. 导数的像函数

设 $\mathcal{L}[f(t)] = F(s)$，则有

$$\mathcal{L}[f'(t)] = sF(s) - f(0). \tag{7.2.1}$$

一般地，有

$$\mathcal{L}[f^{(n)}(t)] = s^n F(s) - s^{n-1} f(0) - s^{n-2} f'(0) - \cdots - f^{(n-1)}(0), \tag{7.2.2}$$

其中 $f^{(k)}(0)$ 应理解为 $\lim\limits_{t \to 0^+} f^{(k)}(t)$．

证明 根据拉普拉斯变换的定义和分部积分法，得

$$\mathcal{L}[f'(t)] = \int_0^{+\infty} f'(t)\mathrm{e}^{-st}\,\mathrm{d}t = f(t)\mathrm{e}^{-st}\Big|_0^{+\infty} + s\int_0^{+\infty} f(t)\mathrm{e}^{-st}\,\mathrm{d}t.$$

根据约定，$|f(t)\mathrm{e}^{-st}| \leqslant M\mathrm{e}^{-(\beta-c)t}$，$\mathrm{Re}\,s = \beta > c$，故 $\lim\limits_{t \to +\infty} f(t)\mathrm{e}^{-st} = 0$. 因此

$$\mathcal{L}[f'(t)] = sF(s) - f(0).$$

再利用数学归纳法，可得 (7.2.2) 式. 证毕.

拉普拉斯变换的这一性质可用来求解微分方程（组）的初值问题．

例 7.2.3 利用拉普拉斯变换求解微分方程

$$\begin{cases} y''(t) + 3y'(t) + 2y(t) = 2\cos t, & t > 0, \\ y(0) = 0, \ y'(0) = 1. \end{cases}$$

解 令 $\mathcal{L}[y(t)] = Y(s)$. 在方程两端取拉普拉斯变换，并应用初始条件得

$$s^2 Y(s) - 1 + 3sY(s) + 2Y(s) = \dfrac{2s}{s^2+1}.$$

于是
$$Y(s) = \frac{s+1}{(s+2)(s^2+1)} = \frac{1}{5}\left(-\frac{1}{s+2} + \frac{s}{s^2+1} + \frac{3}{s^2+1}\right),$$
故
$$y(t) = \mathcal{L}^{-1}[Y(s)] = \frac{1}{5}(e^{-2t} + \cos t + 3\sin t).$$

例 7.2.4 求 $f(t) = t^m$ 的拉普拉斯变换($m \geq 1$ 为正整数).

解 解法 1　直接利用定义求解.
$$\mathcal{L}[t^m] = \int_0^{+\infty} t^m e^{-st} dt = -\frac{1}{s}\int_0^{+\infty} t^m d(e^{-st}) = -\frac{1}{s}t^m e^{-st}\Big|_0^{+\infty} + \frac{1}{s}\int_0^{+\infty} e^{-st} m t^{m-1} dt.$$

可得递推关系 $\mathcal{L}[t^m] = \frac{m}{s}\mathcal{L}[t^{m-1}]$. 又由 $\mathcal{L}[1] = \frac{1}{s}$ 有

$$\mathcal{L}[t^m] = \frac{m!}{s^{m+1}}.$$

解法 2　利用导数的像函数性质求解.

设 $f(t) = t^m$,则 $f^{(m)}(t) = m!$,且 $f(0) = f'(0) = \cdots = f^{(m-1)}(0) = 0$,由 (7.2.2) 式有 $\mathcal{L}[f^{(m)}(t)] = s^m \mathcal{L}[f(t)]$,即

$$\mathcal{L}[t^m] = \frac{1}{s^m}\mathcal{L}[m!] = \frac{m!}{s^{m+1}}.$$

2. 像函数的导数

设 $\mathcal{L}[f(t)] = F(s)$,则有

$$F'(s) = -\mathcal{L}[tf(t)]. \tag{7.2.3}$$

一般地,有

$$F^{(n)}(s) = (-1)^n \mathcal{L}[t^n f(t)]. \tag{7.2.4}$$

证明 由 $F(s) = \int_0^{+\infty} f(t) e^{-st} dt$ 有

$$F'(s) = \frac{d}{ds}\int_0^{+\infty} f(t) e^{-st} dt = \int_0^{+\infty} \frac{\partial}{\partial s}[f(t) e^{-st}] dt$$
$$= -\int_0^{+\infty} tf(t) e^{-st} dt = -\mathcal{L}[tf(t)].$$

反复运用上述方法可得 (7.2.4) 式. 其中求导与积分的次序交换是有一定条件的,这里省略. 后面碰到类似的运算也同样处理. 证毕.

例 7.2.5 求函数 $f(t) = t\sin(\omega t)$ 的拉普拉斯变换.

解 由例 7.2.1 知 $\mathcal{L}[\sin(\omega t)] = \frac{\omega}{s^2 + \omega^2}$,根据 (7.2.3) 式有

$$\mathcal{L}[t\sin(\omega t)] = -\frac{d}{ds}\left(\frac{\omega}{s^2+\omega^2}\right) = \frac{2\omega s}{(s^2+\omega^2)^2}.$$

例 7.2.6 求函数 $f(t) = t^2\cos^2 t$ 的拉普拉斯变换.

解 $\mathcal{L}[t^2\cos^2 t] = \frac{1}{2}\mathcal{L}[t^2(1+\cos 2t)] = \frac{1}{2}\frac{d^2}{ds^2}\left(\frac{1}{s} + \frac{s}{s^2+4}\right) = \frac{2(s^6+24s^2+32)}{s^3(s^2+4)^3}.$

7.2.3 积分性质

1. 积分的像函数

设 $\mathcal{L}[f(t)] = F(s)$，则有

$$\mathcal{L}\left[\int_0^t f(t)dt\right] = \frac{1}{s}F(s). \tag{7.2.5}$$

一般地，有

$$\mathcal{L}\left[\underbrace{\int_0^t dt \int_0^t dt \cdots \int_0^t}_{n\text{重}} f(t)dt\right] = \frac{1}{s^n}F(s). \tag{7.2.6}$$

证明 设 $g(t) = \int_0^t f(t)dt$，则 $g'(t) = f(t)$ 且 $g(0) = 0$. 再利用(7.2.1)式有

$$\mathcal{L}[g'(t)] = s\mathcal{L}[g(t)] - g(0),$$

即 $\mathcal{L}\left[\int_0^t f(t)dt\right] = \frac{1}{s}F(s)$. 反复利用上式即得(7.2.6)式. 证毕.

2. 像函数的积分

设 $\mathcal{L}[f(t)] = F(s)$，则有

$$\int_s^\infty F(s)ds = \mathcal{L}\left[\frac{f(t)}{t}\right]. \tag{7.2.7}$$

一般地，有

$$\underbrace{\int_s^\infty ds \int_s^\infty ds \cdots \int_s^\infty}_{n\text{重}} F(s)ds = \mathcal{L}\left[\frac{f(t)}{t^n}\right]. \tag{7.2.8}$$

证明 $\int_s^\infty F(s)ds = \int_s^\infty \left[\int_0^{+\infty} f(t)e^{-st}dt\right]ds = \int_0^{+\infty} f(t)\left(\int_s^\infty e^{-st}ds\right)dt$

$= \int_0^{+\infty} f(t) \cdot \left(-\frac{1}{t}e^{-st}\right)\Big|_s^\infty dt = \int_0^{+\infty} \frac{f(t)}{t}e^{-st}dt = \mathcal{L}\left[\frac{f(t)}{t}\right].$

反复利用上式即可得(7.2.8)式. 证毕.

例 7.2.7 求函数 $f(t) = \frac{\sin t}{t}$ 的拉普拉斯变换.

解 由 $\mathcal{L}[\sin t] = \frac{1}{1+s^2}$ 和(7.2.7)式有

$$\mathcal{L}\left[\frac{\sin t}{t}\right]=\int_s^\infty \frac{1}{1+s^2}\mathrm{d}s=\operatorname{arccot} s,$$

即

$$\int_0^{+\infty}\frac{\sin t}{t}\mathrm{e}^{-st}\mathrm{d}t=\operatorname{arccot} s.$$

在上式中,如果令 $s=0$,有

$$\int_0^{+\infty}\frac{\sin t}{t}\mathrm{d}t=\frac{\pi}{2}.$$

注 7.2.1 通过例 7.2.7 可以得到启示:在拉普拉斯变换及其一些性质中,取 s 为某些特定值,就可以用来求一些函数的反常积分. 例如,取 $s=0$,则由 (7.1.1) 式、(7.2.3) 式和 (7.2.7) 式有

$$\int_0^{+\infty}f(t)\mathrm{d}t=F(0),$$

$$\int_0^{+\infty}tf(t)\mathrm{d}t=-F'(0),$$

$$\int_0^{+\infty}\frac{f(t)}{t}\mathrm{d}t=\int_0^\infty F(s)\mathrm{d}s.$$

需要指出的是,在使用这些公式时必须谨慎,必要时应先考查一下反常积分的存在性.

例 7.2.8 计算下列积分:

(1) $\int_0^{+\infty}\mathrm{e}^{-3t}\cos 2t\,\mathrm{d}t$;   (2) $\int_0^{+\infty}\frac{1-\cos t}{t}\mathrm{e}^{-t}\mathrm{d}t.$

解 (1) 由 $\mathcal{L}[\cos 2t]=\dfrac{s}{s^2+4}$,有

$$\int_0^{+\infty}\mathrm{e}^{-3t}\cos 2t\,\mathrm{d}t=\left.\frac{s}{s^2+4}\right|_{s=3}=\frac{3}{13}.$$

(2) 由 (7.2.7) 式,有

$$\mathcal{L}\left[\frac{1-\cos t}{t}\right]=\int_s^\infty \mathcal{L}[1-\cos t]\mathrm{d}s=\int_s^\infty \frac{1}{s(s^2+1)}\mathrm{d}s$$

$$=\left.\frac{1}{2}\ln\frac{s^2}{s^2+1}\right|_s^\infty=\frac{1}{2}\ln\frac{s^2+1}{s^2},$$

即

$$\int_0^{+\infty}\frac{1-\cos t}{t}\mathrm{e}^{-st}\mathrm{d}t=\frac{1}{2}\ln\frac{s^2+1}{s^2}.$$

令 $s=1$,得

$$\int_0^{+\infty}\frac{1-\cos t}{t}\mathrm{e}^{-t}\mathrm{d}t=\frac{1}{2}\ln 2.$$

例 7.2.9 已知 $f(t) = \dfrac{1-e^{at}}{t}$，求 $\mathcal{L}[f(t)]$.

解 由 $\mathcal{L}[1] = \dfrac{1}{s}$ 和 $\mathcal{L}[e^{at}] = \dfrac{1}{s-a}$，有

$$\mathcal{L}[1-e^{at}] = \frac{1}{s} - \frac{1}{s-a}.$$

再由积分性质得

$$F(s) = \mathcal{L}[f(t)] = \mathcal{L}\left[\frac{1-e^{at}}{t}\right] = \int_s^\infty \left(\frac{1}{s} - \frac{1}{s-a}\right)ds = \ln\frac{s}{s-a}\bigg|_s^\infty = \ln\frac{s-a}{s}.$$

例 7.2.10 已知 $f(t) = \int_0^t t\sin 2t\, dt$，求 $\mathcal{L}[f(t)]$.

解 由 $\mathcal{L}[\sin 2t] = \dfrac{2}{s^2+4}$ 和微分性质，有

$$\mathcal{L}[t\sin 2t] = -\left(\frac{2}{s^2+4}\right)' = \frac{4s}{(s^2+4)^2}.$$

再由积分性质得

$$F(s) = \mathcal{L}[f(t)] = \mathcal{L}\left[\int_0^t t\sin 2t\, dt\right] = \frac{1}{s}\mathcal{L}[t\sin 2t] = \frac{4}{(s^2+4)^2}.$$

7.2.4 延迟与位移性质

1. 延迟性质

设 $\mathcal{L}[f(t)] = F(s)$ 且当 $t<0$ 时有 $f(t)=0$，则对任一非负实数 τ 有

$$\mathcal{L}[f(t-\tau)] = e^{-s\tau}F(s). \tag{7.2.9}$$

证明 由定义有

$$\mathcal{L}[f(t-\tau)] = \int_0^{+\infty} f(t-\tau)e^{-st}dt = \int_\tau^{+\infty} f(t-\tau)e^{-st}dt.$$

令 $t_1 = t-\tau$，有

$$\mathcal{L}[f(t-\tau)] = \int_0^{+\infty} f(t_1)e^{-s(t_1+\tau)}dt_1 = e^{-s\tau}F(s).$$

证毕.

必须注意的是此性质中对 $f(t)$ 的要求，即当 $t<0$ 时 $f(t)=0$. 此时 $f(t-\tau)$ 在 $t<\tau$ 时为零，故 $f(t-\tau)$ 应理解为 $f(t-\tau)u(t-\tau)$，而不是 $f(t-\tau)u(t)$. 因此(7.2.9)式完整的写法应为

$$\mathcal{L}[f(t-\tau)u(t-\tau)] = e^{-s\tau}F(s).$$

相应地，就有 $\mathcal{L}^{-1}[e^{-s\tau}F(s)] = f(t-\tau)u(t-\tau)$.

例 7.2.11 设 $f(t)=\sin t$,求 $\mathcal{L}\left[f\left(t-\dfrac{\pi}{2}\right)\right]$.

解 由于 $\mathcal{L}[\sin t]=\dfrac{1}{s^2+1}$,根据(7.2.9)式有

$$\mathcal{L}\left[f\left(t-\dfrac{\pi}{2}\right)\right]=\mathcal{L}\left[\sin\left(t-\dfrac{\pi}{2}\right)\right]=\mathrm{e}^{-\frac{\pi}{2}s}\mathcal{L}[\sin t]=\dfrac{1}{s^2+1}\mathrm{e}^{-\frac{\pi}{2}s}.$$

按照前面的解释,则应有

$$\mathcal{L}^{-1}\left[\dfrac{1}{s^2+1}\mathrm{e}^{-\frac{\pi}{2}s}\right]=\sin\left(t-\dfrac{\pi}{2}\right)u\left(t-\dfrac{\pi}{2}\right)=\begin{cases}-\cos t,&t\geqslant\dfrac{\pi}{2},\\0,&t<\dfrac{\pi}{2}.\end{cases}$$

试考虑在例 7.2.11 中,若直接用 $\sin\left(t-\dfrac{\pi}{2}\right)=-\cos t$ 来作拉普拉斯变换,会得到什么结果,并分析其原因.

2. 位移性质

设 $\mathcal{L}[f(t)]=F(s)$,则有 $\mathcal{L}[\mathrm{e}^{at}f(t)]=F(s-a)$,$a$ 为一复常数.

证明 由定义有

$$\mathcal{L}[\mathrm{e}^{at}f(t)]=\int_0^{+\infty}\mathrm{e}^{at}f(t)\mathrm{e}^{-st}\mathrm{d}t=\int_0^{+\infty}f(t)\mathrm{e}^{-(s-a)t}\mathrm{d}t=F(s-a).$$

证毕.

例 7.2.12 求函数 $f(t)=(t-1)\mathrm{e}^{-at}u(t-1)$ 的拉普拉斯变换.

解 已知 $\mathcal{L}[t]=\dfrac{1}{s^2}$,由延迟性质得

$$\mathcal{L}[(t-1)u(t-1)]=\dfrac{\mathrm{e}^{-s}}{s^2}.$$

再由位移性质得

$$F(s)=\mathcal{L}[f(t)]=\dfrac{\mathrm{e}^{-(s+a)}}{(s+a)^2}.$$

例 7.2.13 求拉普拉斯变换 $\mathcal{L}[t\mathrm{e}^{-3t}\sin 2t]$ 和 $\mathcal{L}\left[t\int_0^t\mathrm{e}^{-3t}\sin 2t\mathrm{d}t\right]$.

解

$$\mathcal{L}[\sin 2t]=\dfrac{2}{s^2+4},$$

$$\mathcal{L}[\mathrm{e}^{-3t}\sin 2t]=\dfrac{2}{(s+3)^2+4},$$

$$\mathcal{L}\left[\int_0^t\mathrm{e}^{-3t}\sin 2t\mathrm{d}t\right]=\dfrac{1}{s}\dfrac{2}{(s+3)^2+4},$$

$$\mathcal{L}[t\mathrm{e}^{-3t}\sin 2t]=-\left[\dfrac{2}{(s+3)^2+4}\right]'=\dfrac{4(s+3)}{[(s+3)^2+4]^2},$$

$$\mathcal{L}\left[t\int_0^t e^{-3t}\sin 2t\,dt\right] = -\left[\frac{1}{s}\frac{2}{(s+3)^2+4}\right]' = \frac{6s^2+24s+26}{s^2[(s+3)^2+4]^2}.$$

7.2.5 周期函数的像函数

设 $f(t)$ 是 $[0,+\infty)$ 内以 T 为周期的函数,且 $f(t)$ 在一个周期内逐段光滑,则

$$\mathcal{L}[f(t)] = \frac{1}{1-e^{-sT}}\int_0^T f(t)e^{-st}\,dt.$$

证明 由定义有

$$\mathcal{L}[f(t)] = \int_0^{+\infty} f(t)e^{-st}\,dt = \int_0^T f(t)e^{-st}\,dt + \int_T^{+\infty} f(t)e^{-st}\,dt.$$

对上式右端第二个积分作变量代换 $t_1 = t - T$,且由 $f(t)$ 的周期性,有

$$\mathcal{L}[f(t)] = \int_0^T f(t)e^{-st}\,dt + \int_0^{+\infty} f(t_1)e^{-st_1}e^{-sT}\,dt_1 = \int_0^T f(t)e^{-st}\,dt + e^{-sT}\mathcal{L}[f(t)].$$

故有

$$\mathcal{L}[f(t)] = \frac{1}{1-e^{-sT}}\int_0^T f(t)e^{-st}\,dt.$$

证毕.

例 7.2.14 求全波整流后的正弦波 $f(t) = |\sin\omega t|$ 的像函数.

解 $f(t)$ 的周期为 $T = \dfrac{\pi}{\omega}$,故有

$$\mathcal{L}[f(t)] = \frac{1}{1-e^{-sT}}\int_0^T e^{-st}\sin\omega t\,dt$$

$$= \frac{1}{1-e^{-sT}}\cdot\frac{e^{-st}(-s\sin\omega t-\omega\cos\omega t)}{s^2+\omega^2}\bigg|_0^T$$

$$= \frac{\omega}{s^2+\omega^2}\cdot\frac{1+e^{-sT}}{1-e^{-sT}} = \frac{\omega}{s^2+\omega^2}\coth\frac{s\pi}{2\omega}.$$

7.2.6 卷积与卷积定理

1. 卷积

按照卷积的定义,两个函数的卷积是指

$$f_1(t)*f_2(t) = \int_{-\infty}^{+\infty} f_1(\tau)f_2(t-\tau)\,d\tau. \tag{7.2.10}$$

如果 $f_1(t)$ 与 $f_2(t)$ 满足以下条件:当 $t < 0$ 时,$f_1(t) = f_2(t) = 0$,则有

$$\int_{-\infty}^{+\infty} f_1(\tau)f_2(t-\tau)\,d\tau = \int_0^{+\infty} f_1(\tau)f_2(t-\tau)\,d\tau = \int_0^t f_1(\tau)f_2(t-\tau)\,d\tau,$$

此时(7.2.10)式变成

$$f_1(t) * f_2(t) = \int_0^t f_1(\tau) f_2(t-\tau) d\tau, \quad t \geq 0. \tag{7.2.11}$$

显然,由(7.2.11)式定义的卷积仍然满足交换律、结合律以及分配律等性质.

2. 卷积定理

设 $\mathcal{L}[f_1(t)] = F_1(s)$, $\mathcal{L}[f_2(t)] = F_2(s)$,则有

$$\mathcal{L}[f_1(t) * f_2(t)] = F_1(s) \cdot F_2(s).$$

证明 由定义有

$$\mathcal{L}[f_1(t) * f_2(t)] = \int_0^{+\infty} [f_1(t) * f_2(t)] e^{-st} dt$$
$$= \int_0^{+\infty} \left[\int_0^t f_1(\tau) f_2(t-\tau) d\tau \right] e^{-st} dt.$$

上面的积分可以看成一个 t-τ 平面上区域 D 内的二重积分,交换积分次序,即得

$$\mathcal{L}[f_1(t) * f_2(t)] = \int_0^{+\infty} f_1(\tau) \left[\int_\tau^{+\infty} f_2(t-\tau) e^{-st} dt \right] d\tau.$$

对内层积分作变量代换 $t_1 = t - \tau$,有

$$\mathcal{L}[f_1(t) * f_2(t)] = \int_0^{+\infty} f_1(\tau) \left[\int_0^{+\infty} f_2(t_1) e^{-st_1} e^{-s\tau} dt_1 \right] d\tau$$
$$= F_2(s) \int_0^{+\infty} f_1(\tau) e^{-s\tau} d\tau = F_1(s) \cdot F_2(s).$$

证毕.

卷积定理可推广到多个函数的情形. 利用卷积定理可以求一些函数的逆变换.

例 7.2.15 已知 $F(s) = \dfrac{s^2}{(s^2+1)^2}$,求 $f(t) = \mathcal{L}^{-1}[F(s)]$.

解 由于 $F(s) = \dfrac{s}{s^2+1} \cdot \dfrac{s}{s^2+1}$, $\mathcal{L}^{-1}\left[\dfrac{s}{s^2+1}\right] = \cos t$, 故有

$$f(t) = \mathcal{L}^{-1}[F(s)] = \cos t * \cos t = \int_0^t \cos \tau \cos(t-\tau) d\tau$$
$$= \frac{1}{2} \int_0^t [\cos t + \cos(2\tau - t)] d\tau = \frac{1}{2}(t \cos t + \sin t).$$

7.2.7 拉普拉斯逆变换

运用拉普拉斯变换求解具体问题时,常常需要由像函数 $F(s)$ 求原函数 $f(t)$. 从前面的讨论中可以知道,可以利用拉普拉斯变换的性质并根据一些已知的变换来求原函数,其中对像函数 $F(s)$ 进行分解(或分离)是比较关键的一步,至于已知的变换则可以通过查表获得. 这种方法在许多情况下不失为一种有效且简单的方法,因而常常被使用,但其使用范围毕竟是有限的. 下面介绍一种更为一般性的方法.

由定义 7.1.1 知

$$f(t)=\frac{1}{2\pi\mathrm{i}}\int_{\beta-\mathrm{i}\infty}^{\beta+\mathrm{i}\infty}F(s)\mathrm{e}^{st}\mathrm{d}s,\ t>0. \tag{7.2.12}$$

这就是由像函数 $F(s)$ 求原函数的一般方法，称为 $F(s)$ 的拉普拉斯逆变换，有时也称为**反演积分公式**. 其中右端的积分常称为**反演积分**，其积分路径是 s 平面上的一条直线 $\mathrm{Re}\,s=\beta$，且直线处于 $F(s)$ 的定义域中. 由于 $F(s)$ 在定义域中解析，因而在此直线的右边不包含 $F(s)$ 的奇点.

下面介绍如何运用复变函数的知识计算拉普拉斯逆变换(或反演积分).

定理 7.2.1 设 $F(s)$ 除在半平面 $\mathrm{Re}\,s\leqslant c$ 内的有限个孤立奇点 $s_1,s_2,\cdots,s_n$ 外是解析的，且当 $s\to\infty$ 时，$F(s)\to 0$，则有

$$\frac{1}{2\pi\mathrm{i}}\int_{\beta-\mathrm{i}\infty}^{\beta+\mathrm{i}\infty}F(s)\mathrm{e}^{st}\mathrm{d}s=\sum_{k=1}^{n}\mathrm{Res}[F(s)\mathrm{e}^{st},s_k],$$

即

$$f(t)=\sum_{k=1}^{n}\mathrm{Res}[F(s)\mathrm{e}^{st},s_k],\ t>0. \tag{7.2.13}$$

证明 如图 7.2.1 所示，曲线 $C=L+C_R$，L 在平面 $\mathrm{Re}\,s>c$ 内，C_R 是半径为 R 的半圆弧. 当 R 充分大时，可使 $s_k(k=1,2,\cdots,n)$ 都在 C 内. 由于 $F(s)\mathrm{e}^{st}$ 除孤立奇点 $s_k(k=1,2,\cdots,n)$ 外是解析的，故由柯西留数定理有

$$\oint_C F(s)\mathrm{e}^{st}\mathrm{d}s=2\pi\mathrm{i}\sum_{k=1}^{n}\mathrm{Res}[F(s)\mathrm{e}^{st},s_k],$$

即

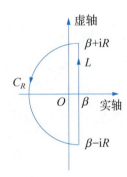

图 7.2.1 定理 7.2.1 证明中的曲线 C

$$\frac{1}{2\pi\mathrm{i}}\Big[\int_{\beta-\mathrm{i}R}^{\beta+\mathrm{i}R}F(s)\mathrm{e}^{st}\mathrm{d}s+\int_{C_R}F(s)\mathrm{e}^{st}\mathrm{d}s\Big]=\sum_{k=1}^{n}\mathrm{Res}[F(s)\mathrm{e}^{st},s_k].$$

又由若尔当引理，当 $t>0$ 时，有

$$\lim_{R\to+\infty}\int_{C_R}F(s)\mathrm{e}^{st}\mathrm{d}s=0.$$

因此，$\dfrac{1}{2\pi\mathrm{i}}\int_{\beta-\mathrm{i}\infty}^{\beta+\mathrm{i}\infty}F(s)\mathrm{e}^{st}\mathrm{d}s=\sum_{k=1}^{n}\mathrm{Res}[F(s)\mathrm{e}^{st},s_k]$. 证毕.

例 7.2.16 分别求下列函数的拉普拉斯逆变换 $f(t)=\mathcal{L}^{-1}[F(s)]$：

(1) $F(s)=\ln\dfrac{s^2+1}{s^2}$；   (2) $F(s)=\arctan\dfrac{a}{s}$.

解 (1) 先将函数求导变为有理分式，并进行部分分式分解，得

$$F'(s)=\Big(\ln\dfrac{s^2+1}{s^2}\Big)'=-\dfrac{2}{(s^2+1)s}=2\Big(\dfrac{s}{s^2+1}-\dfrac{1}{s}\Big).$$

再由微分性质有

$$f(t)=-\dfrac{1}{t}\mathcal{L}^{-1}[F'(s)]=-\dfrac{2}{t}\mathcal{L}^{-1}\Big[\dfrac{s}{s^2+1}-\dfrac{1}{s}\Big]=-\dfrac{2}{t}[\cos t-u(t)].$$

(2) 按同样的方法可得

$$f(t) = -\frac{1}{t}\mathcal{L}^{-1}[F'(s)] = -\frac{1}{t}\mathcal{L}^{-1}\left[\left(\arctan\frac{a}{s}\right)'\right] = -\frac{1}{t}\mathcal{L}^{-1}\left[-\frac{a}{s^2+a^2}\right] = \frac{\sin at}{t}.$$

例 7.2.17 已知 $F(s) = \dfrac{s}{(s^2+1)^2}$，求 $f(t) = \mathcal{L}^{-1}[F(s)]$.

分析 函数 $F(s)$ 的分母中含有二阶复零点，用部分分式求解或用留数求解都比较烦琐，可考虑利用卷积定理来求解.

解 根据卷积定理有

$$f(t) = \mathcal{L}^{-1}\left[\frac{s}{(s^2+1)^2}\right] = \mathcal{L}^{-1}\left[\frac{1}{s^2+1}\right] * \mathcal{L}^{-1}\left[\frac{s}{s^2+1}\right]$$

$$= \sin t * \cos t = \int_0^t \sin\tau \cos(t-\tau)\,\mathrm{d}\tau$$

$$= \frac{1}{2}\int_0^t [\sin t + \sin(2\tau - t)]\,\mathrm{d}\tau = \frac{t\sin t}{2} - \frac{\cos(2\tau - t)}{4}\bigg|_0^t = \frac{t\sin t}{2}.$$

例 7.2.18 已知 $F(s) = \dfrac{1}{s(s-1)^2}$，求 $f(t) = \mathcal{L}^{-1}[F(s)]$.

分析 本题可以用多种方法求解，希望通过本题的求解，对各种方法作一个总结和比较.

解 解法 1 利用部分分式求解. 由 $F(s) = \dfrac{1}{s} - \dfrac{1}{s-1} + \dfrac{1}{(s-1)^2}$，得

$$f(t) = \mathcal{L}^{-1}[F(s)] = 1 - \mathrm{e}^t + t\mathrm{e}^t.$$

解法 2 利用卷积求解. 根据卷积定理有

$$f(t) = \mathcal{L}^{-1}\left[\frac{1}{s(s-1)^2}\right] = \mathcal{L}^{-1}\left[\frac{1}{(s-1)^2}\right] * \mathcal{L}^{-1}\left[\frac{1}{s}\right] = t\mathrm{e}^t * 1$$

$$= \int_0^t \tau \mathrm{e}^\tau\,\mathrm{d}\tau = 1 - \mathrm{e}^t + t\mathrm{e}^t.$$

解法 3 利用留数求解. 由 $F(s)$ 有一阶极点 $s_1 = 0$ 和二阶极点 $s_2 = 1$，得

$$\mathrm{Res}[F(s)\mathrm{e}^{st}, 0] = \frac{\mathrm{e}^{st}}{(s-1)^2}\bigg|_{s=0} = 1,$$

$$\mathrm{Res}[F(s)\mathrm{e}^{st}, 1] = \left(\frac{\mathrm{e}^{st}}{s}\right)'\bigg|_{s=1} = t\mathrm{e}^t - \mathrm{e}^t,$$

故 $f(t) = 1 - \mathrm{e}^t + t\mathrm{e}^t$.

解法 4 利用积分性质求解.

$$f(t) = \mathcal{L}^{-1}\left[\frac{1}{s(s-1)^2}\right] = \int_0^t \mathcal{L}^{-1}\left[\frac{1}{(s-1)^2}\right]\mathrm{d}t = \int_0^t t\mathrm{e}^t\,\mathrm{d}t = 1 - \mathrm{e}^t + t\mathrm{e}^t.$$

例 7.2.19 求 $F(s) = \dfrac{s-1}{s(s+1)^2}$ 的拉普拉斯逆变换.

解 解法 1 $F(s) = -\dfrac{1}{s} + \dfrac{1}{s+1} + \dfrac{2}{(s+1)^2}$,故

$$f(t) = \mathcal{L}^{-1}[F(s)] = -1 + \mathrm{e}^{-t} + 2t\mathrm{e}^{-t}.$$

解法 2 $\mathrm{Res}[F(s)\mathrm{e}^{st}, 0] = -1$, $\mathrm{Res}[F(s)\mathrm{e}^{st}, 1] = \mathrm{e}^{-t} + 2t\mathrm{e}^{-t}$,故

$$f(t) = \mathcal{L}^{-1}[F(s)] = -1 + \mathrm{e}^{-t} + 2t\mathrm{e}^{-t}.$$

例 7.2.20 求 $F(s) = \dfrac{s}{(s^2+1)^2}$ 的拉普拉斯逆变换.

解 解法 1 $\mathcal{L}^{-1}[F(s)] = \mathcal{L}^{-1}\left[\left(-\dfrac{1}{2}\dfrac{1}{s^2+1}\right)'\right] = \dfrac{1}{2}t\sin t.$

解法 2 $F(s) = \dfrac{s}{s^2+1}\dfrac{1}{s^2+1}$,故

$$\mathcal{L}^{-1}[F(s)] = \mathcal{L}^{-1}\left[\dfrac{s}{s^2+1}\right] * \mathcal{L}^{-1}\left[\dfrac{1}{s^2+1}\right] = \cos t * \sin t$$

$$= \int_0^t \cos\tau \sin(t-\tau)\mathrm{d}\tau = \dfrac{1}{2}t\sin t.$$

§ 7.3 拉普拉斯变换的应用

7.3.1 求解常微分方程(组)

许多工程实际问题可以用微分方程来描述,而拉普拉斯变换对于求解微分方程非常有效.利用拉普拉斯变换求解常微分方程(组)的方法分 3 步完成,如图 7.3.1 所示:先通过拉普拉斯变换将微分方程(组)化为像函数的代数方程(组),再由代数方程(组)求出像函数,最后求拉普拉斯逆变换得到微分方程(组)的解.

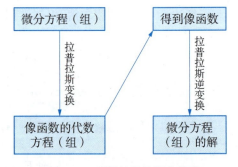

图 7.3.1 利用拉普拉斯变换求解常微分方程(组)

例 7.3.1 求解常微分方程

$$\begin{cases} x''(t) + 4x'(t) + 3x(t) = \mathrm{e}^t, \quad t > 0, \\ x(0) = x'(0) = 1. \end{cases}$$

解 令 $X(s) = \mathcal{L}[x(t)]$. 在方程两边取拉普拉斯变换,并应用初始条件得

$$s^2 X(s) - s - 1 + 4(sX(s) - 1) + 3X(s) = \dfrac{1}{s+1}.$$

求解此方程得

$$X(s) = \dfrac{s^2 + 6s + 6}{(s+1)^2(s+3)} = \dfrac{7}{4(s+1)} + \dfrac{1}{2(s+1)^2} - \dfrac{3}{4(s+3)}.$$

求拉普拉斯逆变换得

$$x(t) = \left(\frac{7}{4} + \frac{1}{2}t\right)e^{-t} - \frac{3}{4}e^{-3t}.$$

例 7.3.2 求解常微分方程组

$$\begin{cases} x'' - x - 2y' = e^t, \ t > 0, \ x(0) = -\frac{3}{2}, \ x'(0) = \frac{1}{2}, \\ x' - y'' - 2y = t^2, \ t > 0, \ y(0) = 1, \ y'(0) = -\frac{1}{2}. \end{cases}$$

解 令 $X(s) = \mathcal{L}[x(t)]$,$Y(s) = \mathcal{L}[y(t)]$,在方程组两边取拉普拉斯变换,并应用初始条件得

$$\begin{cases} s^2 X(s) + \frac{3}{2}s - \frac{1}{2} - X(s) - 2sY(s) + 2 = \frac{1}{s-1}, \\ sX(s) + \frac{3}{2} - s^2 Y(s) + s - \frac{1}{2} - 2Y(s) = \frac{2}{s^3}. \end{cases}$$

求解得

$$\begin{cases} X(s) = -\frac{3}{2(s-1)} + \frac{2}{s^2}, \\ Y(s) = -\frac{1}{2(s-1)} - \frac{1}{s^3} + \frac{3}{2s}. \end{cases}$$

求拉普拉斯逆变换得原方程组的解为

$$\begin{cases} x(t) = -\frac{3}{2}e^t + 2t, \\ y(t) = -\frac{1}{2}e^t - \frac{1}{2}t^2 + \frac{3}{2}. \end{cases}$$

例 7.3.3 求解积分方程

$$f(t) = at - \int_0^t \sin(x-t)f(x)\,\mathrm{d}x, \ t > 0, \ a \neq 0.$$

解 由于 $f(t) * \sin t = \int_0^t f(x)\sin(t-x)\,\mathrm{d}x$,因此原方程为

$$f(t) = at + f(t) * \sin t.$$

令 $F(s) = \mathcal{L}[f(t)]$,因 $\mathcal{L}[t] = \frac{1}{s^2}$,$\mathcal{L}[\sin t] = \frac{1}{s^2+1}$,所以对方程两边取拉普拉斯变换得

$$F(s) = \frac{a}{s^2} + \frac{1}{s^2+1}F(s),$$

即

$$F(s) = a\left(\frac{1}{s^2} + \frac{1}{s^4}\right).$$

取拉普拉斯逆变换得原方程的解为

$$f(t) = a\left(t + \frac{t^3}{b}\right).$$

例 7.3.4 求解常微分方程

$$\begin{cases} x'''(t) + 3x''(t) + 3x'(t) + x(t) = 6\mathrm{e}^{-t}, & t > 0, \\ x(0) = x'(0) = x''(0) = 0. \end{cases}$$

解 令 $X(s) = \mathcal{L}[x(t)]$. 在方程两边取拉普拉斯变换，并应用初始条件得

$$s^3 X(s) + 3s^2 X(s) + 3s X(s) + X(s) = \frac{6}{s+1}.$$

求解此方程得

$$X(s) = \frac{3!}{(s+1)^4}.$$

求拉普拉斯逆变换得

$$x(t) = \mathcal{L}^{-1}[X(s)] = \mathcal{L}^{-1}\left[\frac{3!}{(s+1)^4}\right] = t^3 \mathrm{e}^{-t}.$$

例 7.3.5 利用拉普拉斯变换求解微分方程

$$\begin{cases} y''(t) - y(t) = 4\sin t + 5\cos 2t, & t > 0, \\ y(0) = -1, \ y'(0) = -2. \end{cases}$$

解 令 $\mathcal{L}[y(t)] = Y(s)$，则由 $y(0) = -1$, $y'(0) = -2$ 得

$$\mathcal{L}[y''(t)] = s^2 Y(s) + s + 2.$$

方程两边取拉普拉斯变换有

$$s^2 Y(s) + s + 2 - Y(s) = \frac{4}{s^2+1} + \frac{5s}{s^2+4},$$

$$Y(s) = \frac{4}{(s^2-1)(s^2+1)} + \frac{5s}{(s^2-1)(s^2+4)} - \frac{s+2}{s^2-1} = -\frac{2}{s^2+1} - \frac{s}{s^2+4}.$$

所以

$$y(t) = \mathcal{L}^{-1}[Y(s)] = -2\sin t - \cos 2t.$$

7.3.2 综合举例

例 7.3.6 已知函数 $f(t) = \begin{cases} 2, & 0 \leqslant t < 2, \\ 3, & t \geqslant 2, \end{cases}$ 求 $f(t)$ 的拉普拉斯变换.

解 **解法 1** 利用定义求解.

$$F(s)=\mathcal{L}[f(t)]=\int_0^{+\infty}f(t)\mathrm{e}^{-st}\mathrm{d}t=\int_0^2 2\mathrm{e}^{-st}\mathrm{d}t+\int_2^{+\infty}3\mathrm{e}^{-st}\mathrm{d}t$$
$$=-\frac{2}{s}\mathrm{e}^{-st}\Big|_0^2-\frac{3}{s}\mathrm{e}^{-st}\Big|_2^{+\infty}=\frac{2}{s}(1-\mathrm{e}^{-2s})+\frac{3}{s}\mathrm{e}^{-2s}=\frac{1}{s}(2+\mathrm{e}^{-2s}).$$

解法 2 利用单位阶跃函数来求解.

函数 $f(t)$ 可表示为 $f(t)=2u(t)+u(t-2)$，由 $\mathcal{L}[u(t)]=\dfrac{1}{s}$ 以及延迟性质得

$$F(s)=\mathcal{L}[f(t)]=\frac{2}{s}+\frac{1}{s}\mathrm{e}^{-2s}.$$

例 7.3.7 已知 $F(s)=\dfrac{s+1}{s^2+2s-6}$，求 $F(s)$ 的拉普拉斯逆变换.

解 **解法 1** 利用部分分式求解. 首先将函数分解为部分分式得

$$F(s)=\frac{s+1}{(s+1)^2-7}=\frac{1}{2}\left(\frac{1}{s+1+\sqrt{7}}+\frac{1}{s+1-\sqrt{7}}\right).$$

再由 $\mathcal{L}^{-1}\left[\dfrac{1}{s-a}\right]=\mathrm{e}^{at}$ 有

$$f(t)=\mathcal{L}^{-1}[F(s)]=\frac{1}{2}[\mathrm{e}^{-(1+\sqrt{7})t}+\mathrm{e}^{-(1-\sqrt{7})t}]=\mathrm{e}^{-t}\cosh\sqrt{7}\,t.$$

解法 2 利用留数定理求解. $F(s)$ 的两个极点分别为

$$s_1=-(1+\sqrt{7}),\ s_2=-(1-\sqrt{7}),$$

且均为一阶极点，它们的留数分别为

$$\mathrm{Res}[F(s)\mathrm{e}^{st},s_1]=\frac{(s+1)\mathrm{e}^{st}}{(s^2+2s-6)'}\Big|_{s=s_1}=\frac{\mathrm{e}^{st}}{2}\Big|_{s=s_1}=\frac{\mathrm{e}^{-(1+\sqrt{7})t}}{2},$$

$$\mathrm{Res}[F(s)\mathrm{e}^{st},s_2]=\frac{(s+1)\mathrm{e}^{st}}{(s^2+2s-6)'}\Big|_{s=s_2}=\frac{\mathrm{e}^{st}}{2}\Big|_{s=s_2}=\frac{\mathrm{e}^{-(1-\sqrt{7})t}}{2}.$$

故有

$$f(t)=\mathcal{L}^{-1}[F(s)]=\mathrm{Res}[F(s)\mathrm{e}^{st},s_1]+\mathrm{Res}[F(s)\mathrm{e}^{st},s_2]$$
$$=\frac{1}{2}[\mathrm{e}^{-(1+\sqrt{7})t}+\mathrm{e}^{-(1-\sqrt{7})t}]=\mathrm{e}^{-t}\cosh\sqrt{7}\,t.$$

例 7.3.8 已知 $F(s)=\dfrac{s^2+2s+1}{(s^2-2s+5)(s-3)}$，求 $F(s)$ 的原函数.

分析 本题 $F(s)$ 的分母中含有一阶复零点，如果在复数域进行分解，则待定系数为复数，比较烦琐. 实际上，对分母中含有复零点的二阶因子可以不再分解，这样在对 $F(s)$ 进行部分分式分解时，待定系数为实数. 在下面的解题过程中，对二阶因子这一项的待定系数作了处理，请思考这样处理的原因.

解 首先将函数 $F(s)$ 分解为部分分式. 设

$$F(s) = \frac{s^2+2s+1}{(s^2-2s+5)(s-3)} = \frac{C(s-1)+2D}{(s-1)^2+4} + \frac{E}{s-3}.$$

两边同乘以 $(s-3)$, 并令 $s=3$ 得

$$E = \left.\frac{s^2+2s+1}{s^2-2s+5}\right|_{s=3} = 2.$$

两边同乘以 $(s+1)^2+4$, 得

$$\frac{s^2+2s+1}{s-3} = C(s-1)+2D + \frac{E}{s-3}[(s-1)^2+4].$$

将 $s=1+2\mathrm{i}$ 代入上式得

$$2D+2C\mathrm{i} = 2-2\mathrm{i}, \; C=-1, \; D=1.$$

从而有

$$F(s) = -\frac{s-1}{(s-1)^2+2^2} + \frac{2}{(s-1)^2+2^2} + \frac{2}{s-3}.$$

再由

$$\mathcal{L}^{-1}\left[\frac{s}{s^2+b^2}\right] = \cos bt, \; \mathcal{L}^{-1}\left[\frac{b}{s^2+b^2}\right] = \sin bt, \; \mathcal{L}^{-1}\left[\frac{1}{s-a}\right] = \mathrm{e}^{at}$$

以及位移性质得

$$f(t) = \mathcal{L}^{-1}[F(s)] = \mathrm{e}^t(-\cos 2t + \sin 2t) + 2\mathrm{e}^{3t}.$$

例 7.3.9 设有如图 7.3.2 所示的 RL 串联电路, 在 $t=0$ 时接到直流电势 E 上, 求电流 $i(t)$.

解 由基尔霍夫定理可知 $i(t)$ 满足方程

$$Ri(t) + L\frac{\mathrm{d}[i(t)]}{\mathrm{d}t} = E, \; i(0)=0.$$

令 $I(s) = \mathcal{L}[i(t)]$, 在方程两边取拉普拉斯变换得

$$RI(s) + LsI(s) = \frac{E}{s}.$$

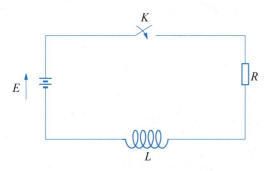

图 7.3.2 例 7.3.9 的 RL 串联电路

求解得

$$I(s) = \frac{E}{s(R+sL)} = \frac{E}{R}\left(\frac{1}{s} - \frac{1}{s+R/L}\right).$$

由拉普拉斯逆变换得

$$i(t) = \frac{E}{R}(1-\mathrm{e}^{-\frac{R}{L}t}).$$

第7章 拉普拉斯变换

拉普拉斯变换作为一种数学工具,使有关运算得以简化,因而它是研究实际工程中线性问题的有力工具. 而它最重要的贡献则是从理论上建立起微(积)分算子[即 $D(D^{-1})$ 算子]的基础,这些内容不在此详述.

§7.4 分数阶微积分及其拉普拉斯变换

前面介绍了整数阶导数的拉普拉斯变换,且初始点是在原点. 若是分数阶(非整数阶)积分/导数,且初始点不一定在原点,情况又如何呢? 下面先介绍分数阶微积分的基础知识,再介绍相应的拉普拉斯变换.

7.4.1 分数阶微积分

近年来,分数阶微积分(非整数阶积分和导数的同义词)由于其在现实世界中的潜在应用而引起人们的极大兴趣. 这里先介绍 3 个定义.

定义 7.4.1 设 $-\infty < a < +\infty, \alpha > 0, \psi(t) \in C^1(a, +\infty)$ 是严格单调增函数,$\psi'(t) \neq 0$,并且当 $t \to +\infty$ 时,$\psi(t) \to +\infty$. 假设 $f(t) \in L^1(a, b)$,则 $f(t)$ 的 ψ-分数阶积分定义如下:

$$_{\psi}D_{a,t}^{-\alpha}f(t) = \frac{1}{\Gamma(\alpha)}\int_a^t (\psi(t)-\psi(\tau))^{\alpha-1}f(\tau)\psi'(\tau)d\tau, \quad t > a,$$

其中 $\Gamma(\cdot)$ 为伽马函数.

若 $\psi(t) = t$,则上述定义即为最为广泛使用的黎曼-刘维尔分数阶积分.
若 $\psi(t) = \ln t$,则上述定义为阿达马分数阶积分.
若 $\psi(t) = e^t$,则上述定义为指数分数阶积分.

原始定义中没有"当 $t \to +\infty$ 时,$\psi(t) \to +\infty$"这一条件. 若没有这一条件,当由它诱导的分数阶导数用于分数阶微分方程中时,其解总是稳定的,这显然不符合常规. 故需要加上这一条件. 另外,$f(t) \in L^1(a, b)$ 只是充分条件.

定义 7.4.2 设 $-\infty < a < b < +\infty, n-1 < \alpha < n \in \mathbb{Z}^+, \psi(t) \in C^n[a, +\infty)$ 是严格单调增函数,$\psi'(t) \neq 0$,并且当 $t \to +\infty$ 时,$\psi(t) \to +\infty$. 假设 $f(t) \in AC_{\delta_\psi}^n[a, b] = \{f:[a, b] \to \mathbb{R}, \delta_\psi^{n-1}f(t) \in AC[a, b]\}$,则 $f(t)$ 的 α 阶 ψ-导数定义如下:

$$_{\psi}D_{a,t}^{\alpha}f(t) = \frac{1}{\Gamma(n-\alpha)}\delta_\psi^n \int_a^t (\psi(t)-\psi(\tau))^{n-\alpha-1}f(\tau)\psi'(\tau)d\tau, \quad t > a,$$

其中 $\delta_\psi = \frac{1}{\psi'(t)}\frac{d}{dt}$,$\delta_\psi^n = \delta_\psi(\delta_\psi^{n-1})$,$\delta_\psi^0 = I$,$AC[a, b]$ 为绝对连续函数空间.

若 $\psi(t)=t$，则上述定义即为黎曼-刘维尔分数阶导数.

若 $\psi(t)=\ln t$，则上述定义为阿达马分数阶导数.

若 $\psi(t)=\mathrm{e}^t$，则上述定义为指数分数阶导数.

定义 7.4.3 设 $-\infty<a<b<+\infty$，$n-1<\alpha<n\in\mathbb{Z}^+$，$\psi(t)\in\mathrm{C}^n[a,+\infty)$ 是严格单调增函数，$\psi'(t)\neq 0$，并且当 $t\to+\infty$ 时，$\psi(t)\to+\infty$. 假设 $f(t)\in\mathrm{AC}^n_{\delta_\psi}[a,b]=\{f:[a,b]\to\mathbb{R},\delta_\psi^{n-1}f(t)\in\mathrm{AC}[a,b]\}$，则 $f(t)$ 的 α 阶卡普托(Caputo)型 ψ-导数定义如下：

$$_{\mathrm{C}\psi}\mathrm{D}^\alpha_{a,t}f(t)=\frac{1}{\Gamma(n-\alpha)}\int_a^t(\psi(t)-\psi(\tau))^{n-\alpha-1}\delta_\psi^n f(\tau)\psi'(\tau)\mathrm{d}\tau, t>a.$$

若 $\psi(t)=t$，则上述定义即为卡普托分数阶导数.

若 $\psi(t)=\ln t$，则上述定义为卡普托型阿达马分数阶导数.

若 $\psi(t)=\mathrm{e}^t$，则上述定义为卡普托型指数分数阶导数.

卡普托型 ψ-导数与 ψ-导数这两种分数阶导数的定义不等价，但它们有如下关系：

$$_{\mathrm{C}\psi}\mathrm{D}^\alpha_{a,t}f(t)={_\psi}\mathrm{D}^\alpha_{a,t}f(t)-\sum_{k=0}^{n-1}\frac{\delta_\psi^k f(a)}{\Gamma(k-\alpha+1)}(\psi(t)-\psi(a))^{k-\alpha},$$

其中 $n-1<\alpha<n\in\mathbb{Z}^+$，$\delta_\psi^k f(a)=\left(\frac{1}{\psi'(t)}\frac{\mathrm{d}}{\mathrm{d}t}\right)^k f(t)\bigg|_{t=a}$.

卡普托型 ψ-导数常应用于工程问题，而 ψ-导数常在纯数学领域里使用. 另外，当 $\psi(t)=t$ 时，相应的黎曼-刘维尔分数阶积分、黎曼-刘维尔分数阶导数、卡普托分数阶导数等构成黎曼-刘维尔型(或代数型)分数阶微积分，目前研究最多. 当 $\psi(t)=\ln t$ 时，相应的微积分称为阿达马型(或对数型)分数阶微积分；当 $\psi(t)=\mathrm{e}^t$ 时，相应的微积分称为指数型分数阶微积分；对于一般的 $\psi(t)$，称为广义的(或一般型)分数阶微积分. 要想进一步了解，需要参考专门的分数阶微积分著作.

7.4.2 拉普拉斯变换

定义 7.4.4 设 $-\infty<a<b<+\infty$. 假定 $f(t)$ 定义在 $[a,+\infty)$ 上，$f(t)$（关于 ψ）的拉普拉斯变换定义为

$$F(s)=\mathcal{L}_\psi[f(t)]=\int_a^{+\infty}\mathrm{e}^{-s(\psi(t)-\psi(a))}f(t)\psi'(t)\mathrm{d}t, s\in\mathbb{C}. \quad (7.4.1)$$

相应的拉普拉斯逆变换定义为

$$f(t)=\mathcal{L}_\psi^{-1}[F(s)]=\frac{1}{2\pi\mathrm{i}}\int_{c-\mathrm{i}\infty}^{c+\mathrm{i}\infty}\mathrm{e}^{s(\psi(t)-\psi(a))}F(s)\mathrm{d}s, t>a, c=\mathrm{Re}\,s>c_0.$$

当 $|f(t)|\leqslant M\mathrm{e}^{c_0(\psi(t)-\psi(a))}$，$c_0>0$ 时，(7.4.1)式绝对收敛. 此条件是(7.4.1)式存在的一个充分条件.

下面介绍广义分数阶微积分的拉普拉斯变换,不再逐一说明变换存在的条件,只假定每一步运算都是成立的.

$$\mathcal{L}_\psi[{}_\psi D_{a,t}^{-\alpha}f(t)] = s^{-\alpha}\mathcal{L}_\psi[f(t)], \quad \alpha > 0,$$

$$\mathcal{L}_\psi[{}_\psi D_{a,t}^{\alpha}f(t)] = s^{\alpha}\mathcal{L}_\psi[f(t)] - \sum_{k=0}^{n-1}\left[s^{n-k-1} \cdot {}_\psi D_{a,t}^{\alpha+k-n}f(t)\Big|_{t=a}\right], \quad n-1 < \alpha < n \in \mathbb{Z}^+,$$

$$\mathcal{L}_\psi[{}_{C\psi} D_{a,t}^{\alpha}f(t)] = s^{\alpha}\mathcal{L}_\psi[f(t)] - \sum_{k=0}^{n-1}s^{n-k-1}\delta_\psi^k f(a), \quad n-1 < \alpha < n \in \mathbb{Z}^+.$$

若 $a = -\infty$ 且 $b = +\infty$, $\psi(t) = t$,则可以定义直线 $\mathbb{R}$ 上的里斯(Riesz)分数阶导数

$$_{RZ}D_t^\alpha f(t) = -\frac{1}{2\cos\left(\dfrac{\pi\alpha}{2}\right)}\left[{}_{RL}D_{-\infty,t}^\alpha f(t) + {}_{RL}D_{t,+\infty}^\alpha f(t)\right],$$

其中

$$_{RL}D_{-\infty,t}^\alpha f(t) = \frac{1}{\Gamma(n-\alpha)}\frac{\mathrm{d}^n}{\mathrm{d}t^n}\int_{-\infty}^{t}(t-\tau)^{n-\alpha-1}f(\tau)\mathrm{d}\tau$$

与

$$_{RL}D_{t,+\infty}^\alpha f(t) = \frac{(-1)^n}{\Gamma(n-\alpha)}\frac{\mathrm{d}^n}{\mathrm{d}t^n}\int_{t}^{+\infty}(\tau-t)^{n-\alpha-1}f(\tau)\mathrm{d}\tau$$

分别为左、右黎曼-刘维尔分数阶导数.此时可以得到里斯分数阶导数的傅里叶变换

$$\mathcal{F}[{}_{RZ}D_t^\alpha f(t)] = \int_{-\infty}^{+\infty}{}_{RZ}D_t^\alpha f(t)\mathrm{e}^{-\mathrm{i}\omega t}\mathrm{d}t = -|\omega|^\alpha F(\omega), \quad F(\omega) = \mathcal{F}[f(t)].$$

另一方面,上述拉普拉斯变换有相应的卷积定理.有兴趣的读者可阅读更专门的著作,此处略.

习题 7

1. 求下列函数的拉普拉斯变换:

(1) $f(t) = \begin{cases} 3, & 0 \leqslant t < 2, \\ -1, & 2 \leqslant t < 4, \\ 0, & t \geqslant 4; \end{cases}$

(2) $f(t) = \begin{cases} \sin t, & 0 < t < \pi, \\ 0, & t \leqslant 0 \text{ 或 } t \geqslant \pi; \end{cases}$

(3) $f(t) = \mathrm{e}^{2t} + 5\delta(t)$;

(4) $f(t) = \delta(t)\cos t - u(t)\sin t$.

2. 利用留数,求下列函数的拉普拉斯逆变换:

(1) $\dfrac{1}{s^3(s-a)}$;

(2) $\dfrac{s+c}{(s+a)(s+b)^2}$.

3. 利用拉普拉斯变换的性质求下列函数的拉普拉斯变换:

(1) $\cos\alpha t \cos\beta t$;

(2) $u(t-1) - u(t-2)$.

4. 设 $\mathcal{L}[f(t)]=F(s)$,证明:

(1) $\mathcal{L}^{-1}[F(bs)]=\dfrac{1}{b}f\left(\dfrac{t}{b}\right)$, $b>0$;

(2) $\mathcal{L}[f(at-b)u(at-b)]=\dfrac{1}{a}F\left(\dfrac{s}{a}\right)\mathrm{e}^{-\frac{b}{a}s}$, $a>0$, $b>0$,

并由此性质计算 $\mathcal{L}[\sin(\omega t+\varphi)u(\omega t+\varphi)]$, $\omega>0$, $\varphi<0$.

5. 求下列函数的拉普拉斯变换:

(1) $\sin(t-2)$;   (2) $\sin(t-2)u(t-2)$;

(3) $\sin t \cdot u(t-2)$;   (4) $\mathrm{e}^{2t}u(t-2)$;

(5) $(t-1)[u(t-1)-u(t-2)]$.

6. 利用延迟性质,求下列函数的拉普拉斯变换:

(1) $\dfrac{\mathrm{e}^{-5s+1}}{s}$;   (2) $\dfrac{\mathrm{e}^{-2s}}{s^2-4}$;

(3) $\dfrac{2s^2\mathrm{e}^{-s}-(s+1)\mathrm{e}^{-2s}}{s^3}$.

7. 利用拉普拉斯变换的性质,求下列函数的拉普拉斯变换:

(1) $(t-1)^2\mathrm{e}^t$;   (2) $\mathrm{e}^{-(t+a)}\cos\beta t$;

(3) $\mathrm{e}^{-\frac{t}{a}}f\left(\dfrac{t}{a}\right)\ (a>0)$;   (4) $t\mathrm{e}^{-at}\sin\beta t$;

(5) $\dfrac{\mathrm{e}^{-3t}\sin 2t}{t}$;   (6) $\dfrac{1-\cos t}{t^2}$;

(7) $\dfrac{\mathrm{e}^{3t}}{\sqrt{t}}$;   (8) $u(1-\mathrm{e}^{-t})$;

(9) $t\displaystyle\int_0^t \mathrm{e}^{-3t}\sin 2t\,\mathrm{d}t$;   (10) $\dfrac{\mathrm{d}^2}{\mathrm{d}t^2}(\mathrm{e}^{-t}\sin t)$;

(11) $\displaystyle\int_0^t t\mathrm{e}^{-3t}\sin 2t\,\mathrm{d}t$;   (12) $\displaystyle\int_0^t \dfrac{\mathrm{e}^t-\cos 2t}{t}\,\mathrm{d}t$.

8. 计算下列积分:

(1) $\displaystyle\int_0^{+\infty} \mathrm{e}^{-3t}\cos 2t\,\mathrm{d}t$;   (2) $\displaystyle\int_0^{+\infty} t\mathrm{e}^{-2t}\,\mathrm{d}t$;

(3) $\displaystyle\int_0^{+\infty} \dfrac{\mathrm{e}^{-\sqrt{2}t}\sinh t\sin t}{t}\,\mathrm{d}t$;   (4) $\displaystyle\int_0^{+\infty} \dfrac{\mathrm{e}^{-t}\sin^2 t}{t}\,\mathrm{d}t$;

(5) $\displaystyle\int_0^{+\infty} t\mathrm{e}^{-t}\sin t\,\mathrm{d}t$;   (6) $\displaystyle\int_0^{+\infty} \dfrac{\sin^2 t}{t^2}\,\mathrm{d}t$.

9. 利用拉普拉斯变换的性质,求下列函数的拉普拉斯逆变换:

(1) $\dfrac{2s+3}{s^2+9}$;   (2) $\dfrac{1}{(s+2)^4}$;

(3) $\dfrac{s}{(s^2+a^2)(s^2+b^2)}\ (a^2\neq b^2)$;   (4) $\dfrac{s+2}{(s^2+4s+5)^2}$;

(5) $\dfrac{7}{\sqrt{s+3}}$;

(6) $\dfrac{s-s\mathrm{e}^{-s}}{s^2+\pi^2}$.

10. 求下列函数的拉普拉斯变换：

(1) $\sin\dfrac{t}{2}$;

(2) e^{-2t};

(3) t^2;

(4) $|t|$;

(5) $\sin t\cos t$;

(6) $\cos^2 t$.

11. 求下列函数的拉普拉斯变换：

(1) t^2+3t+2;

(2) $1-t\mathrm{e}^{-t}$;

(3) $(t-1)^2\mathrm{e}^t$;

(4) $5\sin 2t - 3\cos 2t$;

(5) $t\cos at$;

(6) $\mathrm{e}^{-4t}\cos 4t$.

12. 利用拉普拉斯变换的性质，计算 $\mathcal{L}[f(t)]$：

(1) $f(t)=t\mathrm{e}^{-3t}\sin 2t$;

(2) $f(t)=t\displaystyle\int_0^t \mathrm{e}^{-3t}\sin 2t\,\mathrm{d}t$.

13. 利用拉普拉斯变换的性质，计算 $\mathcal{L}^{-1}[F(s)]$：

(1) $F(s)=\dfrac{1}{s+1}-\dfrac{1}{s-1}$;

(2) $F(s)=\ln\dfrac{s+1}{s-1}$;

(3) $F(s)=\dfrac{2s}{(s^2-1)^2}$;

(4) $F(s)=\dfrac{1}{(s^2-1)^2}$.

14. 利用像函数的积分性质，计算 $\mathcal{L}[f(t)]$：

(1) $f(t)=\dfrac{\sin kt}{t}$;

(2) $\displaystyle\int_0^t \dfrac{\mathrm{e}^{-3t}\sin 2t}{t}\,\mathrm{d}t$.

15. 求下列积分的值：

(1) $\displaystyle\int_0^{+\infty}\dfrac{\mathrm{e}^{-t}-\mathrm{e}^{-2t}}{t}\,\mathrm{d}t$;

(2) $\displaystyle\int_0^{+\infty}t\mathrm{e}^{-2t}\,\mathrm{d}t$.

16. 求下列像函数 $F(s)$ 的拉普拉斯逆变换：

(1) $\dfrac{1}{s^2+a^2}$;

(2) $\dfrac{s}{(s-a)(s-b)}$;

(3) $\dfrac{s}{(s^2+1)(s^2+4)}$;

(4) $\dfrac{1}{s^4+5s^2+4}$;

(5) $\dfrac{s+1}{9s^2+6s+5}$;

(6) $\dfrac{1+\mathrm{e}^{-2s}}{s^2}$;

(7) $\ln\dfrac{s^2-1}{s^2}$.

17. 设 $f(t)$ 是以 2π 为周期的函数，且在区间 $[0,2\pi]$ 上取值为

$$f(t)=\begin{cases}\sin t, & 0\leqslant t\leqslant \pi,\\ 0, & \pi<t\leqslant 2\pi.\end{cases}$$

求 $\mathcal{L}[f(t)]$.

18. 求下列函数在区间 $[0, +\infty)$ 上的卷积：

(1) $1 * u(t)$； (2) $t^m * t^n$，m, n 为正整数；

(3) $\sin kt * \sin kt$，$k \neq 0$； (4) $t * \sinh t$；

(5) $u(t-a) * f$，$a \geqslant 0$； (6) $\delta(t-a) * f(t)$，$a \geqslant 0$。

19. 利用卷积定理证明下列等式：

(1) $\mathcal{L}\left[\int_0^t f(t)\,dt\right] = \mathcal{L}[f(t) * u(t)] = \dfrac{F(s)}{s}$；

(2) $\mathcal{L}^{-1}\left[\dfrac{s}{(s^2+a^2)^2}\right] = \dfrac{t}{2a}\sin at$，$a \neq 0$。

20. 解下列微分方程（c 为常数）：

(1) $y'' - 2y' + y = e^t$，$y(0) = y'(0) = 0$，$t > 0$；

(2) $y''' - 3y'' + 3y' - y = -1$，$y''(0) = y'(0) = 1$，$y(0) = 2$，$t > 0$；

(3) $y'' + 3y' + y = 3\cos t$，$y(0) = 0$，$y'(0) = 1$，$t > 0$；

(4) $y'' + 3y' + 2y = u(t-1)$，$y(0) = 0$，$y'(0) = 1$，$t > 0$；

(5) $y^{(4)} + y''' = \cos t$，$y(0) = y'(0) = y'''(0) = 0$，$y''(0) = c$，$t > 0$。

21. 解下列微分方程组：

(1) $\begin{cases} y'' - x'' + x' - y = e^t - 2, & x(0) = x'(0) = 0, \\ 2y'' - x'' - 2y' + x = -t, & y(0) = y'(0) = 0; \end{cases}$

(2) $\begin{cases} x' + y'' = \delta(t-1), & x(0) = y(0) = 0, \ t > 0, \\ 2x + y''' = 2u(t-1), & y'(0) = y''(0) = 0, \ t > 0. \end{cases}$

22. 解下列积分微分方程组：

(1) $y(t) + \int_0^t y(\tau)\,d\tau = e^{-t}$；

(2) $y'(t) + \int_0^t y(\tau)\,d\tau = 1$，$y(0) = 0$；

(3) $y(t) = at^2 + \int_0^t \sin(t-\tau) y(\tau)\,d\tau\, e^{-t}$；

(4) $1 - 2\sin t - y(t) - \int_0^t e^{2(t-\tau)} y(\tau)\,d\tau = 0$。

第 8 章 梅林变换

第 7 章介绍了半直线上的拉普拉斯变换,该类变换非常适合刻画当 t 足够大时具有指数渐近性的函数,但这不能满足实际问题的需要,因为它只考虑了函数在无穷远处的渐近性态,而没有考虑在包含初始点的有限区间内函数的渐近性态. 本章介绍另一种积分变换,即梅林变换,以解决这类问题.

§8.1 梅林变换的定义

定义 8.1.1 定义在区间 $(0,+\infty)$ 上的函数 $f(t)$ 的梅林变换 $F(s)$ 为

$$F(s)=\mathcal{M}[f(t)]=\int_0^{+\infty}f(t)t^{s-1}\mathrm{d}t, \tag{8.1.1}$$

其中 s 是复数且满足 $\gamma_1<\mathrm{Re}\,s<\gamma_2$.

如果函数 $f(t)$ 在每个闭区间 $[a,b]\subset(0,+\infty)$ 上都是分段连续的,且满足

$$\int_0^1|f(t)|t^{\gamma_1-1}\mathrm{d}t<+\infty,\quad \int_1^{+\infty}|f(t)|t^{\gamma_2-1}\mathrm{d}t<+\infty, \tag{8.1.2}$$

则 (8.1.1) 式定义的积分存在. 注意这只是一个充分条件.

定义 8.1.2 如果函数 $f(t)$ 在每个闭区间 $[a,b]\subset(0,+\infty)$ 上满足狄利克雷条件 (8.1.2),那么 (8.1.1) 中 $F(s)$ 的梅林逆变换定义为

$$f(t)=\mathcal{M}^{-1}[F(s)]=\frac{1}{2\pi\mathrm{i}}\int_{\gamma-\mathrm{i}\infty}^{\gamma+\mathrm{i}\infty}F(s)t^{-s}\mathrm{d}s,\quad 0<t<+\infty, \tag{8.1.3}$$

其中 $\gamma_1<\gamma<\gamma_2$.

下面介绍梅林变换的性质.

1. 平移性质

$$\mathcal{M}[t^\alpha f(t)]=F(s+\alpha). \tag{8.1.4}$$

2. 梅林变换与拉普拉斯变换的关系

令 $F(s) = \mathcal{M}[f(t)]$,则

$$\mathcal{M}[\mathcal{L}[f(t)]] = \Gamma(s)F(1-s). \tag{8.1.5}$$

3. 卷积性质

函数 $f(t)$ 和 $g(t)$ 的梅林卷积为

$$f(t) * g(t) = \int_0^{+\infty} f(t\tau)g(\tau)\mathrm{d}\tau. \tag{8.1.6}$$

设函数 $f(t)$ 和 $g(t)$ 的梅林变换分别为 $F(s)$ 和 $G(s)$,则

$$\mathcal{M}[f(t) * g(t)] = F(s)G(1-s). \tag{8.1.7}$$

4. 带权的卷积性质

结合(8.1.4)式与(8.1.7)式,有

$$\mathcal{M}\left[t^\lambda \int_0^{+\infty} \tau^\mu f(t\tau)g(\tau)\mathrm{d}\tau\right] = F(s+\lambda)G(1-s-\lambda+\mu). \tag{8.1.8}$$

5. 微分性质

若 $f(t) \in C^n(\mathbb{R}^+)$, $F(s)$ 与 $F(s-n)$ 存在,且

$$\lim_{t \to 0^+} f^{(n-k-1)}(t)t^{s-k-1} = 0, \ k=0,1,2,\cdots,n-1,$$

$$\lim_{t \to +\infty} f^{(n-k-1)}(t)t^{s-k-1} = 0, \ k=0,1,2,\cdots,n-1,$$

则反复进行分部积分,可得整数阶导数的梅林变换

$$\mathcal{M}[f^{(n)}(t)] = \frac{\Gamma(1-s+n)}{\Gamma(1-s)} F(s-n), \tag{8.1.9}$$

其中 $F(s)$ 是 $f(t)$ 的梅林变换.

证明 $\mathcal{M}[f^{(n)}(t)]$

$$= \int_0^{+\infty} f^{(n)}(t) t^{s-1} \mathrm{d}t$$

$$= f^{(n-1)}(t) t^{s-1} \Big|_0^{+\infty} - (s-1)\int_0^{+\infty} f^{(n-1)}(t) t^{s-2} \mathrm{d}t$$

$$= f^{(n-1)}(t) t^{s-1} \Big|_0^{+\infty} - (s-1)\int_0^{+\infty} f^{(n-1)}(t) t^{(s-1)-1} \mathrm{d}t$$

$$= \cdots\cdots \tag{8.1.10}$$

$$= \sum_{k=0}^{n-1} (-1)^k \frac{\Gamma(s)}{\Gamma(s-k)} \left[f^{(n-k-1)}(t) t^{s-k-1}\right]\Big|_0^{+\infty} + (-1)^n \frac{\Gamma(s)}{\Gamma(s-n)} F(s-n)$$

$$= \sum_{k=0}^{n-1} \frac{\Gamma(1-s+k)}{\Gamma(1-s)} \left[f^{(n-k-1)}(t) t^{s-k-1}\right]\Big|_0^{+\infty} + \frac{\Gamma(1-s+n)}{\Gamma(1-s)} F(s-n)$$

$$= \frac{\Gamma(1-s+n)}{\Gamma(1-s)} F(s-n).$$

证毕.

§8.2 分数阶微积分的梅林变换

下面介绍分数阶微积分的梅林变换. 为了知识的循序渐进, 本节先考虑初始点为原点的黎曼-刘维尔积分及相关导数的梅林变换.

8.2.1 黎曼-刘维尔分数阶微积分的梅林变换

下面计算左黎曼-刘维尔分数阶积分 $_{\mathrm{RL}}\mathrm{D}_{0,t}^{-\alpha}f(t)$ $(\alpha>0)$ 的梅林变换. 使用代换 $\tau=t\xi$ 可以得到

$$_{\mathrm{RL}}\mathrm{D}_{0,t}^{-\alpha}f(t) = \frac{1}{\Gamma(\alpha)}\int_0^t (t-\tau)^{\alpha-1} f(\tau)\mathrm{d}\tau$$

$$= \frac{t^\alpha}{\Gamma(\alpha)}\int_0^1 (1-\xi)^{\alpha-1} f(t\xi)\mathrm{d}\xi$$

$$= \frac{t^\alpha}{\Gamma(\alpha)}\int_0^{+\infty} f(t\xi) g(\xi)\mathrm{d}\xi, \tag{8.2.1}$$

其中

$$g(t) = \begin{cases} (1-t)^{\alpha-1}, & 0 \leqslant t < 1, \\ 0, & t \geqslant 1. \end{cases}$$

函数 $g(t)$ 的梅林变换可以简单给出,

$$\mathcal{M}[g(t)] = \frac{\Gamma(\alpha)\Gamma(s)}{\Gamma(\alpha+s)}. \tag{8.2.2}$$

然后使用(8.1.8)式、(8.2.1)式和(8.2.2)式, 得到

$$\mathcal{M}[_{\mathrm{RL}}\mathrm{D}_{0,t}^{-\alpha}f(t)] = \frac{1}{\Gamma(\alpha)} F(s+\alpha) B(\alpha; 1-s-\alpha)$$

或

$$\mathcal{M}[_{\mathrm{RL}}\mathrm{D}_{0,t}^{-\alpha}f(t)] = \frac{\Gamma(1-s-\alpha)}{\Gamma(1-s)} F(s+\alpha), \tag{8.2.3}$$

其中 $F(s)$ 是函数 $f(s)$ 的梅林变换.

下面求黎曼-刘维尔分数阶导数和卡普托分数阶导数的梅林变换.

令 $n-1<\alpha<n\in\mathbb{Z}^+$, 根据黎曼-刘维尔分数阶导数的定义, 可以得到

$$_{\mathrm{RL}}\mathrm{D}_{0,t}^{\alpha}f(t) = \frac{\mathrm{d}^n}{\mathrm{d}t^n} {_{\mathrm{RL}}\mathrm{D}_{0,t}^{-(n-\alpha)}} f(t).$$

记 $g(t) = {_{\mathrm{RL}}\mathrm{D}_{0,t}^{-(n-\alpha)}} f(t)$. 使用(8.1.10)式和(8.2.3)式, 有

$$\mathcal{M}[_{\mathrm{RL}}\mathrm{D}_{0,t}^{\alpha}f(t)]$$

$$= \mathcal{M}\left[\frac{\mathrm{d}^n}{\mathrm{d}t^n} {_{\mathrm{RL}}\mathrm{D}_{0,t}^{\alpha-n}} f(t)\right] = \mathcal{M}[g^{(n)}(t)]$$

$$= \sum_{k=0}^{n-1} \frac{\Gamma(1-s+k)}{\Gamma(1-s)} [g^{(n-k-1)}(t) t^{s-k-1}] \Big|_0^{+\infty} + \frac{\Gamma(1-s+n)}{\Gamma(1-s)} G(s-n)$$

$$= \sum_{k=0}^{n-1} \frac{\Gamma(1-s+k)}{\Gamma(1-s)} \left[\frac{\mathrm{d}^{n-k-1}}{\mathrm{d}t^{n-k-1}} {}_{\mathrm{RL}}\mathrm{D}_{0,t}^{\alpha-n} f(t) t^{s-k-1} \right] \Big|_0^{+\infty}$$

$$+ \frac{\Gamma(1-s+n)}{\Gamma(1-s)} \frac{\Gamma(1-(s-n)-(n-\alpha))}{\Gamma(1-(s-n))} \cdot F((s-n)+(n-\alpha)) \tag{8.2.4}$$

或

$$\mathcal{M}[{}_{\mathrm{RL}}\mathrm{D}_{0,t}^{\alpha} f(t)]$$
$$= \sum_{k=0}^{n-1} \frac{\Gamma(1-s+k)}{\Gamma(1-s)} [{}_{\mathrm{RL}}\mathrm{D}_{0,t}^{\alpha-k-1} f(t) t^{s-k-1}] \Big|_0^{+\infty} + \frac{\Gamma(1-s+\alpha)}{\Gamma(1-s)} F(s-\alpha). \tag{8.2.5}$$

若 $0<\alpha<1$，(8.2.5)式有如下形式：

$$\mathcal{M}[{}_{\mathrm{RL}}\mathrm{D}_{0,t}^{\alpha} f(t)] = [{}_{\mathrm{RL}}\mathrm{D}_{0,t}^{\alpha-1} f(t) t^{s-1}] \Big|_0^{+\infty} + \frac{\Gamma(1-s+\alpha)}{\Gamma(1-s)} F(s-\alpha). \tag{8.2.6}$$

已知 $n-1<\alpha<n \in \mathbb{Z}^+$，下面求函数 $f(t)$ 的 α 阶卡普托导数 ${}_{\mathrm{C}}\mathrm{D}_{0,t}^{\alpha} f(t)$ 的梅林变换. 令 $h(t)=f^{(n)}(t)$，使用(8.2.3)式和(8.1.10)式，可得

$$\mathcal{M}[{}_{\mathrm{C}}\mathrm{D}_{0,t}^{\alpha} f(t)]$$
$$= \mathcal{M}[{}_{\mathrm{RL}}\mathrm{D}_{0,t}^{-(n-\alpha)} f^{(n)}(t)] = \mathcal{M}[{}_{\mathrm{RL}}\mathrm{D}_{0,t}^{-(n-\alpha)} h(t)]$$
$$= \frac{1-s-(n-\alpha)}{\Gamma(1-s)} H(s+(n-\alpha))$$
$$= \frac{\Gamma(1-s-n+\alpha)}{\Gamma(1-s)} \times \Big\{ \sum_{k=0}^{n-1} \frac{\Gamma(1-(s+n-\alpha)+k)}{\Gamma(1-(s+n-\alpha))} [f^{(n-k-1)}(t) t^{(s+n-\alpha)-k-1}] \Big|_0^{+\infty}$$
$$+ \frac{\Gamma(1-(s+n-\alpha)+n)}{\Gamma(s+n-\alpha-n)} F((s+n-\alpha)-n) \Big\}$$
$$= \sum_{k=0}^{n-1} \frac{\Gamma(1-s-n+\alpha+k)}{\Gamma(1-s)} [f^{(n-k-1)}(t) t^{s+n-\alpha-k-1}] \Big|_0^{+\infty} + \frac{\Gamma(1-s-\alpha)}{\Gamma(1-s)} F(s-\alpha) \tag{8.2.7}$$

或

$$\mathcal{M}[{}_{\mathrm{C}}\mathrm{D}_{0,t}^{\alpha} f(t)]$$
$$= \mathcal{M}[{}_{\mathrm{RL}}\mathrm{D}_{0,t}^{-(n-\alpha)} f^{(n)}(t)]$$
$$= \sum_{k=0}^{n-1} \frac{\Gamma(\alpha-m-s)}{\Gamma(1-s)} [f^{(k)} t^{s-\alpha+k}] \Big|_0^{+\infty} + \frac{\Gamma(1-s-\alpha)}{\Gamma(1-s)} F(s-\alpha),$$
$$n-1<\alpha<n \in \mathbb{Z}^+. \tag{8.2.8}$$

对于 $0<\alpha<1$，(8.2.8)式可简化为如下形式：

$$\mathcal{M}[{}_{\mathrm{C}}\mathrm{D}_{0,t}^{\alpha} f(t)] = \frac{\Gamma(\alpha-s)}{\Gamma(1-s)} [f(t) t^{s-\alpha}] \Big|_0^{+\infty} + \frac{\Gamma(1-s+\alpha)}{\Gamma(1-s)} F(s-\alpha). \tag{8.2.9}$$

8.2.2 广义分数阶微积分的梅林变换

本节内容具有相当的普遍性：一是初始点不必在原点，二是讨论更具一般性的分数阶微积

分,而不仅限于黎曼-刘维尔分数阶微积分.

假设 $\psi(t)$ 的定义与 7.4.1 节中的 $\psi(t)$ 定义相同.

定义 8.2.1 假设 $a \in \mathbb{R}$,函数 $f(t)$ 定义在 $[a,+\infty)$ 上.则函数 $f(t)$(关于 ψ)的梅林变换定义为

$$F(\xi) = \mathcal{M}_\psi[f(t)] = \int_a^{+\infty} (\psi(t)-\psi(a))^{\xi-1} f(t) \psi'(t) \mathrm{d}t, \quad \gamma_1 < \operatorname{Re}\xi < \gamma_2.$$

其逆变换定义为

$$f(t) = \mathcal{M}_\psi^{-1}[F(\xi)] = \frac{1}{2\pi \mathrm{i}} \int_{c-\mathrm{i}\infty}^{c+\mathrm{i}\infty} (\psi(t)-\psi(a))^{-\xi} F(\xi) \mathrm{d}\xi, \quad t > a, \quad c = \operatorname{Re}\xi.$$

下面给出相应的卷积定理.

定义 8.2.2 设 $f(t)$ 和 $g(t)$ 定义在 $[a,+\infty)(a\in\mathbb{R})$ 上,则函数 $f(t)$ 与 $g(t)$(关于 ψ)的卷积定义为

$$f(t) *_\psi g(t) = (f *_\psi g)(t) \int_a^{+\infty} f\left(\psi^{-1}\left(\psi(a) + \frac{\psi(t)-\psi(a)}{\psi(\tau)-\psi(a)}\right)\right) g(\tau) \frac{\psi'(\tau)\mathrm{d}\tau}{\psi(\tau)-\psi(a)}.$$

定理 8.2.1 若 $\mathcal{M}_\psi[f(t)] = F(\xi)$,$\mathcal{M}_\psi[g(t)] = G(\xi)$,则

$$\mathcal{M}_\psi[f(t) *_\psi g(t)] = \mathcal{M}_\psi[f(t)] \mathcal{M}_\psi[g(t)] = F(\xi)G(\xi).$$

或者等价地,有

$$\mathcal{M}_\psi^{-1}[F(\xi)G(\xi)] = f(t) *_\psi g(t).$$

证明 令 $\psi^{-1}\left(\psi(a) + \frac{\psi(t)-\psi(a)}{\psi(\tau)-\psi(a)}\right) = w$,由定义 8.2.1 与定义 8.2.2,交换积分次序可得

$$\begin{aligned}
&\mathcal{M}_\psi[f(t) *_\psi g(t)] \\
&= \int_a^{+\infty} (\psi(t)-\psi(a))^{\xi-1} \int_a^{+\infty} f\left(\psi^{-1}\left(\psi(a) + \frac{\psi(t)-\psi(a)}{\psi(\tau)-\psi(a)}\right)\right) g(\tau) \frac{\psi'(\tau)\mathrm{d}\tau}{\psi(\tau)-\psi(a)} \psi'(t) \mathrm{d}t \\
&= \int_a^{+\infty} \int_a^{+\infty} (\psi(t)-\psi(a))^{\xi-1} f\left(\psi^{-1}\left(\psi(a) + \frac{\psi(t)-\psi(a)}{\psi(\tau)-\psi(a)}\right)\right) g(\tau) \psi'(t) \mathrm{d}t \frac{\psi'(\tau)\mathrm{d}\tau}{\psi(\tau)-\psi(a)} \\
&= \int_a^{+\infty} \int_a^{+\infty} (\psi(w)-\psi(a))^{\xi-1} (\psi(\tau)-\psi(a))^{\xi-1} f(w) g(\tau) \psi'(w) \mathrm{d}w \psi'(\tau) \mathrm{d}\tau \\
&= \mathcal{M}_\psi[f(t)] \mathcal{M}_\psi[g(t)] = F(\xi)G(\xi).
\end{aligned}$$

证毕.

下面介绍相应梅林变换的微分性质.

引理 8.2.1 设 $\mathcal{M}_\psi[f(t)] = F(\xi)$ 且

$$\lim_{t \to a^+} [(\psi(t)-\psi(a))^{\xi-k-1} \delta_\psi^{n-k-1} f(t)], \quad \lim_{t \to +\infty} [(\psi(t)-\psi(a))^{\xi-k-1} \delta_\psi^{n-k-1} f(t)]$$

对于任意 $k=0,1,\cdots,n-1$ 存在,则

$$\mathcal{M}_\psi[\delta_\psi^n f(t)] = \sum_{k=0}^{n-1} \frac{\Gamma(1+k-\xi)}{\Gamma(1-\xi)}[(\psi(t)-\psi(a))^{\xi-k-1}\delta_\psi^{n-k-1}f(t)]\Big|_a^{+\infty}$$
$$+ \frac{\Gamma(1+n-\xi)}{\Gamma(1-\xi)}F(\xi-n), \quad t>a, n\in\mathbb{Z}^+. \tag{8.2.10}$$

证明 此引理可由分部积分得到,故省略其证明. 证毕. ∎

定理 8.2.2 令 $n-1<\alpha<n\in\mathbb{Z}^+$ 且 $a\in\mathbb{R}$. 若 $\mathcal{M}_\psi[f(t)]=F(\xi)$,$\alpha<\mathrm{Re}(1-\xi)$,且极限

$$\lim_{t\to a^+}[(\psi(t)-\psi(a))^{\xi-k-1}{}_\psi D_{a,t}^{\alpha-k-1}f(t)], \quad \lim_{t\to +\infty}[(\psi(t)-\psi(a))^{\xi-k-1}{}_\psi D_{a,t}^{\alpha-k-1}f(t)],$$
$$\lim_{t\to a^+}[(\psi(t)-\psi(a))^{\xi-\alpha+k}\delta_\psi^k f(t)], \quad \lim_{t\to +\infty}[(\psi(t)-\psi(a))^{\xi-\alpha+k}\delta_\psi^k f(t)]$$

对于任意 $k=0,1,\cdots,n-1$ 存在,则

$$\mathcal{M}_\psi[{}_\psi D_{a,t}^{-\alpha}f(t)] = \frac{\Gamma(1-\xi-\alpha)}{\Gamma(1-\xi)}F(\xi+\alpha), \tag{8.2.11}$$

$$\mathcal{M}_\psi[{}_\psi D_{a,t}^\alpha f(t)]$$
$$= \frac{\Gamma(1-\xi+\alpha)}{\Gamma(1-\xi)}F(\xi-\alpha) + \sum_{k=0}^{n-1}\frac{\Gamma(1+k-\xi)}{\Gamma(1-\xi)}[(\psi(t)-\psi(a))^{\xi-k-1}{}_\psi D_{a,t}^{\alpha-k-1}f(t)]\Big|_a^{+\infty}, \tag{8.2.12}$$

$$\mathcal{M}_\psi[{}_{C\psi}D_{a,t}^\alpha f(t)]$$
$$= \frac{\Gamma(1-\xi+\alpha)}{\Gamma(1-\xi)}F(\xi-\alpha) + \sum_{k=0}^{n-1}\frac{\Gamma(\alpha-k-\xi)}{\Gamma(1-\xi)}[(\psi(t)-\psi(a))^{\xi-\alpha+k}\delta_\psi^k f(t)]\Big|_a^{+\infty}. \tag{8.2.13}$$

证明 首先证明 (8.2.11) 式. 交换积分次序并作变量替换 $\psi(t)-\psi(\tau)=(\psi(\tau)-\psi(a))w$,可得

$$\mathcal{M}_\psi[{}_\psi D_{a,t}^{-\alpha}f(t)]$$
$$= \int_a^{+\infty}(\psi(t)-\psi(a))^{\xi-1}\frac{1}{\Gamma(\alpha)}\int_a^t(\psi(t)-\psi(\tau))^{\alpha-1}f(\tau)\psi'(\tau)\mathrm{d}\tau\,\psi'(t)\mathrm{d}t$$
$$= \frac{1}{\Gamma(\alpha)}\int_a^{+\infty}\int_0^{+\infty}(1+w)^{\xi-1}w^{\alpha-1}\mathrm{d}w(\psi(\tau)-\psi(a))^{\xi+\alpha-1}f(\tau)\psi'(\tau)\mathrm{d}\tau$$
$$= \frac{\Gamma(1-\xi-\alpha)}{\Gamma(1-\alpha)}F(\xi+\alpha).$$

其中用到了积分等式 $\int_0^{+\infty}(1+w)^{\xi-1}w^{\alpha-1}\mathrm{d}w = \mathrm{B}(\alpha,1-\xi-\alpha)$,$\alpha<\mathrm{Re}(1-\xi)$.

下面证明 (8.2.12) 式. 令 ${}_\psi D_{a,t}^{-(n-\alpha)}f(t)=g(t)$,由微分性质 (8.2.10) 可得

$$\mathcal{M}_\psi[_\psi D_{a,t}^\alpha f(t)]$$
$$= \mathcal{M}_\psi\left[\left(\frac{1}{\psi'(t)}\frac{d}{dt}\right)^n {}_\psi D_{a,t}^{-(n-\alpha)} f(t)\right] = \mathcal{M}_\psi[\delta_\psi^n g(t)]$$
$$= \frac{\Gamma(1-\xi+\alpha)}{\Gamma(1-\xi)} F(\xi-\alpha) + \sum_{k=0}^{n-1} \frac{\Gamma(1+k-\xi)}{\Gamma(1-\xi)}[(\psi(t)-\psi(a))^{\xi-k-1}{}_\psi D_{a,t}^{\alpha-k-1} f(t)]\Big|_a^{+\infty}.$$

最后来证明(8.2.13)式. 令 $\delta_\psi^n f(t) = h(t)$. 应用(8.2.11)式和微分性质(8.2.10),可得

$$\mathcal{M}_\psi[_{C\psi} D_{a,t}^\alpha f(t)]$$
$$= \mathcal{M}_\psi[_\psi D_{a,t}^{-(n-\alpha)}\delta_\psi^n f(t)] = \mathcal{M}_\psi[_{C\psi} D_{a,t}^{-(n-\alpha)} h(t)]$$
$$= \frac{\Gamma(1-\xi+\alpha)}{\Gamma(1-\xi)} F(\xi-\alpha) + \sum_{k=0}^{n-1} \frac{\Gamma(\alpha-k-\xi)}{\Gamma(1-\xi)}[(\psi(t)-\psi(a))^{\xi-\alpha+k}\delta_\psi^k f(t)]\Big|_a^{+\infty}.$$

证毕.

习题 8

1. 定义算子 $(M_a\varphi)(t) = t^a\varphi(t)$, $t \in \mathbb{R}$, $a \in \mathbb{C}$. 记 $\tilde{\varphi}(s) = \mathcal{M}[\varphi(t)]$, 则 $\mathcal{M}[M_a\varphi(t)] = \underline{\qquad}$.

2. 定义算子 $(N_a\varphi)(t) = \varphi(t^a)$, $t \in \mathbb{R}$, $a \in \mathbb{R}\setminus\{0\}$. 记 $\tilde{\varphi}(s) = \mathcal{M}[\varphi(t)]$, 则 $\mathcal{M}[N_a\varphi(t)] = \underline{\qquad}$.

3. 定义算子 $(\prod_\lambda \varphi)(t) = \varphi(\lambda t)$, $t \in \mathbb{R}$, $\lambda > 0$. 记 $\tilde{\varphi}(s) = \mathcal{M}[\varphi(t)]$, 则 $\mathcal{M}[\prod_\lambda \psi(t)] = \underline{\qquad}$.

4. 记 $\tilde{\varphi}(s) = \mathcal{M}[\varphi(t)]$, 则 $\mathcal{M}[\varphi^{(m)}(t)] = \underline{\qquad}$.

5. 记 $\tilde{\varphi}(s) = \mathcal{M}[\varphi(t)]$, 则 $\mathcal{M}\left[\left(t\frac{d}{dt}\right)^m \varphi(t)\right] = \underline{\qquad}$.

6. 证明: $\dfrac{d^m}{ds^m}\mathcal{M}[\varphi(t)] = \mathcal{M}[(\ln t)^m \varphi(t)]$, $m \in \mathbb{Z}^+$.

7. 证明: $\mathcal{M}[e^{\lambda t}] = \dfrac{\Gamma(s)}{\lambda^s}$, $\operatorname{Re}\lambda > 0$, $\operatorname{Re} s > 0$.

8. 证明: $\mathcal{M}[(t+1)^\sigma] = \dfrac{\Gamma(s)\Gamma(\sigma-s)}{\Gamma(\sigma)}$, $0 < \operatorname{Re} s < \operatorname{Re}\sigma$.

习题8答案

附录 A 实数序列的上、下极限

定义 A.0.1 设 $\{x_n\}$ 为有界实序列. 若数 $U \in (-\infty, +\infty)$ 满足
(1) 对任意 $a > U$，至多有有限个 x_n，使 $x_n > a$，
(2) 对任意 $b < U$，有无穷个 x_n，使 $x_n > b$，
则称序列 $\{x_n\}$ 的上极限是 U，记作
$$\varlimsup_{n \to +\infty} x_n = U.$$

定义 A.0.2 设 $\{x_n\}$ 为有界实序列. 若数 $L \in (-\infty, +\infty)$ 满足
(1) 对任意 $a > L$，有无穷个 x_n，使 $x_n < a$，
(2) 对任意 $b < L$，至多有有限个 x_n，使 $x_n < b$，
则称序列 $\{x_n\}$ 的下极限是 L，记作
$$\varliminf_{n \to +\infty} x_n = L.$$

定理 A.0.1 设 $\{x_n\}$ 为有界实序列，数 $x_0 \in (-\infty, +\infty)$. $\lim\limits_{n \to +\infty} x_n = x_0$ 的充分必要条件是
$$\varlimsup_{n \to +\infty} x_n = \varliminf_{n \to +\infty} x_n = x_0.$$

定义 A.0.3 设有无界实序列 $\{x_n\}$. 如果任给 $M > 0$，有无穷个 $x_n > M$，则称序列 $\{x_n\}$ 的上极限是 $+\infty$，记作
$$\varlimsup_{n \to +\infty} x_n = +\infty.$$

如果任给 $M > 0$，有无穷个 $x_n < -M$，则称序列 $\{x_n\}$ 的下极限是 $-\infty$，记作
$$\varliminf_{n \to +\infty} x_n = -\infty.$$

定义 A.0.4 设 $\{x_n\}$ 为实数序列. 若存在子序列 $\{x_{n_k}\} \subset \{x_n\}$，使得 $\lim\limits_{k \to +\infty} x_{n_k} = x_0$ ($x_0 \in \mathbb{R}$ 或 $x_0 = \infty$)，则称 x_0 是序列 $\{x_n\}$ 的聚点.

下面不加证明地给出上、下极限的等价定理.

定理 A.0.2 给定有界实序列 $\{x_n\}$，则有下面的结论.

(1) $\overline{\lim\limits_{n\to+\infty}} x_n = U \iff U$ 是序列 $\{x_n\}$ 的最大聚点;

(2) $\underline{\lim\limits_{n\to+\infty}} x_n = L \iff L$ 是序列 $\{x_n\}$ 的最小聚点.

定理 A.0.3 给定无界实序列 $\{x_n\}$,则有下面的结论.

(1) $\overline{\lim\limits_{n\to+\infty}} x_n = +\infty \iff +\infty$ 是序列 $\{x_n\}$ 的聚点;

(2) $\underline{\lim\limits_{n\to+\infty}} x_n = -\infty \iff -\infty$ 是序列 $\{x_n\}$ 的聚点.

定理 A.0.4 设 $\{x_n\}$ 为有界实序列,数 $U \in (-\infty, +\infty)$. $\overline{\lim\limits_{n\to+\infty}} x_n = U$ 的充分必要条件是:对任意 $\varepsilon > 0$,满足

(1) 存在 N,当 $n > N$ 时,$x_n < U + \varepsilon$,

(2) 存在 $\{x_{n_k}\}(k=1,2,\cdots)$,$x_{n_k} > U - \varepsilon$.

证明 先证必要性.

(1) 因为 $\overline{\lim\limits_{n\to+\infty}} x_n = U$,根据上极限定义可知,对任意 $\varepsilon > 0$,至多有有限个 x_n(不妨设一共有 M 个),使 $x_n > U + \varepsilon > U$. 记这 M 项为 $x_{n_1}, x_{n_2}, \cdots, x_{n_M}$.

令 $N = \max\{n_1, n_2, \cdots, n_M\}$,显然当 $n > N$ 时,$x_n < U + \varepsilon$.

(2) $\overline{\lim\limits_{n\to+\infty}} x_n = U$,所以 U 是序列 $\{x_n\}$ 的最大聚点. 根据聚点及极限的定义,(2)显然成立.

再证充分性.

根据(1)和(2)可知,对任意 $\varepsilon > 0$,存在 N,当 $k > N$ 时,$U - \varepsilon < x_{n_k} < U + \varepsilon$,所以 U 是序列 $\{x_n\}$ 的聚点.

下面用反证法证明 U 是序列 $\{x_n\}$ 的最大聚点.

假设 $\widetilde{U} > U$,$\widetilde{U}$ 是序列 $\{x_n\}$ 的最大聚点,即 $\overline{\lim\limits_{n\to+\infty}} x_n = \widetilde{U}$.

取 $0 < \varepsilon < \widetilde{U} - U$,有 $U + \varepsilon < \widetilde{U}$,根据上极限定义,可知存在无限个 x_n,使 $x_n > U + \varepsilon$,换句话说,不论 n 有多大,总有 $x_n > U + \varepsilon$. 这与(1)矛盾. 因此反设不成立. 证毕. ■

同理可证明下述定理.

定理 A.0.5 设 $\{x_n\}$ 为有界实序列,数 $L \in (-\infty, +\infty)$. $\underline{\lim\limits_{n\to+\infty}} x_n = L$ 的充分必要条件是:对任意 $\varepsilon > 0$,满足

(1) 存在 N,当 $n > N$ 时,$x_n > L - \varepsilon$,

(2) 存在 $\{x_{n_k}\}(k=1,2,\cdots)$,$x_{n_k} < L + \varepsilon$.

附录 B 快速傅里叶变换

快速傅里叶变换是对离散傅里叶变换(DFT)的一系列高效算法的统称.1965 年,库利和图基首次提出快速傅里叶变换,之后涌现出各种不同的算法,它们被广泛地应用于通信、图像及音频处理等领域.限于篇幅,本附录对快速傅里叶变换的介绍只限于基础知识.有兴趣的读者可以参考拉奥的《快速傅里叶变换:算法与应用》一书.

§ B.1 傅里叶变换的几种形式

傅里叶变换是以时间为自变量的信号和以频率为自变量的频谱函数之间的一种变换关系.在介绍快速傅里叶变换之前,先来梳理傅里叶变换的几种形式.

当模拟信号 $x_T(t)$ 是以 T 为周期的函数且满足狄利克雷条件时,可以通过**傅里叶级数展开**(CFS),将该周期函数分解为一系列角频率为 $k\omega_0$ 的谐波之和,其中 $\omega_0 = \dfrac{2\pi}{T}$,形如

$$x_T(t) = \sum_{k=-\infty}^{+\infty} X(k\omega_0) \mathrm{e}^{\mathrm{i}k\omega_0 t}, \tag{B.1.1}$$

其中 $X(k\omega_0)$ 也可记为 $X(k)$,它是傅里叶级数的系数,是以角频率 ω_0 为间隔的离散函数形成频域的离散频谱,可以由下式计算得到:

$$X(k\omega_0) = \frac{1}{T}\int_{-\frac{T}{2}}^{\frac{T}{2}} x_T(t) \mathrm{e}^{-\mathrm{i}k\omega_0 t} \mathrm{d}t. \tag{B.1.2}$$

若模拟信号 $x(t), t \in (-\infty, +\infty)$ 为非周期函数(看成周期信号的周期取为无穷大)且满足狄利克雷条件,设其对应的频谱函数为 $X(\omega), \omega \in (-\infty, +\infty)$.利用**连续时域傅里叶变换**(CTFT),有

$$X(\omega) = \mathcal{F}[x(t)] = \int_{-\infty}^{+\infty} x(t) \mathrm{e}^{-\mathrm{i}\omega t} \mathrm{d}t, \tag{B.1.3}$$

其对应的逆变换为

$$x(t) = \mathcal{F}^{-1}[X(\omega)] = \frac{1}{2\pi}\int_{-\infty}^{+\infty} X(\omega) \mathrm{e}^{\mathrm{i}\omega t} \mathrm{d}\omega. \tag{B.1.4}$$

设序列$\{x(n)\}$表示数字频率为ω的非周期信号,且有$\sum_{n=-\infty}^{+\infty}|x(n)|<+\infty$,有**离散时域序列的傅里叶变换**(DTFT)

$$X(\omega)=\sum_{n=-\infty}^{+\infty}x(n)\mathrm{e}^{-\mathrm{i}\omega n},$$

及其逆变换

$$x(n)=\frac{1}{2\pi}\int_{-\pi}^{\pi}X(\omega)\mathrm{e}^{\mathrm{i}\omega n}\mathrm{d}\omega.$$

在前面3种傅里叶变换对中,时域或频域中至少有一个域是连续的.下面介绍时域和频域都是离散的**离散时间傅里叶变换**(DTFS).

对周期的模拟信号$x_T(t)$抽样得到序列$\{x_N(n)\}$.假设抽样时间间隔为T_s,即$x_N(n)=x_T(nT_s)$且$T=NT_s$,易知$x_N(n)=x_N(n+cN)$,因此$\{x_N(n)\}$是一个周期序列.记$\omega_0=\frac{2\pi}{N}$.此时(B.1.2)式中一个周期内的积分变为被积函数在点$nT_s(n=0,1,\cdots,N-1)$的函数值累加的平均值,即

$$X(k\omega_0)=\frac{1}{N}\sum_{n=\langle N\rangle}x(n)\mathrm{e}^{-\mathrm{i}nk\omega_0}=\frac{1}{N}\sum_{n=\langle N\rangle}x(n)\mathrm{e}^{-\mathrm{i}2\pi nk/N}, \tag{B.1.5}$$

其中$n=\langle N\rangle$表示按顺序取N个连续整数.因为虚指数序列$\{\mathrm{e}^{-\frac{\mathrm{i}2\pi nk}{N}}\}$关于$k$也是一个以$N$为周期的序列,所以$\{X(k\omega_0)\}$也是一个以$N$为周期的序列.这表明在频域中频谱函数的一个周期内的抽样点数也为N,即时间序列和频率序列的周期都是N.可以证明

$$x(n)=\sum_{k=\langle N\rangle}X(k\omega_0)\mathrm{e}^{\mathrm{i}nk\omega_0}=\sum_{k=\langle N\rangle}X(k\omega_0)\mathrm{e}^{\mathrm{i}2\pi nk/N}. \tag{B.1.6}$$

§B.2 离散傅里叶变换

定义 B.2.1 设有$x(n),n=0,1,\cdots,N-1$是一个均匀采样序列,离散傅里叶变换为

$$X(k)=\sum_{n=0}^{N-1}x(n)\mathrm{e}^{-\frac{\mathrm{i}2\pi nk}{N}},k=0,1,\cdots,N-1, \tag{B.2.1}$$

记作$x(n)\Longleftrightarrow X(k)$.称$X(k)$为离散傅里叶变换.

通常称$|X(k)|$为幅度谱,$\arg(X(k))$为相位谱,$|X(k)|^2$为功率谱.
令$W_N:=\mathrm{e}^{-\mathrm{i}2\pi/N}$,离散傅里叶变换也可以写成

$$X(k)=\sum_{n=0}^{N-1}x(n)W_N^{nk},k=0,1,\cdots,N-1.$$

令 $\boldsymbol{x} := (x(0), x(1), \cdots, x(N-1))^{\mathrm{T}}$, $\boldsymbol{X} := (X(0), X(1), \cdots, X(N-1))^{\mathrm{T}}$. 有离散傅里叶变换矩阵

$$\boldsymbol{F}_N = \begin{pmatrix} 1 & 1 & 1 & \cdots & 1 \\ 1 & W_N & W_N^2 & \cdots & W_N^{N-1} \\ 1 & W_N^2 & W_N^4 & \cdots & W_N^{2(N-1)} \\ \vdots & \vdots & \vdots & \cdots & \vdots \\ 1 & W_N^{N-1} & W_N^{2(N-1)} & \cdots & W_N^{(N-1)^2} \end{pmatrix}.$$

离散傅里叶变换可以表示为矩阵向量乘积的形式如下:

$$\boldsymbol{X} = \boldsymbol{F}_N \boldsymbol{x}.$$

例如,当 $N = 8$ 时,有

$$\begin{pmatrix} X(0) \\ X(1) \\ X(2) \\ X(3) \\ X(4) \\ X(5) \\ X(6) \\ X(7) \end{pmatrix} = \begin{pmatrix} 1 & 1 & 1 & 1 & 1 & 1 & 1 & 1 \\ 1 & W_8 & W_8^2 & W_8^3 & -1 & -W_8 & -W_8^2 & -W_8^3 \\ 1 & W_8^2 & -1 & -W_8^2 & 1 & W_8^2 & -1 & -W_8^2 \\ 1 & W_8^3 & -W_8^2 & W_8 & -1 & -W_8^3 & W_8^2 & -W_8 \\ 1 & -1 & 1 & -1 & 1 & -1 & 1 & -1 \\ 1 & -W_8 & W_8^2 & -W_8^3 & -1 & W_8 & -W_8^2 & W_8^3 \\ 1 & -W_8^2 & -1 & W_8^2 & 1 & -W_8^2 & -1 & W_8^2 \\ 1 & -W_8^3 & -W_8^2 & -W_8 & -1 & W_8^3 & W_8^2 & W_8 \end{pmatrix} \begin{pmatrix} x(0) \\ x(1) \\ x(2) \\ x(3) \\ x(4) \\ x(5) \\ x(6) \\ x(7) \end{pmatrix}.$$

易知 $W_N = \mathrm{e}^{-\mathrm{i}2\pi/N}$ 是单位的 N 次本原根,$W_N^k = \mathrm{e}^{-\mathrm{i}2\pi k/N}$,$k = 0, 1, \cdots, N-1$ 是复数域上的 N 次单位根,均匀分布在复平面内以原点为圆心的单位圆上. 除此之外,W_N 和它的整数次幂还有以下 4 个性质.

性质 B.2.1 设 N, n, k 是整数,$W_N = \mathrm{e}^{-\mathrm{i}2\pi/N}$,$W_N^n = \mathrm{e}^{-\mathrm{i}2\pi n/N}$,$a \equiv n \pmod{N}$,则

(1) $W_N^n = W_N^a$;

(2) $\sum_{k=0}^{N-1} W_N^{kn} = N\delta_a$;

(3) 当 $n \mid N$ 时,$W_N^{nk} = W_{N/n}^k$;

(4) 当 $N = 2n$ 时,$W_N^n = -1$.

证明 (1) 因为 $a \equiv n \pmod{N}$,所以存在整数 k 使得 $n = kN + a$. 根据 W_N 的定义,可知

$$W_N^n = \mathrm{e}^{\mathrm{i}2\pi n/N} = \mathrm{e}^{\mathrm{i}2\pi(kN+a)/N} = \mathrm{e}^{\mathrm{i}2\pi k} \mathrm{e}^{\mathrm{i}2\pi a/N} = W_N^a.$$

(2) 当 $n \equiv 0 \pmod{N}$ 时,由(1)得

$$\sum_{k=0}^{N-1} W_N^{kn} = \sum_{k=0}^{N-1} 1 = N.$$

当 $n \not\equiv 0 \pmod{N}$ 时,由等比数列的求和公式,得

$$\sum_{k=0}^{N-1} W_N^{kn} = \frac{1 - W_N^{Nn}}{1 - W_N^n} = 0.$$

(3) 当 $n \mid N$ 时，$W_N^{nk} = e^{i2\pi nk/N} = e^{i2\pi k/\frac{N}{n}} = W_{\frac{N}{n}}^k$.

(4) 当 $n = 2n$ 时，$W_N^n = W_{N/n} = W_2 = e^{-i\pi} = -1$.

证毕.

性质 B.2.2 设 $N \times N$ 矩阵 $\boldsymbol{F}_N$ 为离散傅里叶变换矩阵，则 $\boldsymbol{F}_N$ 有下列性质：

(1) 离散傅里叶变换矩阵是对称的，即 $\boldsymbol{F}_N = \boldsymbol{F}_N^{\mathrm{T}}$；

(2) 离散傅里叶变换矩阵可逆，其逆矩阵 $\boldsymbol{F}_N^{-1} = \frac{1}{N}\overline{\boldsymbol{F}}_N$，其中 $\overline{\boldsymbol{F}}_N$ 为 $\boldsymbol{F}_N$ 的共轭矩阵.

证明 (1) 矩阵 $\boldsymbol{F}_N$ 第 n 行第 k 列元为 $W_N^{(n-1)(k-1)}$，第 k 行第 n 列元为 $W_N^{(k-1)(n-1)}$，两者相等，故离散傅里叶变换矩阵 $\boldsymbol{F}_N$ 是对称的.

(2) 要证明(2)即证明 $\overline{\boldsymbol{F}}_N \boldsymbol{F}_N = N \boldsymbol{I}_N$，这里 $\boldsymbol{I}_N$ 是 N 阶单位矩阵.

根据矩阵乘法定义，矩阵 $\overline{\boldsymbol{F}}_N \boldsymbol{F}_N$ 第 n 行第 k 列元为

$$\sum_{l=1}^{N} W_N^{-(n-1)(l-1)} W_N^{(l-1)(k-1)} = \sum_{l=1}^{N} W_N^{(l-1)(k-n)}.$$

当 $n = k$ 时，显而易见 $\sum_{l=1}^{N} W_N^{(l-1)(k-n)} = N$.

当 $n \neq k$ 时，由等比数列的求和公式，得

$$\sum_{l=1}^{N} W_N^{(l-1)(k-n)} = \frac{1 - W_N^{N(k-n)}}{1 - W_N^{k-n}} = 0.$$

证毕.

定理 B.2.1 离散傅里叶变换的逆变换(IDFT)为

$$x(n) = \frac{1}{N} \sum_{k=0}^{N-1} X(k) e^{\frac{i2\pi nk}{N}} = \frac{1}{N} \sum_{k=0}^{N-1} X(k) W_N^{-nk}, \quad n = 0, 1, \cdots, N-1. \tag{B.2.2}$$

离散傅里叶逆变换可以表示为如下的矩阵-向量乘积形式：

$$\boldsymbol{x} = \frac{1}{N} \overline{\boldsymbol{F}}_N \boldsymbol{X}. \tag{B.2.3}$$

证明 设矩阵 $\boldsymbol{F}_N$ 为离散傅里叶变换矩阵. 由 $\boldsymbol{X} = \boldsymbol{F}_N \boldsymbol{x}$ 可得

$$\frac{1}{N} \overline{\boldsymbol{F}}_N \boldsymbol{X} = \frac{1}{N} \overline{\boldsymbol{F}}_N \boldsymbol{F}_N \boldsymbol{x} = \boldsymbol{x},$$

即 $\boldsymbol{x} = \frac{1}{N} \overline{\boldsymbol{F}}_N \boldsymbol{X}$. 容易验证 $\boldsymbol{F}_N$ 的共轭矩阵 $\overline{\boldsymbol{F}}_N$ 的第 n 行第 k 列元为 $W_N^{-(n-1)(k-1)}$. 将(B.2.3)式写成分量形式即为(B.2.2)式. 证毕.

本书在第 3 章中介绍了无限长序列的 z 变换，当序列为有限长时，z 变换的定义如下.

定义 B.2.2 设 $\{x(n)\}$ 是长度为 N 的序列，则对该序列的 z 变换为

$$X(z) = \sum_{n=0}^{N-1} x(n) z^{-n}. \tag{B.2.4}$$

比较 z 变换(B.2.4)式和离散傅里叶变换定义式

$$X(k) = \sum_{n=0}^{N-1} x(n) e^{-\frac{i2\pi nk}{N}}, \ k = 0, 1, \cdots, N-1$$

不难发现,离散傅里叶变换定义式中的 $X(k)$ 对应的是 z 变换中的 $X(e^{\frac{i2\pi k}{N}})$,即 $X(k)$ 是关于序列 $\{x(n)\}$ 的 z 变换在单位圆上以 $e^{\frac{i2\pi}{N}}$ 为间隔采样得到的.

离散傅里叶变换的一个重要特点是其隐含的周期性.从表面上看,离散傅里叶变换在时域和频域都是非周期的、有限长的序列.但通过比较离散傅里叶级数的公式对(B.1.5)式和(B.1.6)式以及离散傅里叶变换的公式对(B.2.1)式和(B.2.2)式,可以看出两者之间是紧密联系的.离散傅里叶变换的非周期序列可以通过周期延拓后变为周期序列.离散傅里叶变换的序列可以看成离散傅里叶级数的单周期主值.

为了简单起见,长度为 N 的序列 $\{x(n+l)\}$ 的点可以由 $x(n+l) = x(n+l \bmod N)$ 得到,即表示由序列 $x(n)$ 在时域($l > 0$ 时向左,$l < 0$ 时向右)循环移动 l 个位置得到新序列.当 $N > l > 0$ 时,长度为 N 的序列 $\{x(n+l)\}$ 由 $x(l), x(l+1), \cdots, x(N-1), x(0), x(1), \cdots, x(l-1)$ 构成;当 $N < l < 0$ 时,序列 $\{x(n+l)\}$ 由 $x(N+l), x(N+l+1), \cdots, x(N-1), x(0), x(1), \cdots, x(N+l-1)$ 构成.

性质 B.2.3 离散傅里叶变换具有以下性质:

(1) 线性性.设序列 $\{x(n)\}$ 和 $\{y(n)\}$ 长度都是 N,且 $x(n) \Leftrightarrow X(k), y(n) \Leftrightarrow Y(k)$,则有

$$ax(n) + by(n) \Leftrightarrow aX(k) + bY(k).$$

(2) 复共轭定理.若 $x(n) \Leftrightarrow X(k)$,则 $\overline{x}(n) \Leftrightarrow \overline{X}(N-k), \overline{x}(N-n) \Leftrightarrow \overline{X}(k)$.特别地,当 N 是偶数且 $\{x(n)\}$ 是实序列时,有

$$X\left(\frac{N}{2}+k\right) = \overline{X}\left(\frac{N}{2}-k\right), \ k = 0, 1, \cdots, \frac{N}{2}.$$

(3) 时域循环移位.若 $x(n) \Leftrightarrow X(k)$,则

$$x(n-l) \Leftrightarrow X(k) W_N^{kl}, \ x(n+l) \Leftrightarrow X(k) W_N^{-kl}.$$

(4) 频域循环移位.设 $x(n) \Leftrightarrow X(k)$,则

$$x(n) W_N^{-nl} \Leftrightarrow X(k-l),$$

其中 $\{X(k-l)\}$ 表示 $\{X(k)\}$ 在频域循环移动 l 个位置得到新频谱序列.

(5) 帕塞瓦尔定理.设 $x(n) \Leftrightarrow X(k)$,则

$$\sum_{n=0}^{N-1} x(n) \overline{x}(n) = \frac{1}{N} \sum_{n=0}^{N-1} X(n) \overline{X}(n).$$

证明 (1) 利用离散傅里叶变换的定义可以直接证明.

(2) 对序列 $\{\overline{x}(n)\}$ 作离散傅里叶变换,有

$$\sum_{n=0}^{N-1} \overline{x}(n) e^{\frac{-i2\pi nk}{N}} = \overline{\sum_{n=0}^{N-1} x(n) e^{\frac{i2\pi n(-k)}{N}}} = \overline{\sum_{n=0}^{N-1} x(n) e^{\frac{i2\pi n(N-k)}{N}}}$$

$$= \overline{\sum_{n=0}^{N-1} x(n) e^{-\frac{i2\pi n(N-k)}{N}}} = \overline{X}(N-k).$$

同理,对序列 $\{\bar{x}(N-n)\}$ 作离散傅里叶变换,有

$$\sum_{n=0}^{N-1}\bar{x}(N-n)\mathrm{e}^{\frac{-\mathrm{i}2\pi nk}{N}} = \sum_{n=0}^{N-1}\overline{\bar{x}(N-n)\mathrm{e}^{\frac{\mathrm{i}2\pi(N-n)k}{N}}}$$

$$= \overline{\sum_{l=0}^{N-1}\bar{x}(l)\mathrm{e}^{\frac{\mathrm{i}2\pi lk}{N}}}\quad (x(N)=x(0))$$

$$= \overline{\sum_{l=0}^{N-1}x(l)\mathrm{e}^{-\frac{\mathrm{i}2\pi lk}{N}}} = \overline{X}(k).$$

下面证明当 $\{x(n)\}$ 为实序列的情况. 当 $k=0, 1, \cdots, \dfrac{N}{2}$ 时,

$$\overline{X}\left(\frac{N}{2}-k\right) = \sum_{n=0}^{N-1}x(n)\mathrm{e}^{\frac{\mathrm{i}2\pi n\left(\frac{N}{2}-k\right)}{N}} = \sum_{n=0}^{N-1}x(n)\mathrm{e}^{\frac{\mathrm{i}2\pi n\left(-\frac{N}{2}+k\right)}{N}}$$

$$= \sum_{n=0}^{N-1}x(n)\mathrm{e}^{\frac{\mathrm{i}2\pi n\left(\left(-\frac{N}{2}+k\right)+N\right)}{N}} = \sum_{n=0}^{N-1}x(n)\mathrm{e}^{\frac{\mathrm{i}2\pi n\left(\frac{N}{2}+k\right)}{N}}$$

$$= X\left(\frac{N}{2}+k\right).$$

(3) 由 $\{x(n)\}$ 的周期性以及 $\{W_N^{kl}\}$ 的周期性,不难证明

$$\sum_{n=-l}^{N-l-1}x(n)W_N^{kn} = X(k).$$

对序列 $\{x(n-l)\}$ 作离散傅里叶变换,有

$$\sum_{n=0}^{N-1}x(n-l)W_N^{kn} = \sum_{n=0}^{N-1}x(n-l)W_N^{k(n-l)}W_N^{kl} = W_N^{kl}\sum_{n=-l}^{N-l-1}x(n)W_N^{kn} = X(k)W_N^{kl}.$$

同理,可证

$$x(n+l) \Leftrightarrow X(k)W_N^{-kl}.$$

(4) 对序列 $\{x(n)W_N^{-nl}\}$ 作离散傅里叶变换,有

$$\sum_{n=0}^{N-1}x(n)W_N^{-nl}W_N^{nk} = \sum_{n=0}^{N-1}x(n)W_N^{n(k-l)} = X(k-l).$$

(5) $\dfrac{1}{N}\sum\limits_{k=0}^{N-1}X(k)\overline{X}(k) = \dfrac{1}{N}(\boldsymbol{F}_N\boldsymbol{x})^{\mathrm{T}}\overline{\boldsymbol{F}_N\boldsymbol{x}} = \dfrac{1}{N}\boldsymbol{x}\boldsymbol{F}_N^{\mathrm{T}}\overline{\boldsymbol{F}}_N\bar{\boldsymbol{x}} = \boldsymbol{x}^{\mathrm{T}}\bar{\boldsymbol{x}} = \sum\limits_{n=0}^{N-1}x(n)\bar{x}(n).$

证毕.

> **定义 B.2.3** 归一化的离散傅里叶变换为
> $$X(k) = \frac{1}{\sqrt{N}}\sum_{n=0}^{N-1}x(n)\mathrm{e}^{-\frac{\mathrm{i}2\pi nk}{N}}, \quad k=0, 1, \cdots, N-1.$$
> 表示为矩阵向量乘积的形式如下:
> $$\boldsymbol{X} = \frac{1}{\sqrt{n}}\boldsymbol{F}_N\boldsymbol{x}.$$

对应的归一化的离散傅里叶逆变换为

$$x(n) = \frac{1}{\sqrt{N}}\sum_{k=0}^{N-1}X(k)\mathrm{e}^{-\frac{\mathrm{i}2\pi nk}{N}}, \quad n=0, 1, \cdots, N-1.$$

表示为矩阵向量乘积的形式如下:

$$\boldsymbol{x} = \frac{1}{\sqrt{n}}\overline{\boldsymbol{F}}_N\boldsymbol{X}.$$

归一化的离散傅里叶变换矩阵为 $\dfrac{1}{\sqrt{N}}\boldsymbol{F}_N$,不难证明该矩阵是酉阵(矩阵和其共轭转置矩阵的乘积为单位阵),帕塞瓦尔定理变为

$$\sum_{n=0}^{N-1}x(n)\bar{x}(n) = \sum_{k=0}^{N-1}X(k)\overline{X}(k),$$

即序列经离散傅里叶变换总能量保持不变,符合能量守恒定律.

§ B.3　离散傅里叶变换的循环卷积和循环相关

定义 B.3.1　设 $\{x(n)\}$ 和 $\{y(n)\}$ 是长度为 N 的实序列,则 $\{x(n)\}$ 和 $\{y(n)\}$ 的**循环卷积**为

$$z_{\mathrm{con}}(n) = \frac{1}{N}\sum_{m=0}^{N-1}x(m)y(n-m), \tag{B.3.1}$$

记作 $x(n) * y(n)$.

定理 B.3.1　设序列 $\{x(n)\}$ 和 $\{y(n)\}$ 是长度为 N 的实序列,且 $x(n) \Leftrightarrow X(k)$,$y(n) \Leftrightarrow Y(k)$,则对如公式(B.3.1)定义的循环卷积序列 $\{z_{\mathrm{con}}(n)\}$ 有

$$z_{\mathrm{con}}(n) \Leftrightarrow \frac{1}{N}X(k)Y(k).$$

证明　对循环卷积序列 $\{z_{\mathrm{con}}(n)\}$ 作离散傅里叶变换,有

$$\begin{aligned}\sum_{n=0}^{N-1}z_{\mathrm{con}}(n)\mathrm{e}^{-\frac{\mathrm{i}2\pi kn}{N}} &= \frac{1}{N}\sum_{n=0}^{N-1}\sum_{m=0}^{N-1}x(m)y(n-m)W_N^{kn} \\ &= \frac{1}{N}\sum_{m=0}^{N-1}x(m)\sum_{n=0}^{N-1}y(n-m)W_N^{k(n-m)}W_N^{km} \\ &= \frac{1}{N}Y(k)\sum_{m=0}^{N-1}x(m)W_N^{km} \\ &= \frac{1}{N}X(k)Y(k).\end{aligned}$$

证毕.

定义 B.3.2 设 $\{x(n)\}$ 和 $\{y(n)\}$ 是长度为 N 的实序列,则 $\{x(n)\}$ 和 $\{y(n)\}$ 的**循环相关**为

$$z_{\text{cor}}(n) = \frac{1}{N}\sum_{m=0}^{N-1} x(m) y(n+m). \tag{B.3.2}$$

定理 B.3.2 设序列 $\{x(n)\}$ 和 $\{y(n)\}$ 是长度为 N 的实序列,且 $x(n) \Leftrightarrow X(k)$,$y(n) \Leftrightarrow Y(k)$,则对如公式(B.3.2)定义的循环相关序列 $\{z_{\text{cor}}(n)\}$ 有

$$z_{\text{cor}}(n) \Leftrightarrow \frac{1}{N}\overline{X}(k) Y(k).$$

证明 因为 $\{x(n)\}$ 是实序列,所以

$$\sum_{m=0}^{N-1} x(m) W_N^{-km} = \overline{\sum_{m=0}^{N-1} x(m) W_N^{km}} = \overline{X}(k).$$

对循环相关序列 $\{z_{\text{cor}}(n)\}$ 作离散傅里叶变换,有

$$\begin{aligned}
\sum_{n=0}^{N-1} z_{\text{cor}}(n) e^{-\frac{i 2\pi kn}{N}} &= \frac{1}{N}\sum_{n=0}^{N-1}\sum_{m=0}^{N-1} x(m) y(n+m) W_N^{kn} \\
&= \frac{1}{N}\sum_{m=0}^{N-1} x(m) \sum_{n=0}^{N-1} y(n+m) W_N^{k(n+m)} W_N^{-km} \\
&= \frac{1}{N} Y(k) \sum_{m=0}^{N-1} x(m) W_N^{-km} \\
&= \frac{1}{N}\overline{X}(k) Y(k).
\end{aligned}$$

证毕.

§ B.4 快速傅里叶算法

如果根据公式(B.2.1)来直接计算,长度为 N 的序列的离散傅里叶变换所需运算量为 $O(N^2)$. 那么如何减少计算量呢? 不难发现 $N \times N$ 的离散傅里叶变换矩阵只有 N 个不相同的元,利用这一特点可以降低离散傅里叶变换的计算复杂度.

B.4.1 基-2 的快速傅里叶算法

设 $N = 2^l$,$\{x(n)\}$ 的长度为 N,$x(n) \Leftrightarrow X(k)$. 在对 $\{x(n)\}$ 进行离散傅里叶变换运算时,将 $\{x(n)\}$ 分解成长度为 $\frac{N}{2}$ 的偶指标序列(记作 $\{x_e(l)\}$)和奇指标序列(记作 $\{x_o(l)\}$),再分别对两者进行离散傅里叶变换,结果分别记为 $\{X_e(k)\}$,$\{X_o(k)\}$,$k = 0, 1, \cdots, \frac{N}{2}-1$. 故

$$X(k) = \sum_{n=0}^{N-1} x(n) W_N^{nk}$$

$$= \sum_{l=0}^{\frac{N}{2}-1} x(2l) W_N^{2lk} + \sum_{l=0}^{\frac{N}{2}-1} x(2l+1) W_N^{(2l+1)k}$$

$$= \sum_{l=0}^{\frac{N}{2}-1} x(2l) W_N^{2lk} + W_N^k \sum_{l=0}^{\frac{N}{2}-1} x(2l+1) W_N^{2lk}$$

$$= \sum_{l=0}^{\frac{N}{2}-1} x(2l) W_{\frac{N}{2}}^{lk} + W_N^k \sum_{l=0}^{\frac{N}{2}-1} x(2l+1) W_{\frac{N}{2}}^{lk}$$

$$= X_e(k) + W_N^k X_o(k).$$

从上面推导过程可知

$$X(k) = X_e(k) + W_N^k X_o(k),\ k=0,1,\cdots,\frac{N}{2}-1. \tag{B.4.1}$$

由于 $\{X_e(k)\}$ 和 $\{X_o(k)\}$ 的长度为 $N/2$，故(B.4.1)式只能处理前 $N/2$ 个傅里叶系数. 下面再来推导剩下的 $N/2$ 个傅里叶系数的公式.

$$X\left(k+\frac{N}{2}\right) = \sum_{n=0}^{N-1} x(n) W_N^{n\left(k+\frac{N}{2}\right)}$$

$$= \sum_{l=0}^{\frac{N}{2}-1} x(2l) W_N^{2l\left(k+\frac{N}{2}\right)} + \sum_{l=0}^{\frac{N}{2}-1} x(2l+1) W_N^{(2l+1)\left(k+\frac{N}{2}\right)}$$

$$= \sum_{l=0}^{\frac{N}{2}-1} x(2l) W_N^{2lk+lN} + W_N^{k+\frac{N}{2}} \sum_{l=0}^{\frac{N}{2}-1} x(2l+1) W_N^{2lk+lN}$$

$$= \sum_{l=0}^{\frac{N}{2}-1} x(2l) W_N^{2lk} + W_N^k W_N^{\frac{N}{2}} \sum_{l=0}^{\frac{N}{2}-1} x(2l+1) W_N^{2lk}$$

$$= \sum_{l=0}^{\frac{N}{2}-1} x(2l) W_{\frac{N}{2}}^{lk} - W_N^k \sum_{l=0}^{\frac{N}{2}-1} x(2l+1) W_{\frac{N}{2}}^{lk}$$

$$= X_e(k) - W_N^k X_o(k).$$

综上所述，后 $N/2$ 个傅里叶系数可由下式求得：

$$X\left(k+\frac{N}{2}\right) = X_e(k) - W_N^k X_o(k),\ k=0,1,\cdots,\frac{N}{2}-1. \tag{B.4.2}$$

(B.4.1)式和(B.4.2)式可由如图 B.4.1 所示的蝶形图来表示. 从蝶形图可知, 计算(B.4.1)式和(B.4.2)式需要两次加法运算、一次乘法运算.

在计算长度为 $N=2^l$ 的序列 $\{x(n)\}$ 的离散傅里叶变换时，可以先分别计算其长度为 2^{l-1} 的奇指标序列和偶指标序列的离散傅里叶变换，再经过简单的线性组合求得. 而这两个长度为 2^{l-1} 的奇指标序列和偶指标序列的离散傅里叶变换又可以分别通过它们的长度为 2^{l-2} 奇、偶指标序列的离散傅里叶变换的组合求得. 依此类推，长度为 $N=2^l$ 的序列 $\{x(n)\}$ 的离散傅里叶变换最后可以通过 2^{l-1} 个长度为 2 的序列的离散傅里叶变换，再经过适当的处理得到.

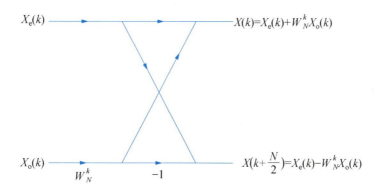

图 B.4.1　(B.4.1)式和(B.4.2)式的蝶形图

为了说明这个过程,下面以长度 $N=8$ 的序列为例,画出该序列快速傅里叶算法的树形图(如图 B.4.2 所示),其中

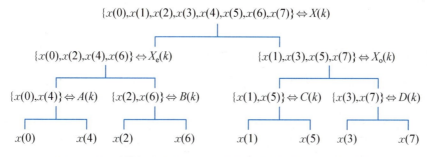

图 B.4.2　计算长度为 $N=8$ 的序列离散傅里叶变换的树形图

$$A(0)=x(0)+x(4); \quad A(1)=x(0)-x(4);$$
$$B(0)=x(2)+x(6); \quad B(1)=x(2)-x(6);$$
$$C(0)=x(1)+x(5); \quad C(1)=x(1)-x(5);$$
$$D(0)=x(3)+x(7); \quad D(1)=x(3)-x(7);$$
$$X_e(0)=A(0)+B(0); \quad X_e(1)=A(1)+W_4 B(1);$$
$$X_e(2)=A(0)-B(0); \quad X_e(3)=A(3)-W_4 B(1);$$
$$X_o(0)=C(0)+D(0); \quad X_o(1)=C(1)+W_4 D(1);$$
$$X_o(2)=C(0)-D(0); \quad X_o(3)=C(3)-W_4 D(1);$$
$$X(0)=X_e(0)+X_o(0); \quad X(1)=X_e(1)+W_8 X_o(1);$$
$$X(2)=X_e(2)+W_8^2 X_o(2); \quad X(3)=X_e(3)+W_8^3 X_o(3);$$
$$X(4)=X_e(0)-X_o(0); \quad X(5)=X_e(1)-W_8 X_o(1);$$
$$X(6)=X_e(2)-W_8^2 X_o(2); \quad X(7)=X_e(3)-W_8^3 X_o(3).$$

上述快速傅里叶算法流程如图 B.4.3 所示. 从图 B.4.3 可以看出,一个 $N = 2^l$ 长度序列的快速傅里叶变换,一共有 $l = \log_2 N$ 级,每一级都有 $N/2$ 次蝶形运算. 这个过程一共有 $\dfrac{N}{2}\log_2 N$ 次蝶形运算,即 $N\log_2 N$ 次复数加法运算和 $\dfrac{N}{2}\log_2 N$ 次复数乘法运算. 与离散傅里叶变换的 $O(N^2)$ 次的运算量[N^2 次复数乘法运算和 $N(N-1)$ 次复数加法运算]相比,运算量已经大大地减少了.

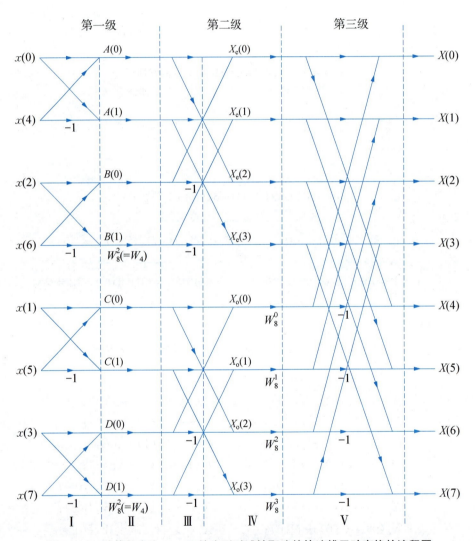

图 B.4.3　计算长度为 $N = 8$ 的序列时域抽取法的快速傅里叶变换的流程图

下面再从矩阵分解的角度来看上面的例子. 记

$$\widetilde{\boldsymbol{F}}_8 := \begin{pmatrix} 1 & 1 & 1 & 1 & 1 & 1 & 1 & 1 \\ 1 & -1 & W_8^2 & -W_8^2 & W_8 & -W_8 & W_8^3 & -W_8^3 \\ 1 & 1 & -1 & -1 & W_8^2 & W_8^2 & -W_8^2 & -W_8^2 \\ 1 & -1 & -W_8^2 & W_8^2 & W_8^3 & -W_8^3 & W_8 & -W_8 \\ 1 & 1 & 1 & 1 & -1 & -1 & -1 & -1 \\ 1 & -1 & W_8^2 & -W_8^2 & -W_8 & W_8 & -W_8^3 & W_8^3 \\ 1 & 1 & -1 & -1 & -W_8^2 & -W_8^2 & W_8^2 & W_8^2 \\ 1 & -1 & -W_8^2 & W_8^2 & -W_8^3 & W_8^3 & -W_8 & W_8 \end{pmatrix}, \qquad (B.4.3)$$

则

$$\begin{pmatrix} X(0) \\ X(1) \\ X(2) \\ X(3) \\ X(4) \\ X(5) \\ X(6) \\ X(7) \end{pmatrix} = \widetilde{\boldsymbol{F}}_8 \begin{pmatrix} x(0) \\ x(4) \\ x(2) \\ x(6) \\ x(1) \\ x(5) \\ x(3) \\ x(7) \end{pmatrix}. \qquad (B.4.4)$$

可以验证 $\widetilde{\boldsymbol{F}}_8$ 可以分解为一些稀疏矩阵的乘积.

$$\widetilde{\boldsymbol{F}}_8 = \begin{pmatrix} \boldsymbol{I}_4 & \boldsymbol{I}_4 \\ \boldsymbol{I}_4 & -\boldsymbol{I}_4 \end{pmatrix} \begin{pmatrix} \boldsymbol{I}_4 & & & \\ & W_8^0 & & \\ & & W_8 & \\ & & & W_8^2 \\ & & & & W_8^3 \end{pmatrix} \begin{pmatrix} \boldsymbol{I}_2 & \boldsymbol{I}_2 & & \\ \boldsymbol{I}_2 & -\boldsymbol{I}_2 & & \\ & & \boldsymbol{I}_2 & \boldsymbol{I}_2 \\ & & \boldsymbol{I}_2 & -\boldsymbol{I}_2 \end{pmatrix}$$

$$\cdot \begin{pmatrix} \boldsymbol{I}_3 & & & \\ & W_8^2 & & \\ & & \boldsymbol{I}_3 & \\ & & & W_8^2 \end{pmatrix} \begin{pmatrix} 1 & 1 & & & & & & \\ 1 & -1 & & & & & & \\ & & 1 & 1 & & & & \\ & & 1 & -1 & & & & \\ & & & & 1 & 1 & & \\ & & & & 1 & -1 & & \\ & & & & & & 1 & 1 \\ & & & & & & 1 & -1 \end{pmatrix},$$

其中 $\boldsymbol{I}_m$ 表示 m 阶单位矩阵. 上述 $\widetilde{\boldsymbol{F}}_8$ 分解的 5 个矩阵分别对应图 B.4.3 中的 Ⅴ, Ⅵ, Ⅲ, Ⅱ, Ⅰ. 注意这里频域序列 $X(k)$ 的顺序是自然顺序, 而时域序列 $x(n)$ 是按照反比特顺序排列的. 这种快速傅里叶算法又可以称为时域抽取法的快速傅里叶算法.

如果时域序列 $\{x(n)\}$ 的顺序按照自然顺序, 而频域序列 $\{X(k)\}$ 按照反比特顺序排列又会是什么情况呢? 记

$$\hat{\boldsymbol{F}}_8 := \begin{bmatrix} 1 & 1 & 1 & 1 & 1 & 1 & 1 & 1 \\ 1 & -1 & 1 & -1 & 1 & -1 & 1 & -1 \\ 1 & W_8^2 & -1 & -W_8^2 & 1 & W_8^2 & -1 & -W_8^2 \\ 1 & -W_8^2 & -1 & W_8^2 & 1 & -W_8^2 & -1 & W_8^2 \\ 1 & W_8 & W_8^2 & W_8^3 & -1 & -W_8 & -W_8^2 & -W_8^3 \\ 1 & -W_8 & W_8^2 & -W_8^3 & -1 & W_8 & -W_8^2 & W_8^3 \\ 1 & W_8^3 & -W_8^2 & W_8 & -1 & -W_8^3 & W_8^2 & -W_8 \\ 1 & -W_8^3 & -W_8^2 & -W_8 & -1 & W_8^3 & W_8^2 & W_8 \end{bmatrix}, \quad (B.4.5)$$

则

$$\begin{bmatrix} X(0) \\ X(4) \\ X(2) \\ X(6) \\ X(1) \\ X(5) \\ X(3) \\ X(7) \end{bmatrix} = \hat{\boldsymbol{F}}_8 \begin{bmatrix} x(0) \\ x(1) \\ x(2) \\ x(3) \\ x(4) \\ x(5) \\ x(6) \\ x(7) \end{bmatrix}. \quad (B.4.6)$$

这里序列 $\{X(k)\}$ 是按照反比特顺序排列的,这种快速傅里叶算法又可以称为频域抽取法的快速傅里叶算法. 可以验证 $\hat{\boldsymbol{F}}_8$ 可以分解为一些稀疏矩阵的乘积,具体表示如下.

$$\hat{\boldsymbol{F}}_8 = \begin{bmatrix} 1 & 1 & & & & & & \\ 1 & -1 & & & & & & \\ & & 1 & W_8^2 & & & & \\ & & 1 & -W_8^2 & & & & \\ & & & & 1 & W_8 & & \\ & & & & 1 & -W_8 & & \\ & & & & & & 1 & W_8^3 \\ & & & & & & 1 & -W_8^3 \end{bmatrix}$$

$$\cdot \begin{bmatrix} \boldsymbol{I}_2 & \boldsymbol{I}_2 & & \\ \boldsymbol{I}_2 & -\boldsymbol{I}_2 & & \\ & & \boldsymbol{I}_2 & W_8^2 \boldsymbol{I}_2 \\ & & \boldsymbol{I}_2 & -W_8^2 \boldsymbol{I}_2 \end{bmatrix} \begin{bmatrix} \boldsymbol{I}_4 & \boldsymbol{I}_4 \\ \boldsymbol{I}_4 & -\boldsymbol{I}_4 \end{bmatrix}.$$

上述 $\hat{\boldsymbol{F}}_8$ 分解的 3 个矩阵分别对应图 B.4.4 中的 Ⅲ, Ⅱ, Ⅰ.

对于离散傅里叶变换的逆变换的快速算法(IFFT),一方面可以利用上述稀疏矩阵分解再求逆的方式得到. 另一方面,由于

$$\bar{x}(n) = \frac{1}{N} \sum_{k=0}^{N-1} \overline{X}(k) W_N^{nk}, \ n = 0, 1, \cdots, N-1,$$

因此可以先对频域数据取共轭,接着利用快速傅里叶算法得到时域数据的共轭复数的 N 倍形式,再对该数据取共轭并除以 N 即可得到时域数据. 具体流程如图 B.4.5 所示.

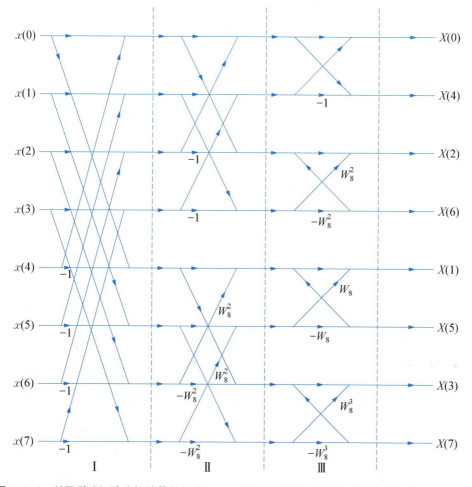

图 B.4.4　利用稀疏矩阵分解计算长度为 $N=8$ 的序列频域抽取法的快速傅里叶算法的流程图

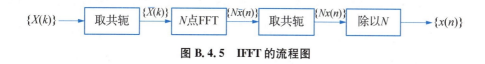

图 B.4.5　IFFT 的流程图

B.4.2　基-3 的快速傅里叶算法

设 $N=3^l$,$\{x(n)\}$ 的长度为 N,$x(n) \Leftrightarrow X(k)$. 在对 $\{x(n)\}$ 进行离散傅里叶变换运算时,可先将 $\{x(n)\}$ 均分为三等份 $\{x(3l)\}$,$\{x(3l+1)\}$,$\{x(3l+2)\}$,$l=0,1,\cdots,\dfrac{N}{3}-1$,再分别对 3 个序列进行离散傅里叶变换,结果分别记为 $\{X_0(k)\}$,$\{X_1(k)\}$,$\{X_2(k)\}$,$k=0,1,\cdots,\dfrac{N}{3}-1$.

$$\begin{aligned}
X(k) &= \sum_{n=0}^{N-1} x(n) W_N^{nk} \\
&= \sum_{l=0}^{\frac{N}{3}-1} x(3l) W_N^{3lk} + \sum_{l=0}^{\frac{N}{3}-1} x(3l+1) W_N^{(3l+1)k} + \sum_{l=0}^{\frac{N}{3}-1} x(3l+2) W_N^{(3l+2)k} \\
&= \sum_{l=0}^{\frac{N}{3}-1} x(3l) W_N^{3lk} + W_N^k \sum_{l=0}^{\frac{N}{3}-1} x(3l+1) W_N^{3lk} + W_N^{2k} \sum_{l=0}^{\frac{N}{3}-1} x(3l+2) W_N^{3lk} \\
&= \sum_{l=0}^{\frac{N}{3}-1} x(3l) W_{\frac{N}{3}}^{lk} + W_N^k \sum_{l=0}^{\frac{N}{3}-1} x(3l+1) W_{\frac{N}{3}}^{lk} + W_N^{2k} \sum_{l=0}^{\frac{N}{3}-1} x(3l+2) W_{\frac{N}{3}}^{lk} \\
& \quad (W_N^{3lk} = \mathrm{e}^{\frac{-\mathrm{i}2\pi 3lk}{N}} = \mathrm{e}^{\frac{-\mathrm{i}2\pi lk}{N/3}} = W_{\frac{N}{3}}^{lk}) \\
&= X_0(k) + W_N^k X_1(k) + W_N^{2k} X_2(k).
\end{aligned}$$

(B.4.7)

根据 $W_N^{\frac{N}{3}} = \mathrm{e}^{\frac{-\mathrm{i}2\pi N/3}{N}} = \mathrm{e}^{\frac{-\mathrm{i}2\pi}{3}}$,当 $k = 0, 1, \cdots, \frac{N}{3} - 1$ 时,有

$$\begin{aligned}
X\left(k + \frac{N}{3}\right) &= \sum_{n=0}^{N-1} x(n) W_N^{n\left(k + \frac{N}{3}\right)} \\
&= \sum_{l=0}^{\frac{N}{3}-1} x(3l) W_N^{3l\left(k + \frac{N}{3}\right)} + \sum_{l=0}^{\frac{N}{3}-1} x(3l+1) W_N^{(3l+1)\left(k + \frac{N}{3}\right)} + \sum_{l=0}^{\frac{N}{3}-1} x(3l+2) W_N^{(3l+2)\left(k + \frac{N}{3}\right)} \\
&= \sum_{l=0}^{\frac{N}{3}-1} x(3l) W_{\frac{N}{3}}^{lk} + \mathrm{e}^{\frac{-\mathrm{i}2\pi}{3}} W_N^k \sum_{l=0}^{\frac{N}{3}-1} x(3l+1) W_{\frac{N}{3}}^{lk} + \mathrm{e}^{\frac{-\mathrm{i}4\pi}{3}} W_N^{2k} \sum_{l=0}^{\frac{N}{3}-1} x(3l+2) W_{\frac{N}{3}}^{lk} \\
&= X_0(k) + \mathrm{e}^{\frac{-\mathrm{i}2\pi}{3}} W_N^k X_1(k) + \mathrm{e}^{\frac{-\mathrm{i}4\pi}{3}} W_N^{2k} X_2(k).
\end{aligned}$$

(B.4.8)

根据 $W_N^{\frac{4N}{3}} = W_N^N W_N^{\frac{N}{3}} = \mathrm{e}^{\frac{-\mathrm{i}2\pi}{3}}$,与上面的推导过程类似,当 $k = 0, 1, \cdots, \frac{N}{3} - 1$ 时,

$$X\left(k + \frac{2N}{3}\right) = X_0(k) + \mathrm{e}^{\frac{-\mathrm{i}4\pi}{3}} W_N^k X_1(k) + \mathrm{e}^{\frac{-\mathrm{i}2\pi}{3}} W_N^{2k} X_2(k). \quad \text{(B.4.9)}$$

综合(B.4.7)式、(B.4.8)式和(B.4.9)式可得

$$\begin{bmatrix} X(k) \\ X\left(k + \frac{N}{3}\right) \\ X\left(k + \frac{2N}{3}\right) \end{bmatrix} = \begin{bmatrix} 1 & 1 & 1 \\ 1 & \mathrm{e}^{\frac{-\mathrm{i}2\pi}{3}} & \mathrm{e}^{\frac{-\mathrm{i}4\pi}{3}} \\ 1 & \mathrm{e}^{\frac{-\mathrm{i}4\pi}{3}} & \mathrm{e}^{\frac{-\mathrm{i}2\pi}{3}} \end{bmatrix} \begin{bmatrix} X_0(k) \\ W_N^k X_1(k) \\ W_N^{2k} X_2(k) \end{bmatrix}, \quad k = 0, 1, \cdots, \frac{N}{3} - 1. \quad \text{(B.4.10)}$$

此时的流程图如图 B.4.6 所示.以长度为 $N = 9$ 的序列的快速傅里叶算法为例,此时一共有两级.在第一级有

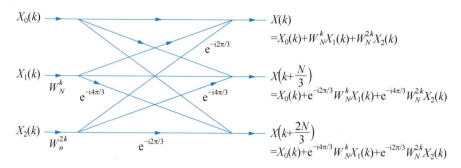

图 B.4.6 (B.4.7)式至(B.4.9)式的流程图 $\left(k=0,1,\cdots,\dfrac{N}{3}-1\right)$

$$X_0(0)=x(0)+x(3)+x(6);$$
$$X_0(1)=x(0)+W_9^3 x(3)+W_9^6 x(6);$$
$$X_0(2)=x(0)+W_9^6 x(3)+W_9^3 x(6);$$
$$X_1(0)=x(1)+x(4)+x(7);$$
$$X_1(1)=x(1)+W_9^3 x(4)+W_9^6 x(7);$$
$$X_1(2)=x(1)+W_9^6 x(4)+W_9^3 x(7);$$
$$X_2(0)=x(2)+x(5)+x(8);$$
$$X_2(1)=x(2)+W_9^3 x(5)+W_9^6 x(8);$$
$$X_2(2)=x(2)+W_9^6 x(5)+W_9^3 x(8).$$

在第二级有

$$X(0)=X_0(0)+X_1(0)+X_2(0);$$
$$X(1)=X_0(1)+W_9 X_1(1)+W_9^2 X_2(1);$$
$$X(2)=X_0(2)+W_9^2 X_1(2)+W_9^4 X_2(2);$$
$$X(3)=X_0(0)+W_9^3 X_1(0)+W_9^6 X_2(0);$$
$$X(4)=X_0(1)+W_9^4 X_1(1)+W_9^8 X_2(1);$$
$$X(5)=X_0(2)+W_9^5 X_1(2)+W_9 X_2(2);$$
$$X(6)=X_0(0)+W_9^6 X_1(0)+W_9^3 X_2(0);$$
$$X(7)=X_0(1)+W_9^7 X_1(1)+W_9^5 X_2(1);$$
$$X(8)=X_0(2)+W_9^8 X_1(2)+W_9^7 X_2(2).$$

$N=9$ 的序列的按时域抽样的快速傅里叶算法流程图如图 B.4.7 所示. 与基-2 的快速傅里叶算法运算类似,从图 B.4.7 可以看出,一个 $N=3^l$ 长度序列的快速傅里叶变换,一共有 $l=\log_3 N$ 级,每一级都有 $N/3$ 次蝶形运算. 这个过程一共有 $\dfrac{N}{3}\log_3 N$ 次如图 B.4.6 所示的运算,即 $2N\log_3 N$ 次复数加法运算和 $\dfrac{10N}{3}\log_3 N$ 次复数乘法运算,复杂度是 $O(N\log_3 N)$ 次复数运算.

B.4.3　N 为合数的快速傅里叶算法

设 p 为素数，$x(n)$ 是长度为 $N=pq$ 的序列，可以将序列分解成为 p 个 q 点的离散傅里叶变换来处理. 先将 $x(n)$ 均分为 p 等份 $x(pl)$，$x(pl+1)$，$\cdots$，$x(pl+p-1)$，$l=0,1,\cdots$，$q-1$，再分别对 p 个长度为 q 的序列进行离散傅里叶变换，结果分别记为 $X_0(k)$，$X_1(k)$，$\cdots$，$X_{p-1}(k)$，$k=0,1,\cdots,q-1$. 此时流程图如图 B.4.7 所示.

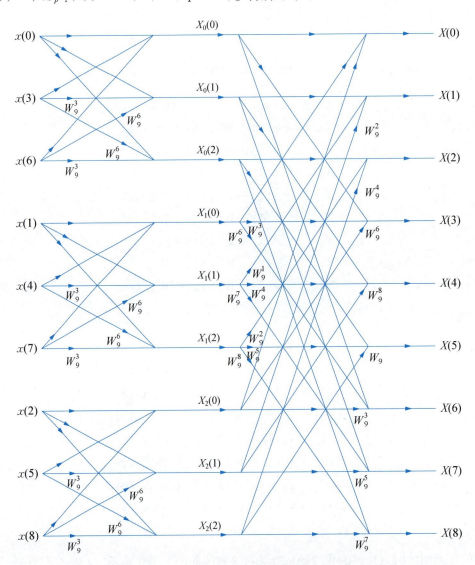

图 B.4.7　$N=9$ 的序列的快速傅里叶算法流程图

$$X(k)=\sum_{n=0}^{N-1}x(n)W_N^{nk}$$
$$=\sum_{l=0}^{q-1}x(pl)W_N^{plk}+\sum_{l=0}^{q-1}x(pl+1)W_N^{(pl+1)k}+\cdots+\sum_{l=0}^{q-1}x(pl+p-1)W_N^{(pl+p-1)k}$$

$$= \sum_{l=0}^{q-1} x(pl)W_N^{plk} + W_N^k \sum_{l=0}^{q-1} x(pl+1)W_N^{plk} + \cdots + W_N^{(p-1)k} \sum_{l=0}^{q-1} x(pl+p-1)W_N^{plk}$$

$$= \sum_{l=0}^{q-1} x(pl)W_q^{lk} + W_N^k \sum_{l=0}^{q-1} x(pl+1)W_q^{lk} + \cdots + W_N^{(p-1)k} \sum_{l=0}^{q-1} x(pl+p-1)W_q^{lk}$$

$$(W_N^{plk} = e^{\frac{-i2\pi plk}{N}} = e^{\frac{-i2\pi lk}{N/p}} = W_q^{lk})$$

$$= X_0(k) + W_N^k X_1(k) + \cdots + W_N^{(p-1)k} X_{p-1}(k).$$

同理,设 $m=1, 2, \cdots, p-1$,可得

$$X(k+mq) = \sum_{n=0}^{N-1} x(n)W_N^{n(k+mq)} = \sum_{r=0}^{p-1} \sum_{l=0}^{q-1} x(pl+r)W_N^{(pl+r)(k+mq)}$$

$$= \sum_{r=0}^{p-1} W_N^{mrq} W_N^{rk} \sum_{l=0}^{q-1} x(pl+r)W_N^{plk} = \sum_{r=0}^{p-1} W_p^{mr} W_N^{rk} \sum_{l=0}^{q-1} x(pl+r)W_q^{lk}$$

$$= \sum_{r=0}^{p-1} W_p^{mr} W_N^{rk} X_r(k).$$

此时流程图如图 B.4.8 所示.

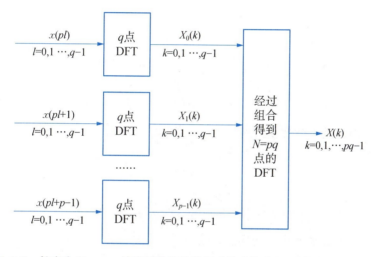

图 B.4.8 长度为 $N = pq$ 的序列的快速傅里叶算法的流程图(其中 p, q 为素数)

下面讨论一般情况. 设 $N=p_1 p_2 \cdots p_m$,其中 $p_i(i=1, 2, \cdots, m)$ 是 m 个素因子. 先把 N 分解为两个因子,即 $N=p_1 q_1$,这里 $q_1=p_2 p_3 \cdots p_m$. 用以上讨论的方法将每一个 N 点离散傅里叶变换分解为 p_1 个 q_1 点 DFT;接着继续将 q_1 分解为 $q_1=p_2 q_2$,其中 $q_2=p_3 p_4 \cdots p_m$,即将每一个 q_1 点离散傅里叶变换分解为 p_2 个 q_2 点 DFT;依此类推,可以通过 m 次分解,最后达到 p_m 点离散傅里叶变换. 下面以长度为 $N=18$ 的序列为例,给出序列的分解图 B.4.9.

§ B.5 多维离散傅里叶变换

多维离散傅里叶变换可以很自然地通过一维离散傅里叶变换的推广得到. 下面主要以二

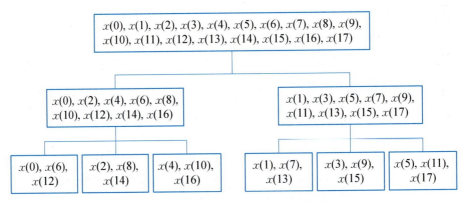

图 B.4.9　长度为 $N=18$ 的序列的分解图

维序列为例,介绍多维离散傅里叶变换的性质以及快速算法.

B.5.1　二维离散傅里叶变换

设有二维序列 $\{x(n_1,n_2)\}$,$n_1=0,1,\cdots,N_1-1$,$n_2=0,1,\cdots,N_2-1$,二维 $N_1\times N_2$ 的离散傅里叶变换定义如下:

$$X(k_1,k_2)=\sum_{n_1=0}^{N_1-1}\sum_{n_2=0}^{N_2-1}x(n_1,n_2)\mathrm{e}^{-\frac{\mathrm{i}2\pi n_1 k_1}{N_1}}\mathrm{e}^{-\frac{\mathrm{i}2\pi n_2 k_2}{N_2}},$$

$$k_1=0,1,\cdots,N_1-1,\ k_2=0,1,\cdots,N_2-1. \tag{B.5.1}$$

二维 $N_1\times N_2$ 的离散傅里叶变换的逆变换定义如下:

$$x(n_1,n_2)=\frac{1}{N_1 N_2}\sum_{k_1=0}^{N_1-1}\sum_{k_2=0}^{N_2-1}X(k_1,k_2)\mathrm{e}^{\frac{\mathrm{i}2\pi n_1 k_1}{N_1}}\mathrm{e}^{\frac{\mathrm{i}2\pi n_2 k_2}{N_2}},$$

$$n_1=0,1,\cdots,N_1-1,\ n_2=0,1,\cdots,N_2-1. \tag{B.5.2}$$

若将二维 $N_1\times N_2$ 的离散傅里叶变换公式改写成

$$X(k_1,k_2)=\sum_{n_2=0}^{N_2-1}\left(\sum_{n_1=0}^{N_1-1}x(n_1,n_2)\mathrm{e}^{-\frac{\mathrm{i}2\pi n_1 k_1}{N_1}}\right)\mathrm{e}^{-\frac{\mathrm{i}2\pi n_2 k_2}{N_2}},$$

$$k_1=0,1,\cdots,N_1-1,\ k_2=0,1,\cdots,N_2-1,$$

则表明先沿二维序列 $\{x(n_1,n_2)\}$ 行的方向作一维离散傅里叶变换,再沿新生成的矩阵的列的方向作一维离散傅里叶变换. 若用 $(x(n_1,n_2))$,$(X(k_1,k_2))$ 分别表示 $N_1\times N_2$ 的时域和频域二维序列形成的矩阵,则有

$$(X(k_1,k_2))=\boldsymbol{F}_{N_1}(x(n_1,n_2))\boldsymbol{F}_{N_2}. \tag{B.5.3}$$

利用上式,亦可以得到二维离散傅里叶变换的逆变换的矩阵表示形式,

$$(x(n_1,n_2))=\frac{1}{N_1 N_2}\overline{\boldsymbol{F}}_{N_1}(X(k_1,k_2))\overline{\boldsymbol{F}}_{N_2}.$$

二维离散傅里叶变换和一维离散傅里叶变换一样,具有周期性、线性性,同时还具有下列性质.

性质 B.5.1 (1) 时域循环移位. 若 $x(n_1, n_2) \Leftrightarrow X(k_1, k_2)$,则

$$x(n_1 - l_1, n_2 - l_2) \Leftrightarrow X(k_1, k_2) W_{N_1}^{k_1 l_1} W_{N_2}^{k_2 l_2},$$

其中 $\{x(n_1 - l_1, n_2 - l_2)\}$ 表示 $\{x(n_1, n_2)\}$ 沿 n_1 循环移动 l_1 个位置、沿 n_2 循环移动 l_2 个位置所得的新序列.

(2) 频域循环移位. 设 $x(n_1, n_2) \Leftrightarrow X(k_1, k_2)$,则

$$x(n_1, n_2) W_{N_1}^{-n_1 l_1} W_{N_2}^{-n_2 l_2} \Leftrightarrow X(k_1 - l_1, k_2 - l_2),$$

其中 $\{X(k_1 - l_1, k_2 - l_2)\}$ 表示 $\{X(k_1, k_2)\}$ 在频域沿 k_1 循环移动 l_1 个位置、沿 k_2 循环移动 l_2 个位置所得的新频谱序列.

(3) 帕塞瓦尔定理. 设 $x(n_1, n_2) \Leftrightarrow X(k_1, k_2)$,则

$$\sum_{n_1=0}^{N_1-1} \sum_{n_2=0}^{N_2-1} x(n_1, n_2) \overline{x}(n_1, n_2) = \frac{1}{N_1 N_2} \sum_{k_1=0}^{N_1-1} \sum_{k_2=0}^{N_2-1} X(k_1, k_2) \overline{X}(k_1, k_2).$$

证明 (1) 由 $\{x(n_1, n_2)\}$ 的周期性以及 W_N^{kl} 的周期性,不难证明

$$\sum_{n_1=-l_1}^{N_1-l_1-1} \sum_{n_2=-l_2}^{N_2-l_2-1} x(n_1, n_2) W_{N_1}^{k_1 n_1} W_{N_2}^{k_2 n_2} = X(k_1, k_2).$$

对二维序列 $\{x(n_1 - l_1, n_2 - l_2)\}$ 作离散傅里叶变换,有

$$\sum_{n_1=0}^{N_1-1} \sum_{n_2=0}^{N_2-1} x(n_1 - l_1, n_2 - l_2) W_{N_1}^{k_1 n_1} W_{N_2}^{k_2 n_2}$$

$$= \sum_{n_1=0}^{N_1-1} \sum_{n_2=0}^{N_2-1} x(n_1 - l_1, n_2 - l_2) W_{N_1}^{k_1 (n_1 - l_1)} W_{N_2}^{k_2 (n_2 - l_2)} W_{N_1}^{k_1 l_1} W_{N_2}^{k_2 l_2}$$

$$= W_{N_1}^{k_1 l_1} W_{N_2}^{k_2 l_2} \sum_{n_1=-l_1}^{N_1-l_1-1} \sum_{n_2=-l_2}^{N_2-l_2-1} x(n_1, n_2) W_{N_1}^{k_1 n_1} W_{N_2}^{k_2 n_2}$$

$$= X(k_1, k_2) W_{N_1}^{k_1 l_1} W_{N_2}^{k_2 l_2}.$$

(2) 对二维序列 $\{x(n_1 - l_1, n_2 - l_2) W_{N_1}^{-n_1 l_1} W_{N_2}^{-n_2 l_2}\}$ 作离散傅里叶变换,有

$$\sum_{n_1=0}^{N_1-1} \sum_{n_2=0}^{N_2-1} x(n_1, n_2) W_{N_1}^{-n_1 l_1} W_{N_2}^{-n_2 l_2} W_{N_1}^{k_1 n_1} W_{N_2}^{k_2 n_2}$$

$$= \sum_{n_1=0}^{N_1-1} \sum_{n_2=0}^{N_2-1} x(n_1, n_2) W_{N_1}^{n_1 (k_1 - l_1)} W_{N_2}^{n_2 (k_2 - l_2)}$$

$$= X(k_1 - l_1, k_2 - l_2).$$

(3) 根据(B.5.3)式,利用离散傅里叶变换矩阵的性质及矩阵迹的性质可以证明. 具体证明过程如下:

$$\sum_{k_1=0}^{N_1-1}\sum_{k_2=0}^{N_2-1}X(k_1,k_2)\overline{X}(k_1,k_2)$$

$$=\text{trace}((\boldsymbol{F}_{N_1}(x(n_1,n_2))\boldsymbol{F}_{N_2})^{\text{T}}\overline{(\boldsymbol{F}_{N_1}(x(n_1,n_2))\boldsymbol{F}_{N_2})})$$

$$=\text{trace}(\boldsymbol{F}_{N_2}^{\text{T}}(x(n_1,n_2))^{\text{T}}\boldsymbol{F}_{N_1}^{\text{T}}\overline{\boldsymbol{F}}_{N_1}(\bar{x}(n_1,n_2))\overline{\boldsymbol{F}}_{N_2})$$

$$=N_1N_2\,\text{trace}((x(n_1,n_2))^{\text{T}}(\bar{x}(n_1,n_2)))$$

$$=N_1N_2\sum_{n_1=0}^{N_1-1}\sum_{n_2=0}^{N_2-1}x(n_1,n_2)\bar{x}(n_1,n_2).$$

证毕.

定义 B.5.1 设有二维 $N_1\times N_2$ 实序列 $\{x(n_1,n_2)\}$ 和 $\{y(n_1,n_2)\}$,则它们的**循环卷积**为

$$z_{\text{con}}(n_1,n_2)=\frac{1}{N_1N_2}\sum_{m_1=0}^{N_1-1}\sum_{m_2=0}^{N_2-1}x(m_1,m_2)y(n_1-m_1,n_2-m_2), \quad (B.5.4)$$

记作 $x(m_1,m_2)*y(m_1,m_2)$.

定理 B.5.1 设有二维 $N_1\times N_2$ 实序列 $\{x(n_1,n_2)\}$ 和 $\{y(n_1,n_2)\}$,且

$$x(n_1,n_2)\Leftrightarrow X(k_1,k_2),\quad y(n_1,n_2)\Leftrightarrow Y(k_1,k_2),$$

则对如(B.5.4)式所定义的循环卷积序列 $\{z_{\text{con}}(n_1,n_2)\}$,有

$$z_{\text{con}}(n_1,n_2)\Leftrightarrow \frac{1}{N_1N_2}X(k_1,k_2)Y(k_1,k_2).$$

证明 对二维循环卷积序列 $\{z_{\text{con}}(n_1,n_2)\}$ 作二维离散傅里叶变换,得

$$\sum_{n_1=0}^{N_1-1}\sum_{n_2=0}^{N_2-1}z_{\text{con}}(n_1,n_2)W_{N_1}^{n_1k_1}W_{N_2}^{n_2k_2}$$

$$=\frac{1}{N_1N_2}\sum_{n_1=0}^{N_1-1}\sum_{n_2=0}^{N_2-1}\sum_{m_1=0}^{N_1-1}\sum_{m_2=0}^{N_2-1}x(m_1,m_2)y(n_1-m_1,n_2-m_2)W_{N_1}^{n_1k_1}W_{N_2}^{n_2k_2}$$

$$=\frac{1}{N_1N_2}\sum_{m_1=0}^{N_1-1}\sum_{m_2=0}^{N_2-1}x(m_1,m_2)\sum_{n_1=0}^{N_1-1}\sum_{n_2=0}^{N_2-1}y(n_1-m_1,n_2-m_2)$$

$$\times W_{N_1}^{(n_1-m_1)k_1}W_{N_1}^{k_1m_1}W_{N_2}^{(n_2-m_2)k_2}W_{N_2}^{k_2m_2}$$

$$=\frac{1}{N_1N_2}Y(k_1,k_2)\sum_{m_1=0}^{N_1-1}\sum_{m_2=0}^{N_2-1}x(m_1,m_2)W_{N_1}^{m_1k_1}W_{N_2}^{m_2k_2}$$

$$=\frac{1}{N_1N_2}X(k_1,k_2)Y(k_1,k_2).$$

证毕.

定义 B.5.2 设有二维 $N_1 \times N_2$ 实序列 $\{x(n_1,n_2)\}$ 和 $\{y(n_1,n_2)\}$，则它们的**循环相关**为

$$z_{\text{cor}}(n_1,n_2) = \frac{1}{N_1 N_2}\sum_{m_1=0}^{N_1-1}\sum_{m_2=0}^{N_2-1} x(m_1,m_2)y(n_1+m_1,n_2+m_2). \quad (B.5.5)$$

定理 B.5.2 设有二维 $N_1 \times N_2$ 实序列 $\{x(n_1,n_2)\}$ 和 $\{y(n_1,n_2)\}$，且

$$x(n_1,n_2) \Leftrightarrow X(k_1,k_2), \quad y(n_1,n_2) \Leftrightarrow Y(k_1,k_2),$$

则对如(B.5.5)式所定义的循环相关 $\{z_{\text{cor}}(n_1,n_2)\}$，有

$$z_{\text{cor}}(n_1,n_2) \Leftrightarrow \frac{1}{N_1 N_2}\overline{X}(k_1,k_2)Y(k_1,k_2).$$

证明 对二维循环相关序列 $\{z_{\text{cor}}(n_1,n_2)\}$ 作二维离散傅里叶变换，得

$$\sum_{n_1=0}^{N_1-1}\sum_{n_2=0}^{N_2-1} z_{\text{cor}}(n_1,n_2) W_{N_1}^{n_1 k_1} W_{N_2}^{n_2 k_2}$$

$$= \frac{1}{N_1 N_2}\sum_{n_1=0}^{N_1-1}\sum_{n_2=0}^{N_2-1}\sum_{m_1=0}^{N_1-1}\sum_{m_2=0}^{N_2-1} x(m_1,m_2)y(n_1+m_1,n_2+m_2) W_{N_1}^{n_1 k_1} W_{N_2}^{n_2 k_2}$$

$$= \frac{1}{N_1 N_2}\sum_{m_1=0}^{N_1-1}\sum_{m_2=0}^{N_2-1} x(m_1,m_2)\sum_{n_1=0}^{N_1-1}\sum_{n_2=0}^{N_2-1} y(n_1+m_1,n_2+m_2)$$

$$\times W_{N_1}^{(n_1+m_1)k_1} W_{N_1}^{-k_1 m_1} W_{N_2}^{(n_2+m_2)k_2} W_{N_2}^{-k_2 m_2}$$

$$= \frac{1}{N_1 N_2} Y(k_1,k_2)\sum_{m_1=0}^{N_1-1}\sum_{m_2=0}^{N_2-1} x(m_1,m_2) W_{N_1}^{-m_1 k_1} W_{N_2}^{-m_2 k_2}$$

$$= \frac{1}{N_1 N_2}\overline{X}(k_1,k_2)Y(k_1,k_2).$$

证毕.

B.5.2 二维快速傅里叶变换

本节将以基-2的情形为例阐述二维快速傅里叶变换. 设 $N_1 = 2^{l_1}$, $N_2 = 2^{l_2}$, $\{x(n_1,n_2)\}$ 为 $N_1 \times N_2$ 的二维序列, $x(n_1,n_2) \Leftrightarrow X(k_1,k_2)$. 在对 $\{x(n_1,n_2)\}$ 进行离散傅里叶变换运算时, 将 $\{x(n_1,n_2)\}$ 拆分为4个二维序列: $\{x(2l_1,2l_2)\}$, $\{x(2l_1,2l_2+1)\}$, $\{x(2l_1+1,2l_2)\}$, $\{x(2l_1+1,2l_2+1)\}$, $l_1 = 0,1,\cdots,\frac{N_1}{2}-1$, $l_2 = 0,1,\cdots,\frac{N_2}{2}-1$. 再对这4个序列进行离散傅里叶变换, 结果分别记为 $\{X_{\text{e,e}}(k_1,k_2)\}$, $\{X_{\text{e,o}}(k_1,k_2)\}$, $\{X_{\text{o,e}}(k_1,k_2)\}$, $\{X_{\text{o,o}}(k_1,k_2)\}$, $k_1 = 0,1,\cdots,\frac{N_1}{2}-1$, $k_2 = 0,1,\cdots,\frac{N_2}{2}-1$. 具体过程如下：

$$X(k_1, k_2) = \sum_{n_1=0}^{N_1-1} \sum_{n_2=0}^{N_2-1} x(n_1, n_2) W_{N_1}^{n_1 k_1} W_{N_2}^{n_2 k_2}$$

$$= \sum_{l_1=0}^{\frac{N_1}{2}-1} \sum_{l_2=0}^{\frac{N_2}{2}-1} x(2l_1, 2l_2) W_{N_1}^{2l_1 k_1} W_{N_2}^{2l_2 k_2} + \sum_{l_1=0}^{\frac{N_1}{2}-1} \sum_{l_2=0}^{\frac{N_2}{2}-1} x(2l_1, 2l_2+1) W_{N_1}^{2l_1 k_1} W_{N_2}^{(2l_2+1) k_2} + \sum_{l_1=0}^{\frac{N_1}{2}-1} \sum_{l_2=0}^{\frac{N_2}{2}-1}$$

$$x(2l_1+1, 2l_2) W_{N_1}^{(2l_1+1) k_1} W_{N_2}^{2l_2 k_2} + \sum_{l_1=0}^{\frac{N_1}{2}-1} \sum_{l_2=0}^{\frac{N_2}{2}-1} x(2l_1+1, 2l_2+1) W_{N_1}^{(2l_1+1) k_1} W_{N_2}^{(2l_2+1) k_2}$$

$$= \sum_{l_1=0}^{\frac{N_1}{2}-1} \sum_{l_2=0}^{\frac{N_2}{2}-1} x(2l_1, 2l_2) W_{N_1/2}^{l_1 k_1} W_{N_2/2}^{l_2 k_2} + W_{N_2}^{k_2} \sum_{l_1=0}^{\frac{N_1}{2}-1} \sum_{l_2=0}^{\frac{N_2}{2}-1} x(2l_1, 2l_2+1) W_{N_1/2}^{l_1 k_1} W_{N_2/2}^{l_2 k_2} + W_{N_1}^{k_1}$$

$$\sum_{l_1=0}^{\frac{N_1}{2}-1} \sum_{l_2=0}^{\frac{N_2}{2}-1} x(2l_1+1, 2l_2) W_{N_1/2}^{l_1 k_1} W_{N_2/2}^{l_2 k_2} + W_{N_1}^{k_1} W_{N_2}^{k_2} \sum_{l_1=0}^{\frac{N_1}{2}-1} \sum_{l_2=0}^{\frac{N_2}{2}-1} x(2l_1+1, 2l_2+1) W_{N_1/2}^{l_1 k_1} W_{N_2/2}^{l_2 k_2}$$

$$= X_{\text{e,e}}(k_1, k_2) + W_{N_2}^{k_2} X_{\text{e,o}}(k_1, k_2) + W_{N_1}^{k_1} X_{\text{o,e}}(k_1, k_2) + W_{N_1}^{k_1} W_{N_2}^{k_2} X_{\text{o,o}}(k_1, k_2).$$

当 $k_1 = 0, 1, \cdots, \dfrac{N_1}{2}-1$,$k_2 = 0, 1, \cdots, \dfrac{N_2}{2}-1$ 时,从上面的推导过程可知

$$X(k_1, k_2) = X_{\text{e,e}}(k_1, k_2) + W_{N_2}^{k_2} X_{\text{e,o}}(k_1, k_2) + W_{N_1}^{k_1} X_{\text{o,e}}(k_1, k_2)$$
$$+ W_{N_1}^{k_1} W_{N_2}^{k_2} X_{\text{o,o}}(k_1, k_2). \tag{B.5.6}$$

下面计算 $X\left(k_1, k_2 + \dfrac{N_2}{2}\right)$,$k_1 = 0, 1, \cdots, \dfrac{N_1}{2}-1$,$k_2 = 0, 1, \cdots, \dfrac{N_2}{2}-1$.

$$X\left(k_1, k_2 + \frac{N_2}{2}\right) = \sum_{n_1=0}^{N_1-1} \sum_{n_2=0}^{N_2-1} x(n_1, n_2) W_N^{n_1 k_1} W_N^{n_2 \left(k_2 + \frac{N_2}{2}\right)}$$

$$= \sum_{l_1=0}^{\frac{N_1}{2}-1} \sum_{l_2=0}^{\frac{N_2}{2}-1} x(2l_1, 2l_2) W_{N_1}^{2l_1 k_1} W_{N_2}^{2l_2 \left(k_2 + \frac{N_2}{2}\right)} + \sum_{l_1=0}^{\frac{N_1}{2}-1} \sum_{l_2=0}^{\frac{N_2}{2}-1} x(2l_1, 2l_2+1)$$

$$W_{N_1}^{2l_1 k_1} W_{N_2}^{(2l_2+1)\left(k_2 + \frac{N_2}{2}\right)} + \sum_{l_1=0}^{\frac{N_1}{2}-1} \sum_{l_2=0}^{\frac{N_2}{2}-1} x(2l_1+1, 2l_2) W_{N_1}^{(2l_1+1) k_1} W_{N_2}^{2l_2 \left(k_2 + \frac{N_2}{2}\right)}$$

$$+ \sum_{l_1=0}^{\frac{N_1}{2}-1} \sum_{l_2=0}^{\frac{N_2}{2}-1} x(2l_1+1, 2l_2+1) W_{N_1}^{(2l_1+1) k_1} W_{N_2}^{(2l_2+1)\left(k_2 + \frac{N_2}{2}\right)}$$

$$= \sum_{l_1=0}^{\frac{N_1}{2}-1} \sum_{l_2=0}^{\frac{N_2}{2}-1} x(2l_1, 2l_2) W_{N_1/2}^{l_1 k_1} W_{N_2/2}^{l_2 k_2} + W_{N_2}^{N_2/2} W_{N_2}^{k_2} \sum_{l_1=0}^{\frac{N_1}{2}-1} \sum_{l_2=0}^{\frac{N_2}{2}-1} x(2l_1, 2l_2+1)$$

$$W_{N_1/2}^{l_1 k_1} W_{N_2/2}^{l_2 k_2} + W_{N_1}^{k_1} \sum_{l_1=0}^{\frac{N_1}{2}-1} \sum_{l_2=0}^{\frac{N_2}{2}-1} x(2l_1+1, 2l_2) W_{N_1/2}^{l_1 k_1} W_{N_2/2}^{l_2 k_2}$$

$$+ W_{N_2}^{N_2/2} W_{N_2}^{k_2} W_{N_1}^{k_1} \sum_{l_1=0}^{\frac{N_1}{2}-1} \sum_{l_2=0}^{\frac{N_2}{2}-1} x(2l_1+1, 2l_2+1) W_{N_1/2}^{l_1 k_1} W_{N_2/2}^{l_2 k_2}$$
$$= X_{\text{e,e}}(k_1, k_2) - W_{N_2}^{k_2} X_{\text{e,o}}(k_1, k_2) + W_{N_1}^{k_1} X_{\text{o,e}}(k_1, k_2) - W_{N_1}^{k_1} W_{N_2}^{k_2} X_{\text{o,o}}(k_1, k_2).$$

同理,可以得到剩下的离散傅里叶系数的公式:

$$X\left(k_1 + \frac{N_1}{2}, k_2\right)$$
$$= X_{\text{e,e}}(k_1, k_2) + W_{N_2}^{k_2} X_{\text{e,o}}(k_1, k_2) - W_{N_1}^{k_1} X_{\text{o,e}}(k_1, k_2) - W_{N_1}^{k_1} W_{N_2}^{k_2} X_{\text{o,o}}(k_1, k_2),$$
$$X\left(k_1 + \frac{N_1}{2}, k_2 + \frac{N_2}{2}\right)$$
$$= X_{\text{e,e}}(k_1, k_2) - W_{N_2}^{k_2} X_{\text{e,o}}(k_1, k_2) - W_{N_1}^{k_1} X_{\text{o,e}}(k_1, k_2) + W_{N_1}^{k_1} W_{N_2}^{k_2} X_{\text{o,o}}(k_1, k_2).$$

B.5.3 三维及多维离散傅里叶变换

设有三维序列 $\{x(n_1, n_2, n_3)\}$, $n_1=0, 1, \cdots, N_1-1$, $n_2=0, 1, \cdots, N_2-1$, $n_3=0, 1, \cdots, N_3-1$. 三维序列离散傅里叶变换定义如下:

$$X(k_1, k_2, k_3) = \sum_{n_1=0}^{N_1-1} \sum_{n_2=0}^{N_2-1} \sum_{n_3=0}^{N_3-1} x(n_1, n_2, n_3) e^{-\frac{i 2\pi n_1 k_1}{N_1}} e^{-\frac{i 2\pi n_2 k_2}{N_2}} e^{-\frac{i 2\pi n_3 k_3}{N_3}},$$
$$k_1=0, 1, \cdots, N_1-1, k_2=0, 1, \cdots, N_2-1, k_3=0, 1, \cdots, N_3-1.$$

(B.5.7)

对应的三维离散傅里叶变换的逆变换定义如下:

$$x(n_1, n_2, n_3) = \frac{1}{N_1 N_2 N_3} \sum_{k_1=0}^{N_1-1} \sum_{k_2=0}^{N_2-1} \sum_{k_3=0}^{N_3-1} X(k_1, k_2, k_3) e^{\frac{i 2\pi n_1 k_1}{N_1}} e^{\frac{i 2\pi n_2 k_2}{N_2}} e^{\frac{i 2\pi n_3 k_3}{N_3}},$$
$$n_1=0, 1, \cdots, N_1-1, n_2=0, 1, \cdots, N_2-1, n_3=0, 1, \cdots, N_3-1.$$

(B.5.8)

二维和三维的离散傅里叶变换还可以推广到 d 维的情况.

设有 d 维序列 $\{x(n_1, n_2, \cdots, n_d)\}$, $n_s=0, 1, \cdots, N_s-1$, $s=1, 2, \cdots, d$. d 维序列离散傅里叶变换定义如下:

$$X(k_1, k_2, \cdots, k_d) = \sum_{n_1=0}^{N_1-1} \sum_{n_2=0}^{N_2-1} \cdots \sum_{n_d=0}^{N_d-1} x(n_1, n_2, \cdots, n_d) e^{-\frac{i 2\pi n_1 k_1}{N_1}} e^{-\frac{i 2\pi n_2 k_2}{N_2}} \cdots e^{-\frac{i 2\pi n_d k_d}{N_d}},$$
$$k_1=0, 1, \cdots, N_1-1, k_2=0, 1, \cdots, N_2-1, \cdots, k_d=0, 1, \cdots, N_d-1.$$

(B.5.9)

对应的 d 维离散傅里叶变换的逆变换定义如下:

$$x(n_1, n_2, \cdots, n_d) = \frac{1}{\prod\limits_{s=1}^{d} N_s} \sum_{k_1=0}^{N_1-1} \sum_{k_2=0}^{N_2-1} \cdots \sum_{k_d=0}^{N_d-1} X(k_1, k_2, \cdots, k_d) e^{\frac{i2\pi n_1 k_1}{N_1}} e^{\frac{i2\pi n_2 k_2}{N_2}} \cdots e^{\frac{i2\pi n_d k_d}{N_d}},$$

$$n_1 = 0, 1, \cdots, N_1 - 1, n_2 = 0, 1, \cdots, N_2 - 1, \cdots, n_d = 0, 1, \cdots, N_d - 1.$$

(B.5.10)

§ B.6 MATLAB 软件中的快速傅里叶变换

快速傅里叶变换是对离散傅里叶变换的快速算法. 由于离散傅里叶变换在信号处理及音频图像处理上有广泛的应用, 因此很多软件都附带实现快速傅里叶变换的程序包, 提供卷积、相关、滤波等运算子程序. 本节将运用 MATLAB 软件来实现快速傅里叶变换的一些应用. 在 MATLAB 软件中, 一维序列的快速傅里叶变换函数为 **fft**, 快速傅里叶逆变换函数为 **ifft**, 二维序列的快速傅里叶变换函数为 **fft2**, 快速傅里叶逆变换函数为 **ifft2**.

B.6.1 模拟信号采样的频谱图

在对模拟信号采样的过程中, 有几个很重要的概念. 设 T_s 为时域分辨率 (以秒为单位), 即相邻两次采样的时间间隔. 称 $f_s = 1/T_s$ 为采样频率. 在理论和实践中, 要求采样频率大于信号最高频率的 2 倍. 若总采样时长为 T, 则数字信号序列的长度为 $N = T/T_s = Tf_s$. 频域以 f_s 为周期, $f_0 = f_s/N$ 为频域分辨率 (以赫兹为单位). 把幅度 $|X(k)|$ 随着频率 kf_0 的变化称为信号的幅度谱, 而相位 $\theta(k)$ 随角频率 kf_0 变化称为信号的相位谱. 幅度谱和相位谱统称为信号的频谱.

下面来举例说明.

例 B.6.1 设有频率分别为 5 Hz 和 7 Hz、幅度分别为 1 和 0.5 以及相位分别为 $\pi/2$ 和 $\pi/4$ 的两个余弦信号叠加的信号. 以 20 Hz 频率采样得到数字信号. 画出采样信号的幅度谱相位谱.

分析 相关程序如下.

```
1    fs=20;
2    t=0:1/fs:5-1/fs;
3    N=length(t);
4    x=cos(2* pi* 5* t+ pi/2)+ 0.5* cos(2* pi* 7* t+ pi/4);
5    X=fft(x);
6    frequency=(0:N-1)* fs/N;
7    pos=find(abs(X)> 1e-12);
8    phase=zeros(N, 1);
9    phase(pos)=angle(X(pos));
10   stem(frequency, abs(Z), 'Marker', 'None')
11   axis([0 fs-1 0 N/2+ 5])
```

```
12  set(gca,'xtick',[0:1:fs-1])
13  figure
14  stem(frequency, phase, 'Marker', 'None')
15  axis([0 fs-1 -pi pi])
16  set(gca,'ytick',[-pi:pi/2:pi])
17  set(gca,'yticklabel',{'-pi','-pi/2','0','pi/2','pi'})
```

程序中第 7 行指令是为了得到更可信的相位数据,这样做是考虑数值计算会因各种原因而引入误差.程序从第 10 行到最后一行是为了画出例题序列的频谱图.程序运行结果如图 B.6.1 和图 B.6.2 所示.

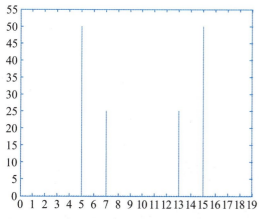

图 B.6.1　余弦信号叠加采样后离散傅里叶变换幅度谱

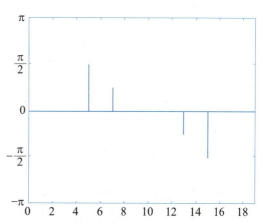

图 B.6.2　余弦信号叠加采样后离散傅里叶变换相位谱

在频域的一个周期内,$|X(5)|=|X(15)|=50$,$|X(7)|=|X(13)|=25$,而幅度值 50 和 25 分别是叠加信号幅值 1 和 0.5 的 $N/2=100/2=50$ 倍.除了这 4 个值之外,其余频率处的幅度皆为零.根据图 B.6.2,$\theta(5)=\pi/2$,$\theta(15)=-\pi/2$,$\theta(7)=\pi/4$,$\theta(13)=-\pi/4$,其余相位为零.利用欧拉公式可得

$$\cos(2\pi 5t)+0.5\cos(2\pi 7t)$$
$$=\frac{1}{2}(e^{i(2\pi 5t+\pi/2)}+e^{-i(2\pi 5t+\pi/2)}+\frac{1}{2}e^{i(2\pi 7t+\pi/4)}+\frac{1}{2}e^{-i(2\pi 7t+\pi/4)}),$$

而且离散傅里叶变换具有周期性,所以结果是一个双边谱.

B.6.2　序列卷积及相关

在之前的章节中,已经对长度为 N 的周期序列 $\{x(n)\}$ 和 $\{y(n)\}$ 定义了循环卷积,并且已经知道可以利用离散傅里叶变换及其逆变换来计算,此时可用 FFT 和 IFFT 来提高计算运算速度.

下面来举例说明.

例 B.6.2 设有两组信号.其中信号 1 是频率为 5 Hz、幅度为 10 的余弦信号,信号 2 是由幅度为 1、频率分别为 5 Hz 和 7 Hz 的两个余弦信号并与随机信号叠加的信号.以 20 Hz 频率采样得到数字信号,画出这两组采样信号的相关信号.

分析 相关程序如下.

```
1   fs=20;
2   t=0:1/fs:5-1/fs;
3   N=length(t);
4   x1=10*cos(2*pi*5*t);
5   X1=fft(x1);
6   x2=cos(2*pi*5*t)+cos(2*pi*7*t)+rand(1,N);
7   X2=fft(x2);
8   V=conj(X1).*X2/N;
9   cor=ifft(V);
10  frequency=(0:N-1)*fs/N;
11  figure
12  subplot(3,1,1),plot(t,x1);
13  subplot(3,1,2),plot(t,x2);
14  subplot(3,1,3),plot(t,cor);
15  figure
16  subplot(3,1,1),plot(frequency,X1);
17  subplot(3,1,2),plot(frequency,X2);
18  subplot(3,1,3),plot(frequency,V).
```

程序运行结果如图 B.6.3 和图 B.6.4 所示.从图中可以看出相关运算可以得到两组信号

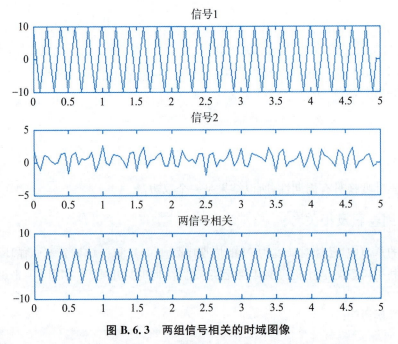

图 B.6.3 两组信号相关的时域图像

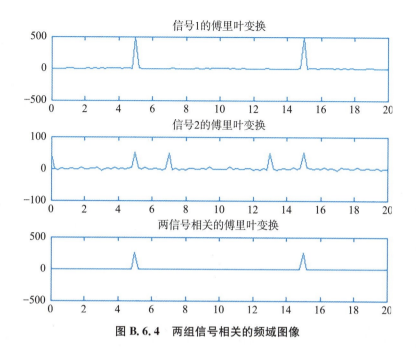

图 B.6.4 两组信号相关的频域图像

之间关联的信号. 在信号分析中信号相关运算有很广泛的用途. 类似于例题中的操作也可以用于雷达回波测距,用来判断接收到的信号是否存在发射信号.

事实上,还可以利用该方法来求非周期序列的卷积.

> **定义 B.6.1** 设序列 $\{x(n)\}$ 和 $\{y(n)\}$, $-\infty < n < +\infty$, 称运算
> $$\sum_{k=-\infty}^{+\infty} x(k)y(n-k) \tag{B.6.1}$$
> 为两序列的线性卷积.

若有非周期序列 $\{x(n)\}$ 和 $\{y(n)\}$, 长度分别为 N_x, N_y. 可以将 $\{x(n)\}$ 零延拓成无限长序列, 对 $y(n)$ 也作类似处理. 此时这两个序列的线性卷积[如公式(B.6.1)所定义]在 $n<0$ 或 $n \geqslant n_x + n_y - 2$ 时必为零. 故可以只关心 $n=0,1,\cdots,n_x+n_y-1$ 的值, 因此对于长度分别为 N_x, N_y 的非周期序列 $\{x(n)\}$ 和 $\{y(n)\}$, 称

$$\sum_{k=0}^{n_x+n_y-1} x(k)y(n-k), \quad n=0,1,\cdots,n_x+n_y-1 \tag{B.6.2}$$

为序列 $\{x(n)\}$ 和 $\{y(n)\}$ 的线性卷积.

可以通过在末尾补零,将两个序列长度延长到 $N_x + N_y - 1$, 再进行循环卷积, 得到 $\{x(n)\}$ 和 $\{y(n)\}$ 的线性卷积. 这样所得到的结果不仅长度与线性卷积的长度相同, 结果也是相同的.

例 B.6.3 利用离散傅里叶变换的方式计算下面两个序列的线性卷积:

$$\{x(n)\}=\{4,3,2,0,-4\},\ \{y(n)\}=\{3,-1,0,5,-2,1\}.$$

分析 相关程序如下.

```
1  x=[4, 3, 2, 0, -4];
2  y=[3, -1, 0, 5, -2, 1];
3  N_x=length(x);
4  N_y=length(y);
5  N=max(N_x+ N_y-1);
6  X=fft(x, N);
7  Y=fft(y, N);
8  v=ifft(X.* Y/N)
```

第 6 和第 7 行的指令表示对长度为 N 的序列进行 FFT 操作. 如果序列长度不足, 则缺失部分用零填充.

程序运行结果如下:

1.2000 | 0.5000 | 0.3000 | 1.8000 | −0.5000 | 1.2000 | −0.1000 | −1.8000 | 0.8000 | −0.4000.

读者可以用 MATLAB 软件求序列卷积的指令 conv(x, y) 再除以 N 来验证上段程序的结果.

同理, 也可以利用离散傅里叶变换的方式计算非周期序列的相关序列. 上例中两序列的相关序列可以通过下面的程序计算得出.

```
1  x=[4, 3, 2, 0, -4];
2  y=[3, -1, 0, 5, -2, 1];
3  N_x=length(x);
4  N_y=length(y);
5  N=N_x+ N_y-1;
6  X=fft(x, N);
7  Y=fft(y, N);
8  v=ifft(conj(X).* Y/N)
```

程序运行结果如下:

1.7000 | 0.2000 | 1.1000 | 1.6000 | −0.5000 | 0.4000 | −1.2000 | 0.4000 | 0.6000 | −1.3000.

如果将上述结果看成循环存储的序列, 则和用 MATLAB 指令 xcorr(y, x) 再除以 N 的结果是基本一致的.

B.6.3 二维图像的处理

以 MATLAB 软件自带的 256×256 的黑白图像 cameraman.tif 为例. 相关程序如下.

```
1  I=imread('cameraman.tif');
2  X=fft2(im2double(I));
3  phase=wrapTo2Pi(angle(X));
4  amp=log(abs(X)+1);
5  ampshift=fftshift(amp);
6  subplot(2,2,1),imshow(I);
7  subplot(2,2,2),imshow(phase,[]);
8  subplot(2,2,3),imshow(amp,[]);
9  subplot(2,2,4),imshow(ampshift,[]);
```

程序运行结果如图 B.6.5 所示. 程序中第 4 行指令是将频谱取模并作对数变换,这样做是因为图像经过离散傅里叶变换之后频域数据分布范围较广,只有一部分数据在图像上可见,经过对数变换后,让数据范围压缩后可见于图像之中.

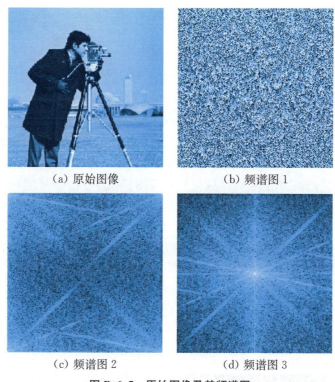

(a) 原始图像　　　　　(b) 频谱图 1

(c) 频谱图 2　　　　　(d) 频谱图 3

图 B.6.5　原始图像及其频谱图

图 B.6.5(c)的左上角为二维图像的零频率点,该点对应图像的灰度值总和,图中 4 个角都对应低频成分,中间区域为高频成分. 从图中可以看出,低频区域比高频区域亮,即低频区域比高频区域的幅值大,信号的主要能量集中在低频区域. 程序中第 5 行指令将频谱的低频成分平移到中心处,从而得到图 B.6.5(d). 根据循环移位性质,这时得到的数据实际上是 $x(n_1, n_2)(-1)^{n_1+n_2}$ 的离散傅里叶变换再作对数变换得到的.

下面沿用上图来说明高频信号和低频信号对图像的影响. 相关程序如下.

```
1   I=imread('cameraman.tif');
2   X=fft2(im2double(I));
3   Xshift=fftshift(X);
4   T=zeros(256,256);
5   LFP=99:159;
6   T(LFP,LFP)=Xshift(LFP,LFP);
7   I1=abs(ifft2(ifftshift(T)));
8   subplot(2,2,1),imshow(log(abs(T)+1),[]);
9   subplot(2,2,2),imshow(I1,[]);
10
11  T=zeros(256,256);
12  GFP=setdiff(1:256,LFP);
13  T(GFP,GFP)=Xshift(GFP,GFP);
14  T(GFP,LFP)=Xshift(GFP,LFP);
15  T(LFP,GFP)=Xshift(LFP,GFP);
16  I2=abs(ifft2(ifftshift(T)));
17  subplot(2,2,3),imshow(log(abs(T)+1),[]);
18  subplot(2,2,4),imshow(I2,[]);
```

讨论低频信号对图像的影响时,程序设置一个低频范围,在此范围内的信号保留,而超出此频谱范围的信号直接设置为零,接下来通过 IFFT 得到复原图像. 讨论高频信号对图像的影响时,则采取相反的信息处理方法. 程序运行结果如图 B.6.6 所示. 从图 B.6.6 可以看出,低频信号对应图像的大范围的信息,而高频信号对应图像强度(亮度/灰度)变化剧烈的地方、细节的部分. 图 B.6.6(b)可以看到振铃现象,这是由于程序中将信号直接舍弃的做法过于简单粗暴,信号变化太过剧烈. 为了使信号变化不那么突然,可以对图像使用高斯低通滤波来实现,即用图像的二维序列和高斯函数作卷积处理. 根据定理 B.5.1,这可以通过 FFT 和 IFFT 来提高运算效率,其中高斯函数为

$$G(i,j,\sigma) = e^{-\frac{d^2(i,j)}{2\sigma^2}}, \quad (B.6.3)$$

其中 $d(i,j)$ 表示点 (i,j) 到指定点的距离,σ 表示带通半径,σ 值越大,滤波函数图像则越平滑.

(a) 只考虑低频情况的幅度谱 (b) 只考虑低频情况的复原图像

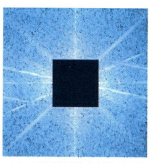 

(c) 去除低频信息的幅度谱　　(d) 去除低频信息的复原图像

图 B.6.6　高频信号和低频信号对图像的影响

为了方便在类似情况仍可以调用,可以先编写高斯低通滤波的子程序. 相关程序如下.

```
1  function I1=GLPF(I, sigma)
2  X=fft2(im2double(I));
3  Xshift=fftshift(X);
4  [m, n]=size(X);
5  [u, v]=ndgrid(1:m, 1:n);
6  GF=exp(-((u-m/2).^2+(v-n/2).^2)/sigma^2/2);
7  I1=abs(ifft2(ifftshift(Xshift.* GF)));
```

再对 cameraman.tif 图像采取不同的带通半径使用高斯低通滤波. 相关程序如下.

```
1  I=imread('cameraman.tif');
2  sigma1=40;
3  sigma2=80;
4  I1=GLPF(I, sigma1)
5  I2=GLPF(I, sigma2)
6  subplot(1, 3, 1), imshow(I, []);
7  subplot(1, 3, 2), imshow(I1, []);
8  subplot(1, 3, 3), imshow(I2, []);
```

程序运行结果如图 B.6.7 所示. 可以看到利用高斯低通滤波,图像整体更为光滑,不再有振铃现象. 因此适当选择带通半径,可以很好地还原图像.

(a) 原始图像　　(b) 取 $\sigma=40$,经过高斯低通滤波　　(c) 取 $\sigma=80$,经过高斯低通滤波
　　　　　　　　　　处理后复原的图像　　　　　　　　处理后复原的图像

图 B.6.7　高斯低通滤波对图像的影响

下面再看一个例子. 相关程序如下.

```
1  I＝imread('text.bmp');
2  sigma＝80;
3  I1＝GLPF(I, sigma)
4  subplot(1, 2, 1), imshow(I);
5  subplot(1, 2, 2), imshow(I1, []);
```

程序运行结果如图 B.6.8 所示. 图(a)是原始图像,记录了一段文字,图中文字笔画较为毛糙;图(b)是经过高斯低通滤波处理后所得到的图像,文字较之前更为光滑.

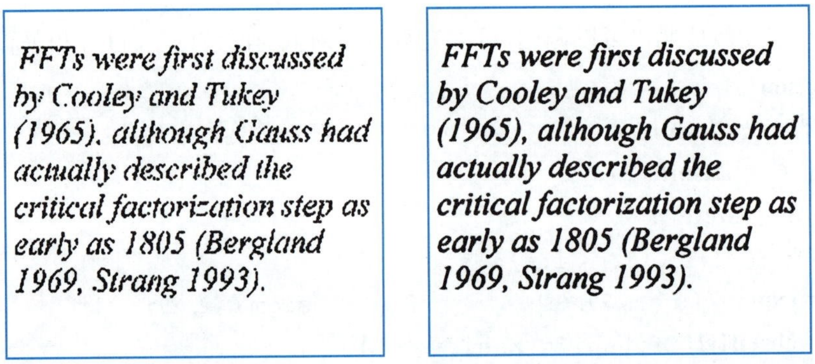

（a）原始图像　　　　　　（b）经过高斯低通滤波处理后复原的图像

图 B.6.8　高斯低通滤波对图像的影响

快速傅里叶变换在信号通信、音像处理方面有很多应用,本书附录中所讨论的应用仅是冰山一角,请感兴趣的读者选择相应的书籍进行系统的学习.

参考文献

［1］南京工学院. 积分变换（第 3 版）［M］. 北京：高等教育出版社，1989.

［2］西安交通大学高等数学教研室. 复变函数（第 4 版）［M］. 北京：高等教育出版社，1996.

［3］史济怀，刘太顺. 复变函数［M］. 合肥：中国科学技术大学出版社，1998.

［4］李红，谢松法. 复变函数与积分变换（第 4 版）［M］. 北京：高等教育出版社，2013.

［5］M. A. 拉夫连季耶夫，Б. B. 沙巴特. 复变函数论方法［M］. 施祥林，夏定中，吕乃刚，译. 北京：高等教育出版社，2006.

［6］E. B. Saff，A. D. Snider. 复分析基础及工程应用［M］. 高宗升等，译. 北京：机械工业出版社，2007.

［7］K. R. Rao，D. N. Kim，J. J. Hwang. 快速傅里叶变换：算法与应用［M］. 万帅，杨付正，译. 北京：机械工业出版社，2013.

［8］B. J. Ward，R. V. Churchill. 复变函数及其应用（第 9 版）［M］. 张继龙，李升，陈宝琴，译. 北京：机械工业出版社，2015.

［9］M. J. Ablowitz，A. S. Fokas. *Complex Variables*：*Introduction and Applications* (2nd edition)［M］. Cambridge：Cambridge University Press，2003.

［10］C. P. Li，M. Cai. *Theory and Numerical Approximations of Fractional Integrals and Derivatives*［M］. Philadelphia：SIAM，2019.

［11］C. P. Li，Z. Q. Li. On blow-up for a time-space fractional partial differential equation with exponential kernel in temporal derivative［J］. *Journal of Mathematical Sciences* (New York)，2022(266)：381-394.

［12］C. P. Li，Z. Q. Li. Stability and logarithmic decay of the solution to Hadamard-type fractional differential equation［J］. *Journal of Nonlinear Science*，2021(31)：60. no. 2，Paper No. 31.

［13］C. P. Li，Z. Q. Li. Stability and ψ-algebraic decay of the solution to ψ-fractional differential system［J］. *International Journal of Nonlinear Sciences and Numerical Simulation*，2023(24)：695-733.

［14］K. Chandrasekhavan. *Classical Fourier Transforms*［M］. Berlin：Springer-Verlag Berlin Heidelberg，1989.

［15］S. G. Samko，A. A. Kilbas，O. I. Marichev. *Fractional Integrals and Derivatives*：*Theory and Applications*［M］. Switzerland：Gordon and Breach Science Publishers，1993.

［16］I. Podlubny. *Fractional Differential Equations*［M］. San Diego：Academic Press，1999.

索　引

z 变换　61
　　单边 z 变换　61
　　双边 z 变换　61

阿贝尔定理　46

本性奇点　64
比较判别法　39
比值判别法　40
闭路变形原理　26
边界　5
边界点　5
边界对应定理　87
边界映射　86
伯努利方程　101

冲激强度　117

达朗贝尔判别法　40
单位冲激函数/δ 函数/狄拉克（Dirac）函数　116
单位阶跃函数　117
单值函数　8
多值函数　8

分数阶微积分　153
　　ψ-分数阶积分　153
　　阿达马分数阶积分　153
　　卡普托分数阶导数　154
　　卡普托型 ψ-导数　154
　　黎曼-刘维尔分数阶导数　154
　　黎曼-刘维尔分数阶积分　153

　　指数型分数阶积分　154
辐角　2
辐角主值　2
复共轭定理　172
复合闭路定理　26
复积分　22
复球面　1
傅里叶变换　108
　　多维离散傅里叶变换　185
　　二维快速傅里叶变换　189
　　二维离散傅里叶变换　186
　　快速傅里叶变换　168
　　快速傅里叶逆变换　192
　　离散傅里叶变换　108
　　离散时域序列的傅里叶变换　169
　　连续时域傅里叶变换　168
傅里叶积分　111
傅里叶积分定理　112
傅里叶积分公式　111
傅里叶逆变换　112

根值判别法　39
共形映射　81
共轭　1
共轭矩阵　171
共轭调和函数　15
孤立点　5
孤立奇点　63
光滑曲线　6
　　分段光滑曲线　6
广义傅里叶变换　116

索引

极点 64
    m 阶极点 66
    简单极点 66
解析 12
解析函数 12
聚点 166
卷积 124
卷积定理 124
均匀频谱/白色频谱 118

柯西-阿达马定理 47
柯西-黎曼方程/C‑R 方程 13
柯西-黎曼条件 95
柯西不等式 29
柯西积分定理 22
柯西积分公式 22
柯西积分主值 75
柯西级数 37
柯西留数定理 69
柯西判别法 39
柯西收敛准则 35
柯西序列 35
可去奇点 64
扩充复平面 5

拉普拉斯变换/拉氏变换 94
拉普拉斯逆变换/拉氏逆变换 135
黎曼存在唯一性定理 87
黎曼映射定理 86
离散频谱 110
离散相位谱 110
离散振幅谱 110
连通 6
    单连通 25
    单连通区域 6
    多连通区域 7
临界点 83
留数 34
洛朗定理 56
洛朗级数 34

梅林变换 159
莫雷拉定理 44

内点 5

欧拉公式 15

帕塞瓦尔等式 123
帕塞瓦尔定理 172
频谱密度函数/频谱/连续频谱 112
平面曲线 6

若尔当曲线 1
若尔当曲线定理 6
若尔当引理 76

筛选性质 117
上极限 39
施瓦茨-克里斯托费尔定理 88
施瓦茨-克里斯托费尔公式 87
双线性变换 98

泰勒定理 50
调和 14
调和函数 14

魏尔斯特拉斯定理 44
魏尔斯特拉斯判别法 42

下极限 39
相位谱 112

映射半径 93
优级数判别法 42

振幅谱 112
逐项积分定理 43
逐项微分定理 44
自相关定理 128

图书在版编目(CIP)数据

复变函数与积分变换/李常品,杨建生主编. —上海:复旦大学出版社,2023.10
ISBN 978-7-309-16948-5

Ⅰ.①复… Ⅱ.①李…②杨… Ⅲ.①复变函数-高等学校-教材②积分变换-高等学校-教材
Ⅳ.①O174.5②O177.6

中国国家版本馆 CIP 数据核字(2023)第 153071 号

复变函数与积分变换
李常品　杨建生　主编
责任编辑/梁　玲

复旦大学出版社有限公司出版发行
上海市国权路 579 号　邮编:200433
网址:fupnet@fudanpress.com　http://www.fudanpress.com
门市零售:86-21-65102580　团体订购:86-21-65104505
出版部电话:86-21-65642845
杭州日报报业集团盛元印务有限公司

开本 787 毫米×1092 毫米　1/16　印张 13.25　字数 331 千字
2023 年 10 月第 1 版第 1 次印刷

ISBN 978-7-309-16948-5/O·734
定价:49.00 元

如有印装质量问题,请向复旦大学出版社有限公司出版部调换。
版权所有　　侵权必究